ÉTUDES

RELATIVES

A L'ART DES CONSTRUCTIONS,

RECUEILLIES

PAR L. BRUYÈRE,

OFFICIER DE LA LÉGION D'HONNEUR, INSPECTEUR GÉNÉRAL DES PONTS ET CHAUSSÉES, MAÎTRE DES REQUÊTES, ET ANCIEN DIRECTEUR DES TRAVAUX DE PARIS.

Nisi utile est quod facimus, stulta est gloria.
PHÈDRE, *fab. 17, liv. III.*

TOME SECOND.

PARIS,

CHEZ BANCE AÎNÉ, ÉDITEUR, MARCHAND D'ESTAMPES,
rue Saint-Denis, n.° 214.

1828.

ÉTUDES

RELATIVES

A L'ART DES CONSTRUCTIONS.

ÉTUDES

RELATIVES

A L'ART DES CONSTRUCTIONS,

RECUEILLIES

PAR L. BRUYÈRE,

OFFICIER DE LA LÉGION D'HONNEUR, INSPECTEUR GÉNÉRAL DES PONTS ET CHAUSSÉES, MAÎTRE DES REQUÊTES, ET ANCIEN DIRECTEUR DES TRAVAUX DE PARIS.

Nisi utile est quod facimus, stulta est gloria.
PHÈDRE, *fab. 17, liv. III.*

TOME SECOND.

PARIS,

CHEZ BANCE AÎNÉ, ÉDITEUR, MARCHAND D'ESTAMPES,
rue Saint-Denis, n.° 214.

1828.

ÉTUDES

RELATIVES

A L'ART DES CONSTRUCTIONS,

RECUEILLIES

PAR L. BRUYÈRE,

OFFICIER DE LA LÉGION D'HONNEUR, INSPECTEUR GÉNÉRAL DES PONTS ET CHAUSSÉES, MAÎTRE DES REQUÊTES, ET ANCIEN DIRECTEUR DES TRAVAUX DE PARIS.

Nisi utile est quod facimus, stulta est gloria.
PHÈDRE, *fab. 17, liv. III.*

VII.e RECUEIL.

PORTES D'ÉCLUSE, COMBLES, CINTRES,

PONTS EN BOIS ET AUTRES CONSTRUCTIONS.

TABLE DES PLANCHES DE CE RECUEIL.

PROJET

D'UNE PORTE D'ÉCLUSE POUR LES CANAUX NAVIGABLES. (Planche 1.re)

On trouve dans le cinquième Recueil, des observations assez étendues sur la construction des portes d'écluse, et plusieurs projets qui en étaient la conséquence. Les différentes modifications proposées, lors même qu'elles seraient reconnues comme avantageuses, sont loin d'être applicables pour toutes les circonstances, et sur-tout lorsqu'il s'agit d'écluses construites. Mais je ferai remarquer que la plupart de ces modifications sont indépendantes les unes des autres, et peuvent, en conséquence, être employées séparément. Ce n'est que lorsqu'il s'agirait d'écluses à construire à neuf, et encore dans quelques cas particuliers, qu'il serait facile d'en comprendre plusieurs dans un même système.

La *Planche 1.re* du présent Recueil offre encore un nouveau projet de porte d'écluse, qui a beaucoup de rapport avec celui du V.e Recueil, *Planche 12;* ce qui conduit à renvoyer aux observations qui sont relatives à cette dernière planche, et à ne parler ici que des différences qui existent entre ces deux projets.

1.° Lorsqu'on n'a à redouter aucune alluvion, on peut adapter à cette nouvelle porte les ventelles proposées *Pl. 12*, Recueil V. Dans le cas contraire, j'ai proposé, même Recueil, *Planche 8*, un système de heurtoir en charpente, séparé du radier par un intervalle qui s'ouvre et se ferme à volonté, au moyen d'une espèce de clapet mis en mouvement par une vis sans fin. Desirant simplifier cette construction, j'ai essayé de substituer la ligne droite à la forme angulaire du heurtoir. Ce changement, à la vérité, fait perdre aux portes le point d'appui que leur offrait la forme busquée. Pour le remplacer, je propose d'employer une chaîne scellée d'une part dans le renfoncement du bajoyer, et fixée de l'autre part, au point le plus convenable, dans un des ventaux sur lequel le second ventail vient s'appuyer pour se trouver dans le même plan que le précédent au moyen d'une feuillure.

Cette chaîne, d'une force suffisante pour résister à l'effet de la pression de l'eau sur la partie supérieure de la porte, prendrait d'elle-même, lorsque cette dernière serait mise en mouvement, la forme de la courbe dite chaînette, et finirait par se réduire en deux lignes droites, égales et verticales. Je ne doute pas qu'on ne puisse obtenir, avec autant de certitude au moins que pour les poteaux busqués, la juxta-position de ceux à feuillure qui sont substitués aux premiers, et la même solidité par l'addition de la chaîne, qui n'exige aucune manœuvre particulière.

Pour fermer l'intervalle de 0,20 entre ces pièces et le radier, on pourrait employer le clapet indiqué dans le V.e Recueil, *Planche 8*, ou plutôt le remplacer par deux poutrelles dont l'une reposerait sur le radier, et l'autre, taillée en forme de coin, tendrait à serrer la première contre les pièces de bois formant le heurtoir, et en même temps contre le radier, ce qui intercepterait tout passage à l'eau.

La manœuvre de ces poutrelles s'opérerait au moyen de quatre tiges perpendiculaires mises en mouvement par des vis, le tout ainsi que l'indique la *Planche I.re* (1).

2.° Dans le dernier projet, *Planche I.re*, les madriers de remplissage, superposés comme dans le précédent, ne sont plus disposés dans des directions perpendiculaires les unes aux autres, mais placés plein sur joint, dans la même direction et de manière à remplir tous la fonction de bracon. Pour augmenter leur résistance, ils se trouvent divisés exactement, dans le milieu de leur longueur, par une sorte de moise placée diagonalement. De petits boulons à tête oblongue ou carrée, placés alternativement dans un joint et dans un plein, servent à réunir parfaitement les madriers entre eux et à s'opposer à tout gauchissement.

Sans insister davantage sur quelques autres différences entre les deux systèmes de portes, je ferai seulement remarquer que la manière de les mettre en mouvement est la même, modifiée cependant par le changement dans les formes du heurtoir, qui oblige chaque ventail à décrire un arc de 45°, et nécessite également une modification dans la forme du chardonnet et du poteau tourillon : les *figures 1* et *2* expriment cette différence de forme. J'ajouterai que cette nouvelle disposition du poteau tourillon et du chardonnet ne pouvant s'appliquer aux anciennes écluses, on peut également éviter le frottement du poteau tourillon, en donnant à ce poteau la forme indiquée *figure 3*, qui permet en même temps d'employer les mêmes moyens pour diminuer beaucoup le frottement des anciens colliers. Ces avantages résultent de la diminution dans la grosseur des bois, qui favorise l'excentricité et le placement des fers sans exiger de trop fortes entailles (2).

Le dessin de cette nouvelle porte me dispense d'entrer dans de plus longs détails. D'ailleurs les perfectionnemens dont je me suis occupé ont besoin de la sanction de l'expérience. Je desire seulement qu'ils puissent mériter de devenir l'objet des méditations de quelques ingénieurs.

COMBLES.

Mon intention n'est point de traiter la question générale des combles, mais seulement d'en présenter quelques études particulières, en commençant par le comble de la grande salle d'exercice construite à Moscou, sur les dessins de feu le chevalier de Bétancour (*).

Ce savant et habile ingénieur ayant bien voulu m'envoyer l'ouvrage qu'il a publié à ce sujet, et qui contient les plans et dessins de ce monument, j'en ai extrait ceux qui appartiennent au comble, et les ai renfermés dans les *Planches 2* et *3* de ce Recueil. Quant au texte, vu son peu d'étendue et craignant d'en diminuer l'intérêt, je le transcris ici tout entier.

---

(1) On pourrait également substituer les poutrelles dont il vient d'être parlé, au clapet circulaire, dans le cas du heurtoir angulaire tel qu'il est projeté, *Planche 8* du V.e Recueil, en faisant à ce dernier quelques légers changemens.

(2) Le poteau tourillon de la nouvelle porte n'ayant que 0,25 d'écarrissage, au lieu de 0,33, qui est celui d'après lequel les anciens chardonnets ont été tracés généralement, la position du centre de mouvement se trouve changée sans sortir cependant de la ligne qui divise la porte, et le renfoncement dans lequel le ventail doit se placer, en deux parties égales.

Pour conserver à ce poteau, lorsque la porte est fermée, la faculté de joindre le chardonnet sur une certaine étendue de *A* en *B*, la courbe suivant laquelle le poteau est arrondi a trois centres en *o*, *p*, *q*. Le centre *p* est en même temps celui de la courbe circulaire du chardonnet.

(*) Augustin de Bétancour descendait d'une ancienne famille de Normandie, dont l'un des membres (Jean de Bétancour), découvrit en 1402 l'archipel des îles Fortunées, et porta, à ce qu'il paraît, le titre de roi des îles Canaries.

De Bétancour, entraîné par son goût pour les sciences, après avoir long-temps habité la France et l'Angleterre, passa en Espagne comme directeur des travaux publics et de l'école des ponts et chaussées de ce royaume. Revenu à Paris par suite des grands événemens politiques, l'Empereur Alexandre le détermina à le suivre en Russie, où il est mort le 14 juillet 1824.

DESCRIPTION

DE LA SALLE D'EXERCICE DE MOSCOU,

Par M. BÉTANCOUR,

Lieutenant général au service de S. M. impériale, directeur général des voies de communication, chevalier de l'ordre de Saint-Alexandre, de Sant-Iago d'Espagne, membre correspondant de l'Académie royale des sciences de Paris, &c. &c.

Saint-Pétersbourg, 1819.

INTRODUCTION.

« LES premières salles d'exercice, sur de grandes dimen« sions, datent du milieu du siècle dernier. Elles furent établies « dans quelques états d'Allemagne, où la sévérité du climat « s'opposait à une instruction continue du soldat pendant des « hivers longs et rigoureux. Celle de Darmstadt passe pour une « des plus grandes et des plus anciennes.

« L'empereur Paul, dans ses voyages, fut frappé de la con« venance de ces sortes d'édifices avec le climat des provinces « de son empire. Plusieurs salles d'exercice furent bâties à « Saint-Pétersbourg par ses ordres; mais on serait dans l'er« reur, si, sur la foi de M. Kraff et de M. Rondelet qui l'a « copié (*a*), on croyait qu'on trouve à Moscou une pareille salle, « de 300 toises de longueur et large de 290 pieds (*b*) : elle n'a « jamais existé que sur le papier; et la plus grande étendue « était, jusqu'à présent, celle du palais de Saint-Michel à Pé« tersbourg, qui a 119 pieds de largeur sur 552 pieds de lon« gueur.

« Sa Majesté l'Empereur, ayant pris la résolution de passer « l'hiver de 1817 à 1818, à Moscou, avec toute la famille « impériale, et ayant des troupes nombreuses à sa suite, fit « faire différens projets pour construire une salle d'exercice dans « cette ancienne capitale, où il n'y en avait jamais eu, et me « donna l'ordre de les examiner. Quoique les plus grands de « ces édifices ne fussent projetés que sur des largeurs de 112 « à 120 pieds, il s'en fallait de beaucoup, à mon avis, que la « composition des charpentes offrît une sécurité complète sur « leur solidité; c'est ce qu'ayant déclaré à Sa Majesté, elle me « chargea de m'occuper de cet objet dans le plus bref délai. « En lui présentant mon projet, je lui demandai la permission « d'exécuter en grand une couple de fermes, telles que je les « croyais nécessaires, pour servir de couverture à cet édifice.

Construction des deux Fermes, et expériences sur la résistance dont elles étaient capables. (Planche 3.)

« L'entrait *A B* (*fig. 1* bis), dont les deux extrémités de« vaient porter sur des murs de 8 pieds d'épaisseur, avait « 160 pieds anglais de longueur totale, et il était composé de « deux files de poutres de 11 pouces d'écarrissage, l'une sur « l'autre, ce qui formait une seule poutre de 22 pouces sur « 11. Ces poutres étaient assemblées à trait de Jupiter, et « jointes ensemble par des boulons d'un pouce de diamètre, « espacés de 3 pieds en 3 pieds. Les doubles clefs en bois de « chêne, *b, b, b, b*, étaient chassées dans des entailles prati« quées, en parties égales, dans les deux files de poutres, pour-

---

(*a*) « Voyez *Traité de charpente*, par Kraff, liv. II, p. 15; et *Traité de l'art de bâtir*, « par Rondelet, t. IV, II.ᵉ partie, p. 223. »

(*b*) « Il est ici question du pied anglais : d'après MM. de Prony et Biot, le pied anglais « est au pied français comme 0,9382 est à 1. *Mémoires de chimie*, t. VI, p. 13, et « t. VII, p. 376. »

« empêcher le glissement horizontal. Nous verrons que ces « précautions n'étaient pas suffisantes, et les changemens que « j'ai cru devoir y faire.

« Des deux extrémités *A B* de ce double entrait, dont « le milieu *D* s'élevait de 12 pouces de flèche, partent les « grands arbalétriers *A C, B C*, qui s'arc-boutent contre le « poinçon *C D* du milieu, qui a 32 pieds de long, c'est-à-dire, « 1/5 de la portée totale, ce qui forme avec l'entrait un angle « de 21 degrés 48 minutes. On voit au-dessus trois couples de « faux arbalétriers, *aa, a'a', a''a''*, qui aboutissent à de faux « poinçons *P, P', P''*, contrebustés eux-mêmes, deux à deux, « par de faux entraits *EE, EE', EE''*: tous ces arbalétriers, « liés entre eux par des boulons *q, q*, sont retenus sur l'entrait « principal par de doubles talons; et tout le système sur ce point « est relié avec 4 bandes de fer *t, t', t'', t'''*, perpendiculaires à « l'arbalétrier, bien serrées à vis et écrou, et parfaitement « ajustées sur les pièces qu'elles doivent réunir. Tout ceci est « évident par l'inspection des figures de détail de la *Planche 3*.

« Le principal artifice de cette charpente consiste dans les « têtes en fer de fonte qui couronnent les poinçons et faux « poinçons, en sorte que les bois qui se contrebutent ne sont « jamais en contact direct (*c*). On voit en *F* (*Planche 3*, « *fig. 3*) la projection d'un faux poinçon, composé de deux « moises pendantes, armé d'une tête en fonte vue de biais sur « ses faces en *E* et *G*. Il est à remarquer que cette pièce de « fonte est percée d'un trou *m*, pour faire passer un boulon qui « porte à chaque côté un étrier fourché par bas, en fer forgé, « dont les extrémités reçoivent d'autres boulons *g, g, g*, tra« versant les pièces qui forment les moises pendantes et qui « les lient à leur tête de fonte. Ces étriers n'ont d'autre objet « que de soutenir les moises qui forment les faux poinçons, en « cas que la fonte eût par hasard quelques défauts inaperçus « qui pourraient en occasionner la rupture.

« La poussée des faux entraits est supportée par des contre« fiches *HH, H'H', H''H''* (*Planche 3*), dont la partie supé« rieure s'arc-boute contre les têtes de fonte, et la partie in« férieure s'appuie contre les semelles en fer de fonte *B', B'*, « qui, au moyen de quatre boulons, serrent fortement les « doubles entraits, au droit des traits de Jupiter.

« Deux fermes pareilles, espacées de 14 pieds, furent liées « par des moises horizontales *N, N, N, N*, près des têtes des « faux poinçons et du grand poinçon (*Planche 3, fig. 1.ʳᵉ*), « et aussi avec des croix de Saint-André. Elles furent posées sur « trois rangs de sablières, telles que *R, R, R* (*Planche 3*, « *fig. 1.ʳᵉ*), élevées à 5 pieds de terre, au moyen de deux murs « en briques.

« Pour s'assurer des mouvemens qui pouvaient avoir lieu « dans la forme de l'entrait, on avait placé, de distance en « distance, des règles verticales graduées et appliquées de très« près à l'entrait, et des fils d'aplomb devaient tenir compte des « mouvemens horizontaux. Quand on eut ôté les échafauds « et que les fermes appuyèrent sur leurs seules extrémités, elles « descendirent dans le milieu, l'une de 3 pouces, et l'autre de « 3 pouces et 1/2.

« Il suffisait, pour l'expérience, de poser sur les entraits des

---

(*c*) « Je crois qu'on doit admettre pour principe que les bois de longueur ne doivent « jamais, directement ni indirectement, exercer leur effort de pression contre d'autres « pièces de bois, non-seulement à plat, mais encore dans le sens de la longueur de leurs « fibres. La compressibilité des bois fait changer la figure de la charpente, ce qui sou« vent est la cause d'un commencement de ruine. Il y a huit ans, quand la construction « du pont de Kamennoi-Ostrow, composé de sept grandes arches en bois, dont celle « du milieu a 84 pieds d'ouverture, je m'avisai, pour la première fois, de faire poser « les arcs de cercle très-surbaissés sur des boîtes ou semelles en fonte de fer. Au dé« cintrement, ces arcs ne baissèrent pas d'une ligne; et depuis que le pont est cons« truit, on n'a pas remarqué le moindre affaissement. »

« planches mobiles, pour recevoir les poids qui devaient les « éprouver. Je fis charger sur ce plancher 5,000 briques pesant « 1,000 pouds (33,000 livres, poids de marc); l'effet en fut « presque insensible : 5,000 autres briques, en serrant tous les « assemblages, firent baisser de 9 à 10 lignes l'entrait, d'une « manière assez uniforme, mais non pas permanente; car l'hu- « midité ou la sécheresse de l'air le faisait, en quelque sorte, « osciller dans les limites de 2 à 3 lignes.

« Il fallait prévoir une circonstance relative au climat : les « bâtimens à deux versans, situés est et ouest, sont également « atteints par les neiges; mais les variations de l'atmosphère « sont assez fortes, même dans les hivers les plus rigoureux, « pour diminuer considérablement celles du versant au midi, « tandis que celles opposées au nord s'accumulent sans dimi- « nution sensible jusqu'au printemps. Pour imiter cette inégalité « de charge sur un des deux versans seulement, je fis poser « 5,000 briques, et l'effet en fut imperceptible tant aux indi- « cateurs qu'aux fils d'aplomb.

« Je fis augmenter alors la charge de 10 milliers de briques, « réparties sur le toit et le plancher, et la flèche de 12 pouces « de l'entrait n'avait diminué que de 4 pouces et 1/2, c'est-à-dire « qu'il lui restait encore 4 pouces et 1/2 au-dessus de la ligne « horizontale; mais les clefs en bois de chêne, forcées tant dans « les traits de Jupiter que dans les doubles coches des entraits, « étaient violemment comprimées, et n'avaient pas empêché com- « plètement le glissement d'une poutre sur l'autre, comme il est « indiqué dans la *fig. 3* de la *Planche 3*. Les boulons verticaux « ne pouvaient pas s'opposer à cet effet horizontal; c'était donc « là qu'était véritablement la partie faible de la ferme; et ju- « geant que l'expérience répondait d'ailleurs à toutes les con- « ditions de solidité desirables, je renonçai à les écraser sous « la charge, comme je me l'étais proposé. Je remédiai tout de « suite au glissement, en faisant des encoches alternatives aux « deux poutres de l'entrait, comme on voit dans la *Planche 3*, « *fig. 4*.

« Ces deux fermes, outre leur propre poids et celui du plan- « cher, ont donc supporté une surcharge de 5,000 pouds « (165,000 livres, poids de marc); c'est 2,500 pouds (82,500 l., « poids de marc) pour chacune d'elles; ce qui est infini- « ment plus considérable que le poids de la toiture et du « plancher sur 14 pieds courans de couverture, et tout le « poids de la neige qu'on pourrait prévoir qu'elle aurait à « supporter.

Construction de la Salle d'exercice de Moscou.

« Sa Majesté confirma le projet général de la salle d'exer- « cice, que j'ai eu l'honneur de lui présenter dans le courant « de juin de 1827 : ce monument aurait perdu beaucoup de « son prix, si elle n'avait pas pu en disposer pendant son séjour « à Moscou. Creuser les fondations à 2 toises de profondeur, « faire la brique, couper une partie des bois dans les forêts, « élever des murs de 40 pieds hors de terre, sur 14 de largeur « à la base des fondemens et 8 à la partie supérieure; poser « les fermes, les planchers et la couverture en fer; construire « un échafaudage de service dans toute l'étendue du manége, « élevé à fleur des murs et soutenu sur 1,500 pieds-droits; le « déblayage de ces mêmes bois et le régalage du sol : tout cela « fut l'affaire d'environ cinq mois, et Sa Majesté en fit usage « dès le 2 décembre. Cette grande activité est due à M. le « général major Carbonier, du corps des ingénieurs des voies « de communication, à qui la construction de cet édifice fut « confiée.

« D'après les expériences dont on a rendu compte dans « l'article précédent, on devait avoir toute confiance dans la « solidité du comble; mais différentes circonstances ont con- « tribué à l'affaiblir dans sa construction.

« 1.° J'avais donné aux poinçons des fermes, comme on a « vu plus haut, la cinquième partie de la longueur des entraits, « et ce rapport m'avait paru le plus avantageux pour procurer « à la charpente toute la solidité que je pouvais desirer sans « que le fronton en fût désagréable par trop de hauteur; mais « pour obtenir un peu plus d'élégance, on lui donna moins du « sixième, ce qui augmentait considérablement la poussée hori- « zontale sur les entraits (*d*).

« 2.° Ne pouvant se procurer assez de bois pour faire toutes « les poutres des entraits de la même longueur, il fallut rac- « courcir les espaces entre les faux poinçons, et l'on en mit neuf « au lieu de sept. Cette construction n'avait rien de vicieux; mais « ayant intercalé huit de ces fermes entre les autres, les moises « horizontales ne pouvaient plus les lier d'une manière uniforme, « ce qui devait nuire à la solidité générale du comble.

« 3.° Soit par manque de matériaux, soit faute de temps, on « ne fit que trente-deux fermes, dont trente correspondaient au « centre de chaque colonne, espacées de 18 pieds 1 pouce, et « les deux extrêmes étaient placées contre le mur du fronton : « cette distance eût été trop grande, même pour un comble « d'une médiocre largeur.

« Deux files de croix de Saint-André, arc-boutées contre les « poinçons, ainsi que treize rangées de moises horizontales, « empêchaient le déversement dans le sens de la longueur de la « salle; la *Planche 2* présente la perspective générale de la « charpente et le plan de l'édifice total.

« Aussitôt que les fermes furent levées et liées suffisamment « pour ne craindre aucun accident fâcheux, on ôta les supports « et l'on mesura la quantité dont chaque ferme avait baissé. « Nous avons déjà remarqué que les entraits étaient 12 pouces « plus haut dans leur milieu qu'à leurs extrémités. Dans l'examen « on trouva qu'ils avaient descendu depuis 2 pouces et 1/2 « jusqu'à 6 et 1/2, suivant que les fermes avaient été plus ou « moins bien exécutées, que le bois était plus ou moins sec, &c. « Le terme moyen de leur affaissement fut de 4,34 pouces. « Après ce premier mouvement, toutes les parties du comble se « soutinrent dans le même état jusqu'au mois d'avril suivant, « où, vers la fin, il était de 4,92; c'est-à-dire que, pendant les « cinq mois d'hiver, l'affaissement moyen des entraits n'avait « descendu que d'un peu plus d'un demi-pouce.

Accident arrivé à deux fermes du comble.

« Pour se rendre compte des mouvemens que pouvait « faire le comble, on avait soin de faire fréquemment des « nivellemens généraux; et le terme moyen de l'affaissement, « qui était à la fin d'avril de 4,92, fut à la fin de mai 5,97, à la « fin de juin 6,97, à la fin de juillet 8,02, à la fin d'août 8,10 : « depuis cette époque, toutes les fermes se soutenaient dans la « même position. On doit remarquer que cet affaissement sui- « vait le degré de dessiccation des bois, dont une grande partie « avait été coupée et flottée sur la rivière, peu de jours avant « de l'avoir employé; il s'est donc desséché trop vite et s'est fendu « considérablement dans le sens de sa longueur. La grande « célérité mise à la construction de l'ouvrage, et le manque « de bois de choix, forçaient de prendre tout ce qu'on avait « sous la main. Entre quatre cents charpentiers, dont l'unique « instrument est la hache, on n'avait pas le temps de choisir « les plus adroits pour leur confier les assemblages qui deman- « daient le plus de précision. Dans une telle presse, la sur-

(*d*) « On sait que les forces qui tendent à l'alongement d'un entrait, sont, pour une « même largeur, en raison inverse de la hauteur du poinçon. »

« veillance même devenait très-difficile : ainsi, dans les entraits, « les coches avaient depuis 3 lignes jusqu'à 2 pouces ; les bou- « lons et les trous n'avaient pas plus d'exactitude. Il fallait finir « pour le temps qu'on s'était proposé.

« Le premier jour du mois de juillet 1819, époque des plus « fortes chaleurs, on remarqua par le nivellement que l'entrait « de la vingt-quatrième ferme avait descendu, dans son milieu, « de près d'un pouce, ce qui appela l'attention de l'ingénieur « chargé de la surveillance de l'édifice, et il mit une garde dans « le comble pour l'observer. En effet, deux jours après, on en- « tendit un grand craquement, et l'on trouva que l'entrait à « côté d'un poinçon avait cassé dans son milieu, et s'était sé- « paré, laissant un écartement de 3/4 de pouce : cependant il « n'avait descendu que d'un pouce ; et les deux fermes voisines « avaient cédé, l'une de 3/4 de pouce, l'autre d'un 1/2 pouce. « On voit dans la *fig. 5* de la *Planche 3*, la manière dont « cet entrait a été cassé.

« Le comble resta dans cette position pendant cinq heures, « employées à préparer des étançons, tant pour la ferme cassée, « que pour les deux latérales qui la supportaient au moyen « des croix de Saint-André.

« Un examen attentif a fait voir que la cause de la rupture « avait été un nœud très-gros qu'avait le bois, précisément à « l'endroit où l'autre poutre avait le trait de Jupiter ; qu'en « outre il était très-fendu, et que la seule partie solide était « coupée par les trous des boulons.

« Sa Majesté l'Empereur m'ayant ordonné de réparer l'ac- « cident, je fis soutenir la ferme cassée au droit des arbalé- « triers, et dévisser ensuite les moises horizontales ainsi que « les moises verticales qui forment les faux poinçons ; et ayant « ôté par en bas les deux poutres cassées, l'entrait se resserra « de 2 pouces : on plaça les deux nouvelles poutres ; on releva « l'entrait de 4 pouces, et l'on resserra tous les boulons. Après « avoir enlevé tous les soutiens, on ne remarqua pas le moindre « affaissement.

« Il ne sera pas inutile d'observer ici que, dans les poutres « que j'ai remplacées, j'ai fait supprimer le trait de Jupiter, et « que je les ai fait assembler comme il est démontré dans la « *fig. 4* de la *Planche 3*, où l'on voit que les deux bouts, coudés « en équerre, de la planche de fer forgé mise du côté de l'as- « semblage, entrent de 2 pouces dans la poutre.

« Un mois après, il arriva un accident pareil à la neuvième « ferme, produit exactement par la même cause : il a été réparé « par la même méthode et en moins d'une semaine.

« Ces accidens ont prouvé, d'une manière très-évidente, la « bonté de ce système de charpente, dont on pourrait même « augmenter sans danger les dimensions. Malgré cela, comme « son exécution n'a pas pu être assez soignée et qu'il y a encore « des pièces de bois très-défectueuses, j'ai prié Sa Majesté de me « permettre de refaire le comble, en prenant les précautions et « le temps qu'exige une construction de ce genre. Pour lors on « rapprochera les fermes à 12 pieds de distance, et l'on n'aura « rien à craindre sur sa solidité. »

Le comble de la salle d'exercice de Moscou, dont les *Planches 2* et *3* offrent l'ensemble et les détails, a été reconstruit, ainsi que M. de Bétancour en avait manifesté le desir à l'Empereur Alexandre. Des bois de choix ont été substitués aux bois reconnus défectueux ; et maintenant ce comble, le plus grand de tous ceux qui ont été entrepris jusqu'à ce jour, promet d'avoir une longue durée.

Un ingénieur du corps des ponts et chaussées de France, en ce moment au service de la Russie, avec le grade de général, M. Fabre, a fait construire d'autres salles d'exercice d'environ 100 à 120 pieds de largeur, et dont les combles ont été conçus dans un système un peu différent du précédent (3). Cet ingénieur a pensé, et je crois avec raison, que les pièces de fonte employées dans le premier comble ne présentaient pas une assez grande utilité pour balancer l'inconvénient de leur pesanteur et de leur prix : en conséquence, il a cru pouvoir s'en passer (4).

M. Fabre, chargé par le gouvernement russe de projeter et de faire exécuter de grandes constructions, en publiera sans doute les résultats.

Dans le nombre des études dont je me suis occupé, se trouve un comble de 50 mètres de largeur, et dont la hauteur est le cinquième de la largeur. On voit le dessin d'une ferme de ce comble et de ses détails, *Planche 4*. Le système adopté dans la disposition des bois qui composent cette ferme, résulte de plusieurs considérations, dont la principale ne peut être pleinement justifiée qu'après avoir été préalablement l'objet de l'examen des savans habitués à appliquer la théorie aux constructions. Je me bornerai donc ici à exposer quelques-uns des motifs qui m'ont dirigé dans ce projet.

Les fermes des petits combles à deux égouts, consistent, le plus ordinairement, en trois pièces de bois qui, par leur réunion, présentent la forme d'un triangle dont la base horizontale se nomme tirant ou entrait, et les deux côtés inclinés arbalétriers. Ces deux arbalétriers s'appuient l'un contre l'autre à leur sommet, et sont assemblés à leur pied dans l'entrait ou tirant qui doit résister à la force de traction exercée par les premiers en raison du poids qu'ils ont à supporter et du degré de leur inclinaison. Dans les combles les plus ordinaires, les tirans, souvent d'une seule pièce, ont des dimensions qui, presque toujours, excèdent celles qui sont suffisantes pour résister à la traction. Mais lorsque les combles ont une largeur très-considérable, il convient de prendre les plus grandes précautions pour s'assurer de la résistance des tirans de chaque ferme, sur-tout aux points de réunion des pièces de bois à leurs abouts. C'est ce qui a été mis en évidence par l'accident arrivé à quelques fermes du comble de la salle d'exercice de Moscou, accident dû presque entièrement aux vices de l'assemblage dit à trait de Jupiter, qui réduit à moins de la moitié la section transversale des bois, déjà affaiblis par des trous de boulons. Pour diminuer le moins possible la section et conséquemment la résistance des pièces de bois, je propose de remplacer les assemblages par des boulons extérieurs et horizontaux indiqués *fig. 3* et *4* (5).

(3) La hauteur de ces différens combles n'excède pas 1/5 de leur largeur. Ils sont couverts par de grandes feuilles de tôle ; un plancher léger, sur lequel on superpose des paillassons ou feutres, est porté par les entraits pour servir de plafond et conserver la chaleur produite par des poêles placés dans l'édifice.

(4) M. de Bétancour, dans sa note (*c*), admet pour principe que les bois de longueur ne doivent jamais, directement ni indirectement, exercer leur effort de pression contre d'autres pièces de bois, non-seulement à plat, mais même dans le sens de la longueur des fibres, et il cite, à cette occasion, le succès des boîtes en fonte de fer sur lesquelles les arcs très-surbaissés du pont en bois de Kamennoy, de 84 pieds d'ouverture, étaient posés. Cette précaution peut, en effet, être très-avantageuse, lorsqu'il s'agit d'un pont exposé à toutes les intempéries, et d'arcs très-surbaissés dans lesquels les bois éprouvent une grande pression ; mais elle n'est pas aussi utile pour les combles qui ne se trouvent pas dans les mêmes circonstances. D'ailleurs, on peut prévenir la pénétration et l'écrasement des fibres par l'interposition de plaques de cuivre très-minces entre les abouts des pièces de charpente, ainsi qu'on vient de le pratiquer aux arcs du pont en bois de Grenelle, dont il sera parlé ci-après dans ce même Recueil, et dont la *Planche 10* contient le dessin.

(5) Ces boulons réunissent les pièces de bois à leurs abouts, au moyen de deux ceintures quadrangulaires en fer qui seraient encastrées dans ces pièces de toute leur épaisseur, et formées par la réunion de quatre morceaux de fer méplats portant à leurs extrémités une espèce d'oreillons percés pour donner passage aux boulons. La réduction produite par cet encastrement dans la section transversale des bois, se trouve à-peu-près égale à celle qui résulte des redens pratiqués pour s'opposer au glissement. Maintenant on peut remarquer que, par l'effet de la traction, cette ceinture tend à détacher de l'about de chaque pièce un anneau en bois, de forme quadrangulaire, sur lequel elle s'appuie. Il reste donc à chercher, au moyen d'expériences, quelle doit être la super-

La section des bois, dans les parties les plus faibles, ayant été déterminée de manière à pouvoir résister aux efforts de la traction, celle des quatre boulons doit l'être ensuite et offrir la même résistance : ce qui suppose que les sections transversales des bois et des fers seront dans le rapport des résistances respectives des deux matières.

Dans les combles ordinaires, les arbalétriers sont le plus souvent considérés comme suffisamment rigides; mais lorsque la longueur de ces arbalétriers passe certaines limites, on a recours, pour les empêcher de ployer sous leur propre poids et sous celui qu'ils doivent supporter, à des pièces de remplissage (6). Celles qui paraissent convenir le mieux sont placées horizontalement et portent le nom de faux entraits ou d'entre-toises. D'autres pièces ou moises verticales, partant du point de réunion des faux entraits avec les arbalétriers, servent à soutenir les entraits inférieurs. Le poids supporté par ces moises se décompose en deux forces, dont l'une agit dans la direction des arbalétriers, et l'autre dans celle des faux entraits; en faisant observer que cette dernière est détruite par la force opposée qui lui est égale. Cette disposition, suivie dans quelques combles d'Italie et de France et adoptée par M. de Bétancour, se trouve reproduite dans le projet de ferme, *Planche 4;* mais j'ai employé, pour réunir les pièces de bois, les mêmes boulons extérieurs et horizontaux déjà proposés ci-dessus pour l'entrait principal. Ce moyen de liaison me paraît avoir pour premier avantage de s'opposer à la désunion des faux entraits et des arbalétriers, et de réunir tous les bois qui composent la ferme pour n'en former qu'un seul corps; mais je crois pouvoir ajouter que, dans le cas où le tirant principal viendrait à s'alonger sensiblement par l'effet de la traction, le faux entrait immédiatement supérieur commencerait à participer aux effets de cette traction, et ainsi de suite pour les faux entraits supérieurs à ce premier. Mais cette opinion, qui n'est qu'une sorte de présomption, a besoin, ainsi que je l'ai déjà dit, d'être appuyée sur des expériences et des calculs positifs, dont l'état où je suis me rend incapable (7).

Le dessin de ce projet de ferme, et les détails dont il est accompagné, achèveront d'en faire connaître toutes les parties.

La *Planche 5* offre un parallèle de petits combles exécutés pour la plupart dans divers édifices publics pendant que je dirigeais les travaux de Paris, et dont les plans et dessins font partie de cette collection, savoir :

		PLANCHES.	RECUEILS.
Fig. 1.re	Maison à Paris	9.	VIII.
2.	Chapelle du Collége de Saint-Louis	13.	XII.
3.	Marché Saint-Germain	9.	IV.
4.	Marché des Carmes	8.	
5.	Projet de halle de village	7.	XI.
6.	Projet de lavoir public	8.	
	Projet de pont couvert	4.	
7.	Abattoirs	6.	VI.
8.	Projet de marché	12.	IV.
9.	Entrepôt de vins	10.	
	Marché Saint-Martin	5.	
10.	Greniers publics	3.	II.

CINTRES.

Une des questions les plus intéressantes de l'art des constructions est celle des cintres destinés à porter les voussoirs d'une voûte pendant qu'on la construit (8). J'ai déjà placé dans le premier recueil de cette collection quelques dessins des cintres qui ont servi à la construction des grands ponts Fouchard, Frouart, de Pont-Sainte-Maxence et de l'École militaire à Paris. C'est à l'occasion des voûtes de ce dernier pont que s'éleva la question de savoir si les cintres fixes devaient être préférés aux cintres élastiques employés par Péronnet avec un grand succès, mais qui n'en présentaient pas moins d'assez graves inconvéniens. Je pris part, ainsi que je l'ai dit ailleurs, à la discussion intéressante qui eut lieu à ce sujet au conseil des ponts et chaussées, et je partageai l'opinion de la majorité en faveur de la proposition de M. Lamandé fils, chargé de

---

ficie intérieure de cet anneau, superficie qu'on peut augmenter jusqu'au point où elle pourrait offrir une résistance suffisante. Je n'ai pas besoin de dire qu'il serait inutile de chercher à établir une égalité rigoureuse entre les résistances dont on vient de parler, et qu'il est seulement indispensable que la plus faible puisse suffire. Il paraît qu'un jeune ingénieur distingué s'est occupé d'expériences à ce sujet; il est à desirer qu'il fasse connaître son travail, qui ne peut être que fort intéressant.

(6) Les combles de la Russie dont on vient de parler, sont tous construits en bois de sapin. Cette espèce de bois, qui fournit des pièces très-longues et très-droites, convient beaucoup par ce motif, et en raison de sa légèreté, à la construction des fermes de combles d'une grande étendue, telles que celle qui est projetée *Planche 4*.

(7) Si l'on suppose que l'entrait principal soit capable de résister seul à la traction, sans éprouver aucun alongement sensible, tous les faux entraits n'auront à résister qu'à une force de compression dans le sens de leur longueur, et ce ne serait que dans le cas contraire où, sans quitter les arbalétriers avec lesquels ils sont liés, ces faux entraits, et sur-tout les premiers, pourraient successivement commencer à supporter une partie de la traction. On pourrait peut-être trouver quelque analogie entre la manière dont les entraits de la ferme projetée s'opposent à la traction, et celle avec laquelle résistent les fibres d'un solide de même forme et de même étendue chargé dans son milieu. Les principes ordinaires de la statique, qui ne supposent que des lignes rigides et inextensibles, me semblent insuffisans pour résoudre complètement cette question, dont il ne paraît pas qu'on se soit encore occupé spécialement.

(8) On trouve dans les *Mémoires de l'Académie,* année 1826, un mémoire de M. Pitot sur les cintres. Les exemples de cintres qu'il donne et auxquels il applique le calcul pour trouver quelles doivent être les grosseurs des bois capables de résister au poids qu'ils sont destinés à porter, me paraissent préférables à beaucoup d'autres employés postérieurement à son mémoire.

Les *Œuvres de Péronnet* contiennent un mémoire spécial sur les cintres, dans lequel il donne la préférence à un système de cintre retroussé qu'il dit avoir été employé, pour la première fois, par Mansard, à un pont de Moulins. Péronnet en a fait constamment usage dans les nombreuses et célèbres constructions par lui exécutées.

On trouvera, dans un second mémoire du même auteur sur le cintrement et le décintrement des ponts, la preuve des difficultés qu'entraînent les cintres élastiques, et des traces qu'ils laissent souvent, malgré les plus grandes précautions; ce dont l'arche de Nogent a présenté un exemple remarquable.

Gauthey, dans son *Traité des ponts,* s'est également occupé des cintres, et s'est prononcé en faveur de ceux qui sont fixes.

M. Navier, neveu de M. Gauthey, a partagé cette opinion en traitant la même question dans ses savantes leçons sur l'application de la mécanique. Il cite particulièrement trois systèmes de cintres, que je reproduis *Planche 7 :* le premier, *fig. 2,* attribué à Smeaton, ayant ses points d'appui entre les culées; le second, *fig. 3,* dont les points d'appui doivent être pris au pied des culées, et dans lequel l'effort exercé par les voussoirs perpendiculairement à la courbe du cintre, est transmis par les pièces $D'D'$, $D''D''$ aux points D, D', D'', où ces pièces s'assemblent les unes contre les autres. Les efforts normaux exercés au point D, se décomposent dans le sens de la contre-fiche DA : la pression qui en résulte dans le sens de la contre-fiche, est détruite par la résistance du point d'appui A; et la pression dirigée dans le sens de l'entretoise, est détruite par une pression égale provenant de l'effort exercé au point D'; ce qui a lieu également pour les points $D'D''$ de la courbe. Ce système demeurera en équilibre, si l'on pose en même temps les voussoirs des deux côtés.

Le *cintre retroussé* de la *fig. 4* est disposé de manière que les efforts normaux exercés au point D sont immédiatement transmis aux points d'appui par les contre-fiches DA, DA', et ainsi des autres points DD''. Dans ce dernier système, l'équilibre est stable et le cintre n'est pas sollicité à changer de forme, lors même qu'il y a plus de voussoirs posés d'un côté que de l'autre. On trouve dans cet article de l'ouvrage de M. Navier, que je viens d'extraire, que cette dernière disposition, rapportée dans la troisième partie des *Voyages dans la Grande-Bretagne*, par M. Dupin, et dans d'autres ouvrages anglais, a été suivie pour les cintres des ponts de Black-Friars et de Waterloo : mais les dessins de ces cintres sont sur une trop petite échelle, pour qu'on puisse distinguer plusieurs détails essentiels; d'ailleurs, tout en convenant que le dernier système de cintre retroussé est celui qui pourrait satisfaire le plus complètement à la condition très-importante de la stabilité de l'équilibre, on ne peut s'empêcher de reconnaître qu'il exige des pièces de bois d'une grande longueur, que ces pièces seraient affaiblies par les entailles nécessaires à leurs points de rencontre, et qu'enfin les pièces inférieures présenteraient un grand obstacle à la navigation.

l'exécution de ce dernier pont. Cette opinion, favorable aux cintres fixes, paraît avoir été adoptée depuis par le plus grand nombre des ingénieurs. Je projetai, à cette époque, divers cintres dont je m'abstins de parler, me réservant de les revoir lorsque mes occupations, alors multipliées, pourraient me le permettre : mais les infirmités ont succédé aux occupations; et je suis forcé, pour cette question, comme pour tant d'autres, de me borner à quelques souvenirs.

Je ne reviendrai point sur le jugement porté en faveur des cintres fixes, qui me paraît confirmé par la belle expérience faite au pont de l'École militaire, et par les ingénieurs habiles qui depuis ont écrit sur cette matière. Je rappellerai seulement, ce qu'on a quelquefois oublié, la distinction à faire entre les cintres retroussés et les cintres élastiques; les premiers pouvant être rendus suffisamment fixes, tandis que les seconds, tels que ceux qu'on a employés aux ponts célèbres de Mantes, Neuilly, Sainte-Maxence, de Louis XVI, sont très-susceptibles de changer de forme pendant la pose des voussoirs.

La *Planche 6*, *fig. 6* et *7*, et la *Planche 7*, offrent des projets de cintres avec points d'appui entre les culées; mais comme on rencontre des circonstances où les cintres retroussés deviennent indispensables, et peuvent d'ailleurs, dans plusieurs cas, satisfaire à un plus grand nombre de conditions que les premiers, j'ai choisi, parmi les nombreuses combinaisons que j'avais essayées, celle qui m'a paru pouvoir se prêter à toutes les formes comme à toutes les dimensions des arches, et en même temps satisfaire à la condition d'une fixité constante (9). La *Planche 6*, *fig. 1*, *2*, *3*, *4* et *5*, et la *Planche 7*, offrent une application de cette combinaison pour des arches en portion de cercle, en anse de panier et en plein cintre, depuis 8 jusqu'à 40^{m} d'ouverture (10).

Ponts en bois.

Tant que les bois d'une grande dimension ont été abondans, la construction des ponts de charpente a été facile; il suffisait d'établir quelques points d'appui sur lesquels on plaçait des poutres horizontales recouvertes par un plancher. Mais la rareté des bois, toujours croissante, a obligé d'user des ressources de l'art pour y suppléer. On a donc employé successivement les contre-fiches, les sous-poutres, les formes polygonales, et enfin les bois courbes qui paraissent offrir, par la combinaison dont ils sont susceptibles, une forte résistance, et permettre de franchir de grands espaces.

Les travées des ponts ainsi construits sont composées de fermes en arc de cercle, formées par trois rangs de courbes juxta-posées, et disposées de manière que les joints des extrémités des pièces serrées entre elles par des moises, des boulons ou des brides, ne se rencontrent point vis-à-vis les uns des autres : système qui a l'avantage de s'opposer au changement de forme de l'arc, et de n'avoir plus à considérer que des pressions dans le sens de la longueur des fibres.

(9) La fixité de la partie principale de ce système, qui peut être considérée comme composée de trois pièces, repose, comme le système indiqué *fig. 3*, *Planche 7*, sur la condition de placer en même temps les voussoirs des deux côtés. Les autres pièces qui se réunissent à la partie principale, servent ensuite, sans nuire à la fixité, à consolider le système, en augmentant la force avec laquelle il résiste au poids total dont il est chargé. On trouve dans les ouvrages déjà cités, et notamment dans celui de M. Navier, la marche à suivre pour déterminer par le calcul les dimensions des bois du système qu'on aurait cru devoir adopter.

(10) La *Planche 7* contient encore, sur une petite échelle, deux projets de cintres, dont l'un, *fig. 1.re*, a un point solide entre les culées sur lequel les moises viennent s'appuyer, et l'autre, *fig. 5*, retroussé, est rendu fixe au moyen d'entre-toises horizontales soutenues par des moises normales à la courbe de l'arche. D'ailleurs les trois rangs de bois courbes ou plutôt de forme polygonale, tels qu'on les trouvera indiqués *Planche 9*, qui formeraient le cintre proprement dit, étant superposés plein sur joint, sont peu disposés à changer de forme, et permettraient l'emploi de bois d'une très-petite dimension.

La *Planche 8* offre un parallèle des anciennes dispositions et de la dernière pour des travées de différentes largeurs (11). J'ai cherché ensuite, dans cette étude, à éviter la courbure des bois, en conservant cependant leur juxta-position et les mêmes moyens de liaison. Quelque légers que soient les avantages de ce changement; je vais essayer d'en rendre compte succinctement.

1.° Les pièces de bois des ponts en arc de cercle ont deux surfaces courbes, l'une concave et l'autre convexe. Les mêmes pièces, lorsqu'elles sont disposées de manière à former une portion de polygone, telles que celles *fig. 6*, n'ont que des surfaces planes toujours plus faciles à bien exécuter.

2.° Les trois rangs de pièces superposées sont courbes dans le premier système, tandis que les pièces du troisième rang supérieur du second système, ont la forme de parallélipipèdes rectangulaires; il y a donc pour ce troisième rang une diminution sur le déchet des bois. Cet avantage, à résistances égales, existe aussi pour les rangs inférieurs; mais il est moins sensible.

3.° Les pièces de bois courbes, considérées comme pressées dans le sens de leur longueur, n'offrent qu'une résistance inférieure à celle des pièces rectilignes, parce que, d'une part, leur section transversale, prise au milieu de leur longueur, est moins grande que celles des pièces rectilignes, et que, de l'autre part, cette résistance est affaiblie en raison de la solution de continuité d'une partie des fibres.

4.° La force qui solliciterait l'arc à changer de forme, trouverait une plus grande résistance dans les pièces rectilignes que dans les pièces courbes, parce que les premières ont de plus fortes dimensions dans le milieu de leur longueur.

5.° Enfin les pièces rectilignes forment des angles peu sensibles à la vérité, mais qui pourraient cependant suffire à empêcher le glissement et remplacer les redens pratiqués par plusieurs constructeurs, mais qui ont l'inconvénient d'augmenter le déchet du bois.

Pont de Grenelle situé en aval de Paris (Planche 10).

Ce pont est composé de deux parties égales et symétriques, séparées par un terre-plein. Chacune d'elles comprend trois travées, en charpente de 25^{m} d'ouverture, s'appuyant sur deux culées et deux piles en maçonnerie. La largeur du pont est de 10^{m}, mesurée entre les axes des fermes de tête. Les piles ont 3^{m},20 d'épaisseur à la base et 2^{m},80 au niveau des naissances. Les culées sont accompagnées chacune d'une demi-pile; celles de rive ont de plus deux murs en aile contre lesquels aboutissent les perrés dont les levées sont revêtues. Le terre-plein ayant 26^{m} de largeur, la longueur totale du pont, mesurée entre les corps carrés des culées extrêmes, est de 192^{m},80. Un chemin de halage de 4^{m} de largeur, soutenu par un mur élevé de 3^{m},85 au-dessus de l'étiage, passe sous chacune des arches extrêmes, et se raccorde, au moyen de pans coupés, avec la berge du côté de Passy, et avec le port du côté de Grenelle.

Tous les ouvrages sont fondés sur pilotis, racineaux et plates-formes. Le dessus des plates-formes, par-tout au même niveau, est de 0^{m},20 au-dessous de l'étiage. La fondation a eu lieu au moyen de batardeaux, à cause du peu de profondeur de la rivière, qui, au *maximum*, n'était pas de 1^{m},50 à l'époque des plus basses eaux (12).

(11) J'invite ceux qui voudraient prendre une connaissance approfondie de ce genre de construction et des applications qu'on peut y faire de la théorie, à consulter les ouvrages de M. Gauthey et de M. Navier.

(12) Les épuisemens pour toutes les fondations ont coûté 22,276 francs. Il fallait tenir les eaux à 0^{m},90 au-dessous de l'étiage, à cause des moises placées sous les chapeaux, lesquelles retiennent la tête des palplanches d'enceinte.

Chaque travée se compose de sept fermes, espacées de 1m,667 de milieu en milieu. Une ferme est formée de trois cours d'arbalétriers liés entre eux par des brides, et au moyen des moises pendantes horizontales. Chaque arbalétrier a 0m,25 d'écarrissage, et une longueur telle, qu'il s'étend dans deux des espaces formés par les moises pendantes. Entre deux arbalétriers consécutifs, on a placé des plaques de cuivre de 0m,24 en carré et de 1/3 de ligne d'épaisseur. Dans la taille et la pose, on a tenu les fermes surhaussées de 0m,10, et l'on a remarqué que le surhaussement s'était maintenu après le pavage, et qu'un an après que le pont a été livré au public, il n'était pas sensiblement diminué. Des dés en pierre, à l'aplomb de chaque pile, rendent le bombement des parapets moins sensible, et en corrigent le mauvais effet : cependant on ne conseillerait pas d'adopter un surhaussement aussi considérable; on pense qu'il serait suffisant de le faire de 4 à 5 centimètres (13).

Au dessus de la plate-forme, on a étendu une couche de bitume d'un centimètre d'épaisseur, que l'on a relevée contre les poutres qui soutiennent les trottoirs. On est ainsi parvenu au but qu'on se proposait, d'empêcher les eaux qui passent à travers le pavé et la forme, de mouiller les bois : cependant, on doit le dire, après de fortes pluies on a remarqué quelques gouttes d'eau qui devaient avoir passé à travers cette chape de bitume, soit qu'elle ait été blessée dans sa construction malgré les précautions qu'on a prises, soit que les madriers de la plate-forme, en augmentant et diminuant de volume, l'aient forcée de se fendre. C'est pourquoi l'on conseille, dans le cas où le même moyen serait employé, de ne pas couler le bitume à cru sur les bois, mais d'interposer un corps, comme du sable fin. Six petites gargouilles, dans chaque arche, servent à évacuer les eaux qui arrivent jusqu'à la chape.

Deux ruisseaux creusés dans des pierres de taille conduisent les eaux de la chaussée à deux gargouilles situées au milieu de l'arche. Ces gargouilles sont des tuyaux de fonte de 0m,08 de diamètre intérieur, auxquels on a donné 1m,30 de longueur, afin que l'eau en sortant ne mouille pas les fermes.

Le pavé de la chaussée est d'un échantillon de 0m,16, et a été posé sur forme ordinaire de sable. Ce pavage, moins lourd que le pavage ordinaire, a parfaitement réussi.

Chaque travée est chargée d'un poids d'eviron 40,000k.

Le pont de Grenelle, projeté et exécuté par M. Mallet, mon gendre, ingénieur des ponts et chaussées du département, a été construit aux frais de la compagnie du pont, gare et port de Grenelle.

On trouve, sur la même *Planche 10*, un projet de pont en bois ayant les formes et les dimensions de celui de Grenelle, avec une seule différence, qui consiste dans l'adoption d'une forme polygonale dont les pièces de bois qui en forment les côtés, laissent entre elles un espace triangulaire qui est rempli par une pièce de fonte de la forme indiquée *fig. 1* et *2*. Ces pièces, en se touchant par leurs abouts, forment un système de voussoirs qui, étant contenus entre des pièces de bois et ne pouvant ployer dans leur longueur, offrent une résistance qu'on peut comparer à la puissance nécessaire pour écraser un cube en fonte de fer dont la section serait la même que celle des voussoirs. Il est certain que, par cette disposition, on éviterait l'abaissement successif que présentent assez promptement les travées en charpente, et, à cette époque, les bois des arcs des travées ne serviraient plus qu'à empêcher les fers de ployer sur leur longueur et à les garantir des chocs. On pourrait ainsi augmenter sensiblement la durée de ces bois, qui résisteraient beaucoup plus long-temps, s'ils étaient réduits, lorsque le temps les a altérés, à la seule fonction d'empêcher les fers de ployer. Il me paraît donc qu'il n'y aurait pas à hésiter, si la dépense additionnelle de ces voussoirs en fonte de fer, déduction faite de la petite économie sur le cube, la façon et le déchet des bois, ne s'élevait pas à une somme sensiblement plus forte que celle qu'il faudrait placer, pour, après un laps de temps de vingt ans par exemple, et y compris les intérêts composés, suffire à la reconstruction des arcs des travées, toutes choses restant égales d'ailleurs. Ce principe, trop rigoureux dans plusieurs circonstances, sera probablement adopté dans la suite par ceux qui font des travaux publics un objet de spéculation.

(13) La question ne peut être résolue qu'après un laps de temps plus considérable.

Pont tournant (Planche 11).

Ce pont est l'étude préliminaire de celui qu'on remarque placé sur l'écluse projetée de prise d'eau dans le Pô, et qui devait être placé à Ponte-Lagoscuro, tel qu'on le voit. Recueil X, *Pl. 2*.

Passerelle en chaînes de fer (Planche 12).

Cette passerelle a 34m de longueur, mesurée d'un axe à l'autre des boulons d'attache des chaînes de suspension. Sa largeur est de 1m,80, sa flèche de 2m ou de 1/17 de sa longueur. Chaque chaîne de suspension est formée de deux cours de barres de 1m,95 de longueur et de 0m,05 sur 0m,025 d'écarrissage, reliées entre elles au moyen de plaques de 0m,28 de longueur, 0m09 de largeur, et 0m,015 d'épaisseur. Il y a quatre plaques à chaque articulation; elles sont traversées, dans leur milieu, par un boulon portant une tige de suspension : les chaînes de retenue sont composées de la même manière; mais les barres ont 0m,07 de largeur au lieu de 0m,05; elles descendent sous un angle de 45°, et traversent un massif de maçonnerie dont le poids est tel qu'il puisse résister à la traction. Ces tiges sont rondes dans la maçonnerie, et taraudées à leurs extrémités pour recevoir un écrou. A leur entrée dans le massif, elles sont revêtues d'un tuyau de plomb, lequel est serré contre le fer à son extrémité supérieure, au moyen d'une frette, de manière que l'eau qui coule le long du cylindre se trouve arrêtée. Le tout est porté par quatre poteaux en bois, coiffés d'un chapeau de fonte garni des appendices nécessaires pour attacher les chaînes. Pour plus de sécurité, on a mis, à coté de la fonte, des plaques en fer forgé, s'adaptant parfaitement au chapeau. Le parapet est composé de croix de Saint-André, s'assemblant, ainsi que la lisse, dans les tiges de suspension. Ce parti donne au pont beaucoup de légèreté et une grande raideur : les oscillations produites par deux ou trois personnes sont très-faibles; mais on ne conseillerait pas ce parapet pour un pont à voitures. Le plancher se compose de poutres attachées chacune à deux chaînes de suspension, de croix de Saint-André qui les relient et de madriers de 0m,050 d'épaisseur posés dans le sens de la longueur, en liaison et arrêtés sur les poutres par des vis perfectionnées. La maçonnerie a été hourdée en mortier hydraulique. Une chèvre a suffi pour attacher les chaînes de supension; celles de retenue avaient été posées auparavant et une partie de la maçonnerie exécutée.

Le poids total des fers est de 4,630k,75. Ils ont été payés 1 franc 25 centimes le kilogramme, y compris façon, essai, transport et pose. Le pont en entier a coûté 10,000 francs.

En supposant une surcharge de 200k par mètre superficiel de plancher, le poids supporté par chaque millimètre carré des chaînes est de 9k environ. Il n'est que de 3k,5 dans l'état ordinaire. Dans l'essai que l'on a fait avant de livrer le pont à la circulation, on a chargé le plancher de 215k par mètre superficiel. Les chaînes, sous ce poids, se sont alongées; le plancher a baissé; l'extrémité des lisses est sortie de 6 à 7 millimètres des contre-fiches des poteaux supports : mais aucun mouvement n'a été remarqué dans ces poteaux ni dans les culées.

Cette passerelle, projetée et exécutée par M. Mallet, ingénieur des ponts et chaussées, a été construite aux frais de M. Boivin, propriétaire à Choisy, sur l'une des passes de la gare qu'il a fait creuser dans cette commune.

FOURS DE SAINT-LAZARE.

(Planche 13.)

On avait cru devoir établir dans la prison de Saint-Lazare, à Paris, des fours destinés à cuire le pain des détenus en général, et dont la quantité devait s'élever à environ quatre mille rations du poids de 24 onces chacune. Le projet de ces fours et de l'édifice qui devait le contenir avait été fait par un architecte de beaucoup de talent; mais pour m'assurer que la disposition de ce projet satisferait à toutes les conditions, je crus devoir faire consulter un manutentionnaire qui eut la complaisance de fournir des renseignemens très-positifs et auxquels on se conforma dans l'exécution. On trouve, *Planche 13*, les plans et détails de ces fours, tels qu'ils existent, et les indications nécessaires pour en faire connaître toutes les parties. Je me bornerai donc à dire que des considérations particulières ayant fait suspendre l'usage journalier de ces fours, on a cependant reconnu qu'ils étaient disposés de la manière la plus favorable : ce que l'on doit particulièrement aux conseils et aux renseignemens donnés par le manutentionnaire consulté.

TUBES DES NIVEAUX ET ÉPURE D'UN PENDENTIF.

(Planche 14.)

(*Extrait d'un Mémoire de M. de Chézy sur quelques Instrumens propres à niveler, nommés* Niveaux.)

Un poids suspendu par un fil long, flexible et délié, abstraction faite de toute autre impression que celle de la pesanteur, tend le fil suivant une ligne droite perpendiculaire à l'horizon, ou, ce qui est la même chose, un plan auquel cette ligne serait perpendiculaire, pourrait être regardé comme l'horizon ou parallèle à l'horizon. Mais ce moyen de reconnaître par-tout l'horizon ou le niveau, ne peut servir lorsqu'on veut l'avoir avec une extrême précision. En effet, si l'on emploie un fil de la grosseur d'un cheveu (et l'on ne peut guère en employer de plus fin), et de dix pieds de long, on n'aura pas l'horizon à moins d'une seconde près; car on a trouvé que l'épaisseur d'un cheveu est environ $\frac{1}{25}$ ou les $\frac{39}{1000}$ d'une ligne : or, le sinus d'un arc d'une seconde pour un rayon de dix pieds est de $\frac{69816}{100000000}$ de ligne ou $\frac{7}{10000}$ de ligne, à très-peu près le quart de l'épaisseur d'un cheveu, quantité si petite qu'elle échappe à l'œil. D'ailleurs le moindre courant d'air peut occasionner au fil un dérangement bien plus grand; en outre, l'instrument serait incommode à cause de sa grandeur.

La même pesanteur qui tend un fil auquel un poids est suspendu, rendant la surface des fluides horizontale, donne le moyen de faire un instrument beaucoup plus exact. Si, dans un tube ou cylindre creux de verre, on enferme quelque liqueur bien fluide, comme de l'esprit de vin, qui n'occupe pas toute la capacité du tube, l'espace vide sera toujours dans la portion supérieure du tube à l'un ou à l'autre bout, s'il n'est pas dans une situation horizontale, et au milieu précisément, s'il est dans cette situation. L'espace vide est une bulle d'air : de là le nom, qu'on a donné à l'instrument, de niveau à bulle d'air.

Pour faire cet instrument, on emploie ordinairement les tubes tels qu'ils viennent des verreries. On choisit les plus droits et les plus réguliers; on les emplit presque entièrement d'esprit de vin, et l'on examine quel est le côté du tube où la bulle peut se tenir au milieu de la longueur, et où cette bulle s'écarte plus sensiblement et plus régulièrement du milieu, lorsqu'on incline très-peu le tube, au moyen d'une vis de rappel ou de micromètre pour mesurer les degrés d'inclinaison. Le côté reconnu le meilleur est choisi pour être le dessus. Les autres côtés sont assez indifférens pour la perfection de l'instrument. On met de l'esprit de vin dans ce tube, parce qu'il ne gèle pas et qu'il est plus fluide que l'eau (A). Le tube et la bulle doivent être longs. Plus la bulle est longue, plus elle est sensible à la moindre inclinaison (B).

En faisant usage d'un niveau de cette espèce construit par le sieur Langlois, on a remarqué que, s'il était exact le matin, il ne l'était plus au milieu de la journée par une plus grande chaleur, et qu'après avoir été rectifié pour le milieu de la journée, il cessait d'être juste le soir. La bulle était plus ou moins étendue, suivant qu'il faisait plus ou moins chaud. Peu étendue, elle cessait d'être sensible; dans le cas contraire, elle l'était trop, ne pouvait se tenir au milieu du tube, et ne s'en écartait pas également pour un même degré d'inclinaison. Ces défauts étaient petits et demandaient des observations soigneuses pour être aperçus. Cependant ils ont paru trop essentiels pour ne pas inspirer le desir de les corriger; on a remarqué qu'ils venaient de la surface intérieure du tube (C). Aucun de ceux que l'on a examinés n'avait cette surface régulière, et ses inégalités, naturellement aussi grandes que celles d'une glace qui n'a pas été dressée, étaient bien visibles à l'œil nu.

On a donc pensé qu'il fallait dresser la surface intérieure

(A) L'éther, étant encore plus fluide, est préférable lorsqu'il est bien rectifié; mais lorsqu'il ne l'est pas, la bulle se divise en plusieurs autres qui ne se réunissent que difficilement : d'ailleurs il se décompose avec le temps, et produit de très-petites gouttes d'huile qui s'attachent au tube et arrêtent la marche de la bulle.

(B) On dit qu'un niveau, tube ou bulle, est sensible, lorsque, à la moindre inclinaison de l'instrument, la bulle s'écarte du milieu du tube.

(C) Soit représenté, *EMF, fig. 1.re*, l'irrégularité intérieure du dessous d'un tube. On aperçoit aisément que la liqueur renfermée dans le tube étant dilatée par la chaleur, la bulle peut occuper l'espace *AB*, précisément au milieu du tube; l'instrument rectifié alors doit indiquer la ligne de niveau. Lorsqu'il fait froid, la liqueur étant condensée, la bulle occupera l'espace *CD*, qui n'est plus au milieu du tube. Alors l'instrument cessera d'être exact. Les irrégularités, qui sont peu sensibles aux yeux, le sont beaucoup à la bulle, et peuvent altérer sa marche d'une infinité de manières.

des tubes, et lui donner régulièrement la forme d'un cylindre ou plutôt d'un fuseau dont les deux côtés, diamétralement opposés, fussent deux portions de cercle d'un très-long rayon (D) : pour y parvenir, on a préparé une baguette de fer deux fois aussi longue que le tube qu'on voulait dresser; on a fait passer cette baguette dans un canon cylindrique en cuivre aussi long que le tube; le canon a été fixé au milieu de la baguette. Le diamètre intérieur du cylindre de cuivre était presque égal au diamètre intérieur du tube dans lequel on l'a fait entrer. Les bouts de la baguette ont été arrêtés entre les pointes d'un tour. Après avoir mis un peu d'eau et d'émeri très-fin sur le cylindre, on a frotté l'intérieur du tube en le faisant aller et venir dans toute sa longueur. On le tournait au milieu et on le tournait sur son axe, ainsi que la baguette, pour l'user également et régulièrement. A peine avait-on commencé cette opération, que le tube s'est cassé; plusieurs autres ont eu le même sort, quoique bien recuits. On a pensé que l'émeri qui s'attachait au cuivre, contribuait à faire fendre le verre, à la manière du diamant, chaque grain continuant son impression dans une même ligne droite avec une même pointe. Ayant substitué un cylindre de verre à celui de cuivre, l'émeri ne s'y est plus attaché, et l'on a obtenu un bon résultat. On est parvenu à user toutes les inégalités, de sorte que le cylindre et le tube se touchaient dans toute leur longueur. On a continué l'opération en employant l'émeri de plus en plus fin; et enfin, pour polir le tube, on a collé sur le cylindre, après avoir bien lavé et nettoyé le tout, une feuille de papier que l'on a recouverte d'un peu de tripoli.

Un tube ainsi travaillé peut être suffisamment sensible, l'être trop ou trop peu. Il sera trop peu sensible, si, avant le travail, indépendamment des inégalités particulières de l'intérieur du tube et de l'extérieur du cylindre, leurs diamètres sont plus grands au milieu qu'aux extrémités, pourvu que l'excès soit trop grand. S'il est trop petit, s'il est nul, ou si les diamètres sont plus grands aux extrémités qu'au milieu, alors le tube est trop sensible; la bulle ne peut se tenir au milieu, ou même se partage en deux, une partie se tenant à chaque bout.

Pour corriger ces défauts, on examine, avant qu'il soit entièrement adouci, dans quel état il est. Pour cela on met dans le tube, qu'on bouche à chaque bout, une quantité suffisante d'esprit de vin, et on le place sur deux chevalets attachés à une règle. On élève ou l'on baisse un des bouts, au moyen d'une vis de micromètre dont la tête large et graduée marque vis-à-vis un index le chemin qu'on fait faire à la vis. On reconnait par-là aisément quel est le degré de sensibilité du tube. Si elle est trop grande, on la rend moindre en travaillant le tube sur un cylindre plus court (E); si elle est trop petite, on emploie un cylindre plus long. Il faut donc avoir plusieurs cylindres de même diamètre et de différentes longueurs, que l'on a dressés à l'avance en les travaillant avec de l'émeri dans une auge ou cylindre creux de laiton.

Le tube que l'on a travaillé a un pied de longueur. On avait employé d'abord un cylindre de même longueur; mais le tube étant trop sensible, on s'est servi d'un cylindre de 9 à 10 pouces. La sensibilité a été diminuée, et rendue telle, que la bulle, qui a 9 pouces 4 lignes de longueur à la température de 16° (Réaumur), s'écarte du milieu du tube d'une ligne exactement pour chaque seconde de degré d'inclinaison. On pourrait avoir une plus grande sensibilité en suivant et perfectionnant les procédés indiqués ci-dessus.

Il est à remarquer qu'un tube que l'on travaille intérieurement est sujet à se fendre; mais il ne se fend point lorsqu'on le travaille extérieurement, même avec du gros émeri. Lorsque la première couche intérieure est usée, il ne se fend plus, et l'on peut faire alors usage d'émeri moins fin. Les tubes dont le verre est épais, sont plus sujets à se fendre que ceux dont le verre est mince : le plus gros émeri dont on s'est servi pour dresser le tube ci-dessus mentionné, était encore assez fin pour employer une minute à descendre dans l'eau de deux ou trois pouces de hauteur (F).

Note de M. de Chézy, *sur un problème que présente le Pendentif emploloyé à la Construction du Pont de Neuilly.*

Ce pendentif est formé dans un angle droit $A\,B\,D$ (*fig. 5*), et est terminé au dehors par le quart de cercle $D\,M\,A$, tangent

(D) La sensibilité dépend de la longueur du rayon de courbure du côté intérieur du tube. Le rayon de courbure de la superficie de la terre y entre aussi pour quelque chose, lorsque cette sensibilité est très-grande.

Elle peut être exprimée par l'espace que la bulle parcourt dans le tube, divisé par le degré d'inclinaison qui a occasionné le dérangement de la bulle, ou, si l'on veut, supposer le degré d'inclinaison toujours d'une mesure égale, d'une seconde par exemple. La sensibilité sera comme l'espace parcouru. Soit cet espace $A\,B$; $A\,C$, *fig. 2*, le rayon de la terre, et $A\,D$ celui de la courbure $A\,B$ du côté intérieur du tube. En inclinant le tube pour faire parcourir à la bulle l'espace $A\,B$, son rayon $b\,D$ s'appliquera sur $B\,C$, comme l'était auparavant $A\,D$ sur $A\,C$; l'angle $D\,B\,C$ (ou $D\,b\,C$, car l'espace $b\,B$ peut être regardé comme nul, à cause de l'extrême petitesse de l'angle $b\,A\,B$) sera l'angle d'inclinaison du tube, que nous supposerons toujours être d'une seconde. L'angle $A\,C\,B$ sera connu, si le rayon de la terre et l'espace $A\,B$ sont connus. L'angle $A\,D\,B$ est toujours la somme des deux autres : il sera connu d'ailleurs, si l'on a $A\,B$ et $A\,D$. Les angles $A\,D\,B$ et $A\,C\,B$, ayant un même arc pour mesure, sont entre eux en raison inverse des rayons $A\,D$ et $A\,C$. Cela posé, de ces trois quantités $A\,C$, AD et $A\,B$, deux étant connues, la troisième le sera aussi.

Soit $A\,B = a$, $A\,D = r$, $A\,C = R$, l'angle $C\,B\,D = b$, l'angle $A\,C\,B = m$, et l'angle $A\,B\,D = n$. Si l'on cherche la valeur de r, tout le reste étant connu, on aura $b + m : m :: R : r$; donc $r = \frac{mR}{b+m}$; si donc $a = 1$ ligne, m étant à-peu-près égal à $\frac{1}{13700}$, on aurait $r = 238$ toises à-peu-près.

Si l'on cherche la valeur de a, ou, ce qui est la même chose, la valeur de m, tout le reste étant connu, on aura $R : r :: b + m : m$; donc $m = \frac{b\,r}{R - r}$; si l'on fait $r = R$, on aura $m = b$, et par conséquent $a = 16$ toises environ. Si l'on fait $r = 50000$ toises en plaçant le tube dans la direction du méridien, on aura à l'équateur $m = 0'',015616$ et $a = 0^t,2461749$ ou $1^d\ 5^o\ 8^l\ 8^p$, 4, &c.; et au pôle, $m = 0''015353$ et $a = 0^t,2461187$ ou $1^d\ 5^o\ 8^l\ 7^p$, 9, &c.

Si enfin on cherchait la valeur de R, l'angle $A\,D\,B$ étant connu, on aurait $n - b : r :: n : R$; $R = \frac{n\,r}{n - b}$. Cette détermination de R sera toujours très-incertaine, à cause de l'extrême petitesse de $A\,B$. On vient de voir, dans le dernier exemple, qu'une différence d'environ $\frac{1}{24}$ de ligne sur $A\,B$ produit sur $A\,C$ une différence d'environ 50000 toises, quoiqu'on ait supposé la sensibilité du tube bien grande.

(E) Pour concevoir comment le moyen proposé peut augmenter ou diminuer la sensibilité d'un tube, imaginons deux morceaux de matière quelconque posés l'un sur l'autre, avec du sable très-fin entre deux, et qui puissent s'user par le frottement, par exemple du verre. Si ces deux morceaux $A\,B$ et $C\,D$, *fig. 3*, sont de longueur égale, ils auront presque toujours une partie de leur extrémité, petite ou grande, dont l'une débordera l'autre, et qui ne sera point frottée, tandis que le milieu le sera encore. Les deux morceaux sont précisément dans le même cas, parce que les parties $B\,D$ et $A\,C$, qui sont moins frottées par le milieu, sont égales dans l'un et dans l'autre. Ainsi chacun des morceaux est également disposé à se creuser au milieu, ce qui ne peut pas arriver, parce que, ne pouvant s'user qu'aux points par où ils se touchent, ils tendent, en s'usant, à se toucher par-tout en ligne droite ou circulaire, qui sont les seules qui, dans les différentes positions que l'on suppose, puissent se toucher par-tout; ce qui n'arriverait pas, si les deux morceaux se creusaient tous deux au milieu; et l'un ne peut pas se creuser plutôt que l'autre, à cause de leur égalité de longueur et de dureté. Mais si les deux morceaux sont de longeur inégale, *fig. 4*, le plus long débordera toujours; et si l'autre déborde, le premier débordera davantage : il sera donc plus disposé à se creuser au milieu. Le morceau le plus court deviendra convexe. Tous deux auront le même rayon de courbure.

(F) Pour obtenir de l'émeri très-fin et de différens degrés de ténuité, les tamis les plus fins ne sont pas suffisans. Après avoir bien broyé l'émeri sur une plaque de fer, avec une molette aussi de fer, on le met dans un vase qui doit être un peu plus large au fond qu'au bord supérieur. On le remplit d'eau, de manière qu'il y en ait huit à neuf pouces par-dessus l'émeri. On agite le tout fortement, et on laisse reposer pendant environ une heure. L'émeri se précipite et cependant l'eau reste trouble, étant chargée d'émeri très-ténu ou d'autre matière extrêmement fine et légère. On décante cette eau jusqu'à quatre pouces de profondeur, au moyen d'un siphon. On la remplace; on agite de nouveau; on décante une seconde fois, et ainsi de suite, jusqu'à ce qu'il ne passe plus que de l'eau claire par le siphon. La matière extraite de cette manière est trop fine pour être employée à user le verre. Pour s'en procurer de convenable, on recommence l'opération; mais au lieu de laisser reposer l'eau pendant une heure, on ne la laisse qu'une demi-heure. Lorsqu'il ne passe plus que de l'eau claire par le siphon, on ramasse tout l'émeri ainsi obtenu, on le met à part, et on le nomme émeri d'une demi-heure. On obtient de la même manière de l'émeri d'un quart d'heure, d'un demi-quart d'heure, de quatre minutes, de deux, d'une, d'une demi, d'un quart de minute. Il est bien entendu que pour ces deux dernières opérations, il faut avoir une montre ou une pendule à secondes.

aux droites $B A$, $B D$. Si du sommet B on tire autant qu'on voudra de droites $B M$, $B K$, et qu'on décrive les ellipses $B g m$, $B l K$, &c. (*fig. 6*), dont l'axe $M A$ est commun à toutes les ellipses, et dont les petits axes $B D$, $B d$ sont respectivement égaux aux droites $B M$, $B K$ (*fig. 5*), la surface formée par toutes ces courbes sera celle du pendentif, en supposant que les plans $B g m$, $B l K$, soient perpendiculaires au plan $A B O$.

On demande, 1.° de déterminer la courbe faite à la surface du solide par un plan horizontal, c'est-à-dire, parallèle au plan $A B D$; 2.° de mener par tous les points de cette courbe des perpendiculaires à la surface convexe du solide.

Construction.

1.° Je suppose que le point g (*fig. 6*) soit celui par où doit passer le plan horizontal : on portera l'abscisse $g l$ de M en G (*fig. 5*), et, par le point G, on fera passer un quart de cercle tangent aux droites $A B$ et $B D$. Cet arc de cercle sera la courbe demandée.

2.° Soit F le centre de l'arc $Z G O$: sur $B F$ on décrira le demi-cercle $B O F$, et l'on prendra sur l'arc $Z G O$, autant de points G, L, x, que l'on voudra avoir de perpendiculaires au solide, et par tous ces points on tirera les rayons $F B$, $F L N$, $F X n$.

Au sommet B de l'ellipse $B g m$ (*fig. 6*), section verticale du solide par un plan passant par $B M$ (*fig. 5*), on élevera $B X$ perpendiculaire à $B d$, qui rencontrera au point X la tangente au point g de l'ellipse correspondant au point G de la *fig. 5*.

On transportera le triangle $X g u$ en $b a g$ (*fig. 7*), et les droites $L N$, $x n$, &c., interceptés par les arcs $Z G O$, $B N O$ (*fig. 5*) en $a n$ et $a u$ (*fig. 7*); on tirera les droites $g b$, $g n$, $g u$, et leurs perpendiculaires $g s$, $g r$, $g y$, qui rencontreront, aux points s, r, y, la droite $p v$, laquelle représente un plan parallèle au plan du cercle $Z G O$ (*fig. 5*), et distant de ce plan de la ligne arbitraire $g p$ (*fig. 7*) : les droites $p s$, $p r$, $p y$, transportées en $G S$, $L R$, $X n$ (*fig. 5*), donneront une courbe $S R n$, qui sera celle que produit la rencontre de toutes les perpendiculaires au solide passant par l'arc $Z G O$ avec le plan parallèle à celui de l'arc $Z G O$. Cette courbe est du quatrième ordre et du genre des hyperboles, puisqu'elle a pour asymptotes les droites $F Z$ et $F O$.

Démonstration.

1.° Que l'on imagine (*fig. 8*) un cylindre coupé par deux plans $f n h$, $f o y$, perpendiculaires au plan passant par l'axe : il en résultera deux ellipses dont les petits axes $f k$, $f p$, peuvent être respectivement égaux aux droites $B M$ et $B K$ de la *fig. 5*, et les demi grands axes qui sont nécessairement égaux, puisque $k g = q p$, peuvent avoir pour longueur celle de la ligne $d k$ (*fig. 6*). Que par la droite $l X$ on fasse passer un plan perpendiculaire au plan $l h$, il coupera les plans des ellipses suivant deux droites $l n$, $z o$, égales, parallèles et perpendiculaires aux axes $f h$ et $f y$; et l'on aura $f k : f p :: l k : z p$. Donc (*fig. 5*) on doit avoir $B M : B K :: G M . L K$. Il suit de là (*fig. 6*) que, si l'on mène les droites $m g$, $k l$, elles se rencontreront en un point s qui se trouvera sur le prolongement de la tangente $B X$ élevée au sommet des ellipses $B G m$, $B l k$, puisque alors $s f : b c :: s c : l g$ ou (*fig. 5*) $B K : L K :: B M : G M$. Toutes ces droites $S m$ et $S k$ (*fig. 6*) qu'il faut imaginer dans les différens plans verticaux passant par $B K$ et $B M$ de la *fig. 5*, formeront donc la surface d'un cône oblique, puisqu'elles viennent se terminer à la circonférence $D M A$, et se réunissent en un point qui se trouve sur la perpendiculaire élevée sur le plan de la base au point B (*fig. 6*). Les points G, L, X, O, appartiennent à ce cône oblique et au pendentif, et ils se trouvent dans un plan parallèle à la base du cône oblique; la courbe $G L X O$ est dans un cercle qui doit toucher les lignes $A B$ et $B D$ (*fig. 5*).

2.° Si, par la droite $n m$ (*fig. 8*), on fait passer un plan m, n, r, t, tangent au cylindre, et par la droite $f a$ un autre plan $f a e i$, on verra que la droite $f i$, section des plans des ellipses avec le dernier plan, passera par le point i, section des tangentes $r o$, $s n$. Les tangentes $T b$, $t g$ (*fig. 6*), se réuniront dans un point X placé sur la tangente commune $B S$.

Il suit de là que, si l'on imagine le point B distant du plan de l'arc $Z G O$ (*fig. 5*) de la ligne $g u$ (*fig. 6*), et que l'on mène des tangentes aux ellipses à tous les points où ces courbes rencontrent l'arc $Z G O$, ces tangentes se couperont toutes au point B (*fig. 5*).

Qu'il soit question de mener un plan tangent au pendentif par le point L (*fig. 5*) qu'il faut imaginer élevé, sur le plan du papier, de la quantité $l a$ (*fig. 6*), je menerai $B N$ et $L o$ perpendiculaires sur $F N$ (*fig. 5*), je ferai $L o = g u$ (*fig. 6*), et je tirerai la droite $N o$. Le triangle $N o L$ devient perpendiculaire sur le plan du papier. Le plan tangent au pendentif et passant par le point o, coupera le plan horizontal suivant la droite $B N$. Le plan $N L o$ sera perpendiculaire sur le plan tangent, et par conséquent sur la surface du pendentif; et la droite $o P$, perpendiculaire à $N o$, sera aussi perpendiculaire sur le solide. On prouvera de même que la droite $B n$ (*fig. 5*) est la section que fait avec le plan horizontal un plan qui touche le solide au point X. D'où l'on voit que tous les points N, n se trouvent à la circonférence d'un cercle qui a $B F$ pour diamètre.

On voit que la *fig. 7* exprime des plans $g b a$, $g n a$, $g u a$ perpendiculaires aux points G, L, X du pendentif (*fig. 5*); les droites $g b$, $g n$, $g u$, sont des tangentes au solide; les droites $g r$, $g s$, $g y$, sont des perpendiculaires au pendentif sur les points G, L, X; la droite $P o$ représente un plan parallèle à celui de l'arc $Z G O$ (*fig. 5*); la surface terminée par la courbe $S R n$ et par l'arc $G O$ est un conoïde d'une espèce particulière. Si le pendentif était sphérique, on sent que la surface perpendiculaire à la sphère serait un cône droit.

L'Etude à l'aide du tems cherche à s'approcher de la perfection.

PORTES D'ÉCLUSE, COMBLES, CINTRES, PONTS EN BOIS,

et autres constructions

VII.e RECUEIL.

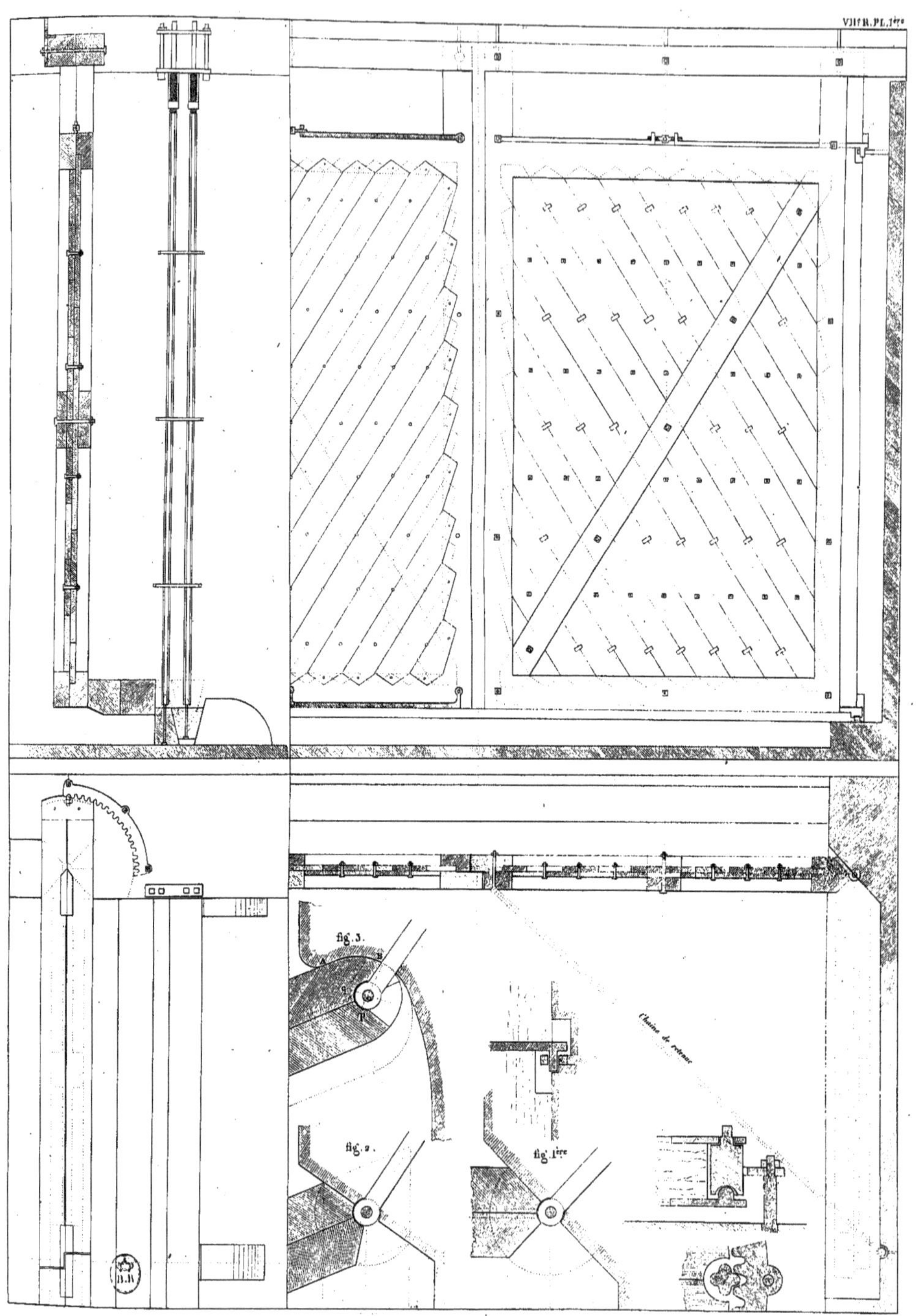
fig. 3.
fig. 2.
fig. 1ère
Chaîne de retenue

ALEXANDER · PRIMUS · IMPERATOR · AUTOCRATOR · ROSSIORUM ·

SI · VIS · PACEM · PARA · BELLUM

MOSCOW · MDCCCXXV

Son pieds

VUE INTÉRIEURE ET PLAN DE LA SALLE D'EXERCICE A MOSCOW.

Thierry sculp.

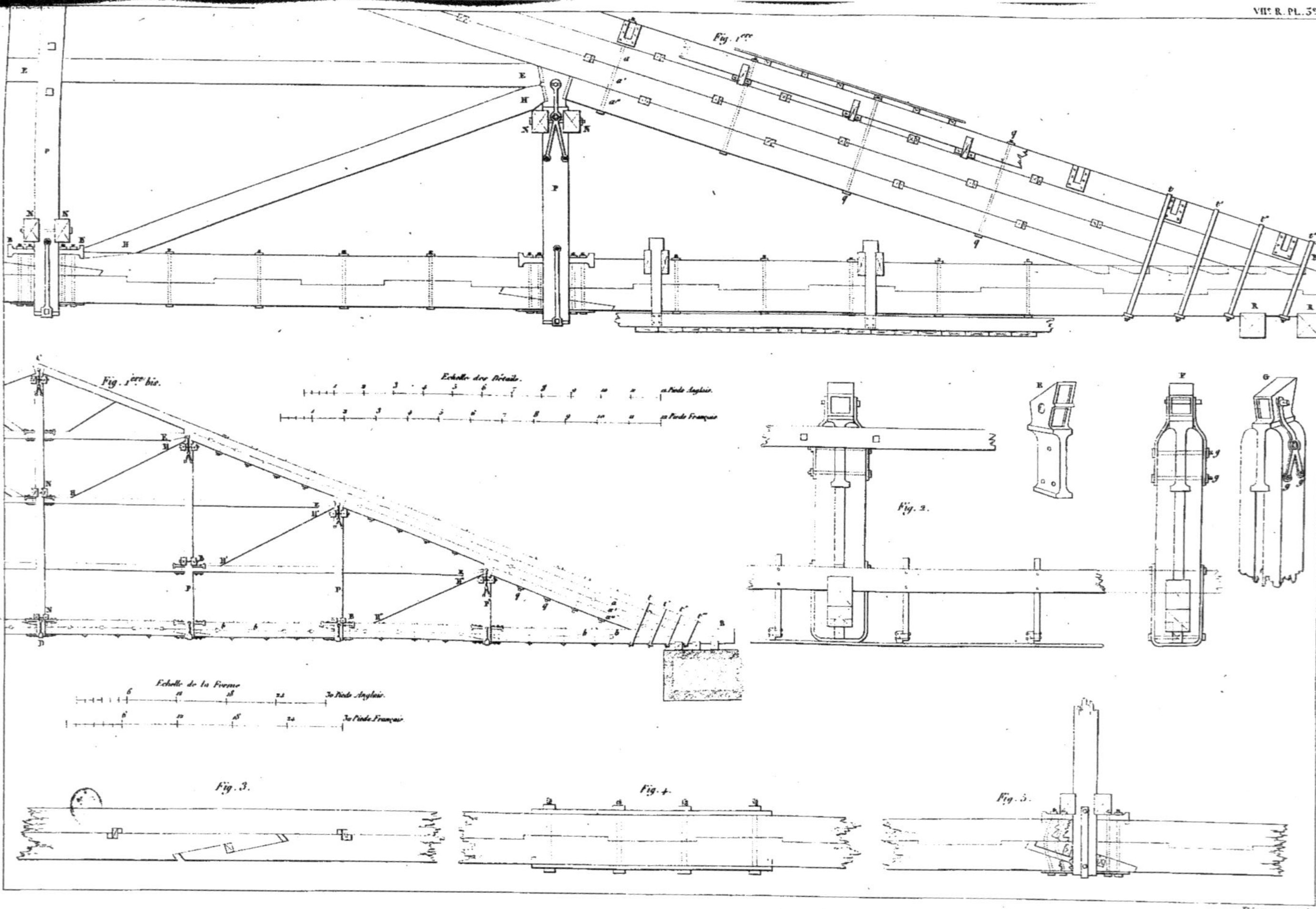

Thierry sculp.

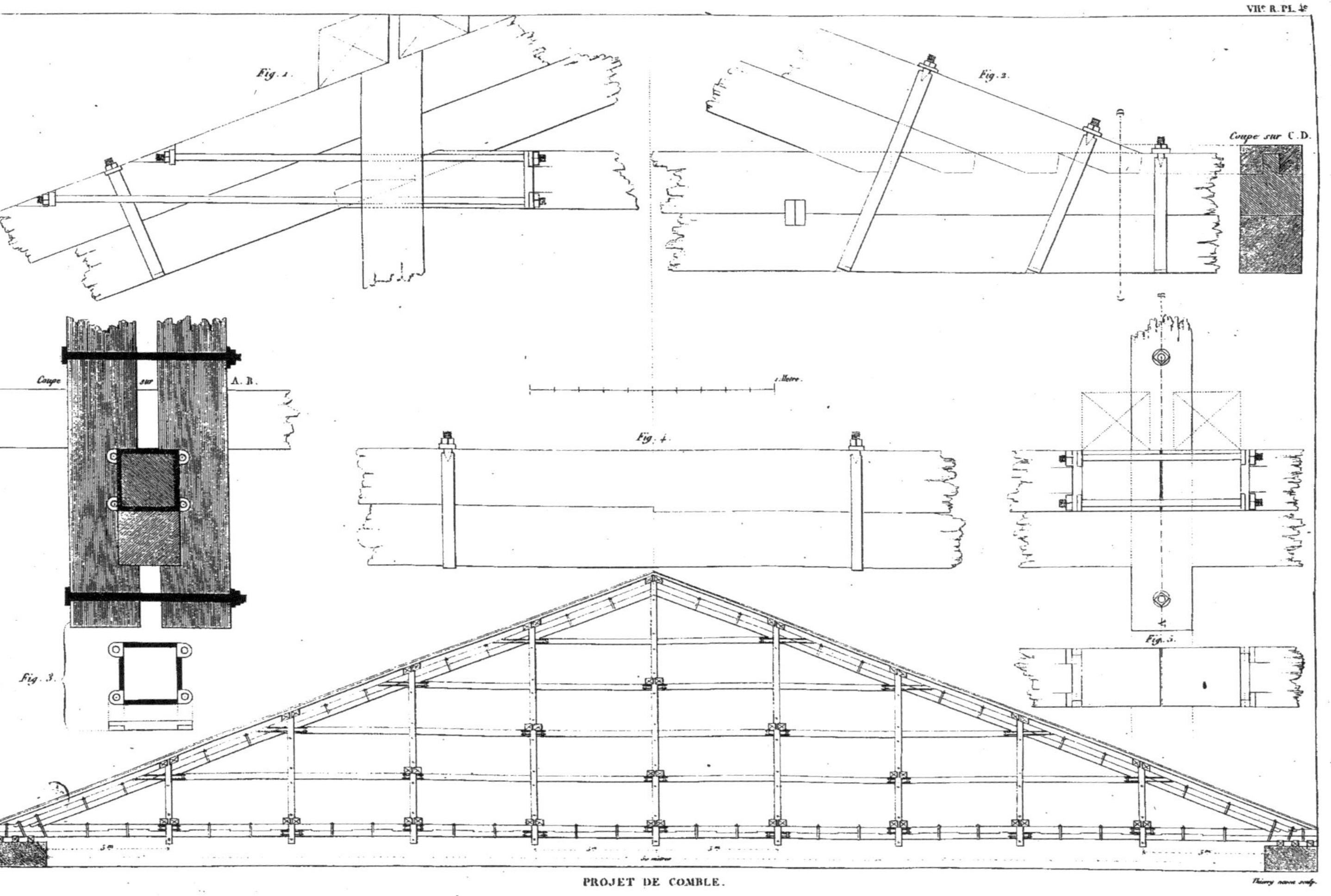

PROJET DE COMBLE.

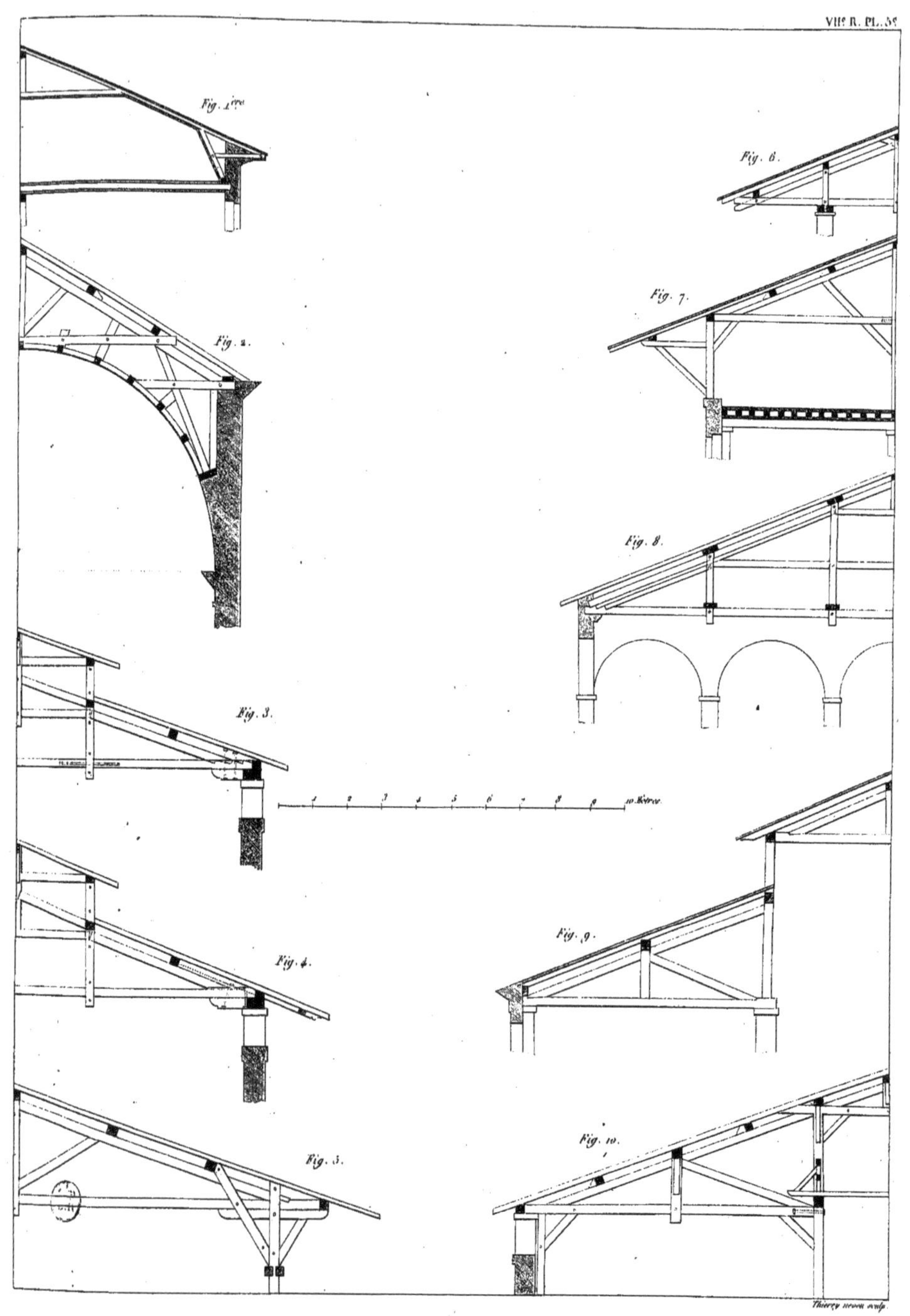
VIIe R. PL. 5e
Fig. 1ère
Fig. 2.
Fig. 3.
Fig. 4.
Fig. 5.
Fig. 6.
Fig. 7.
Fig. 8.
Fig. 9.
Fig. 10.
1 2 3 4 5 6 7 8 9 10 Mètres
Thierry neveu sculp.

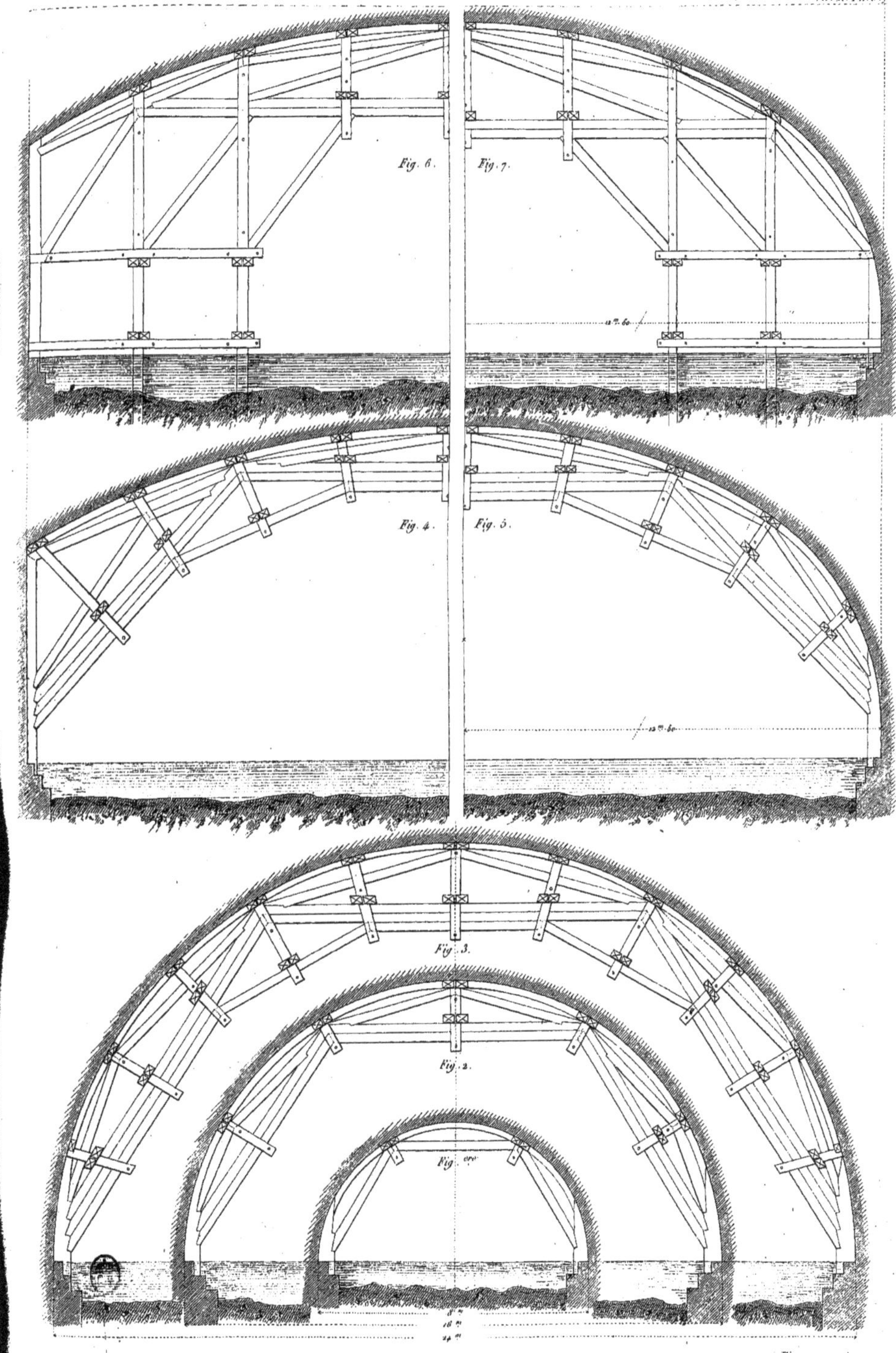

Thierry frères sculp.

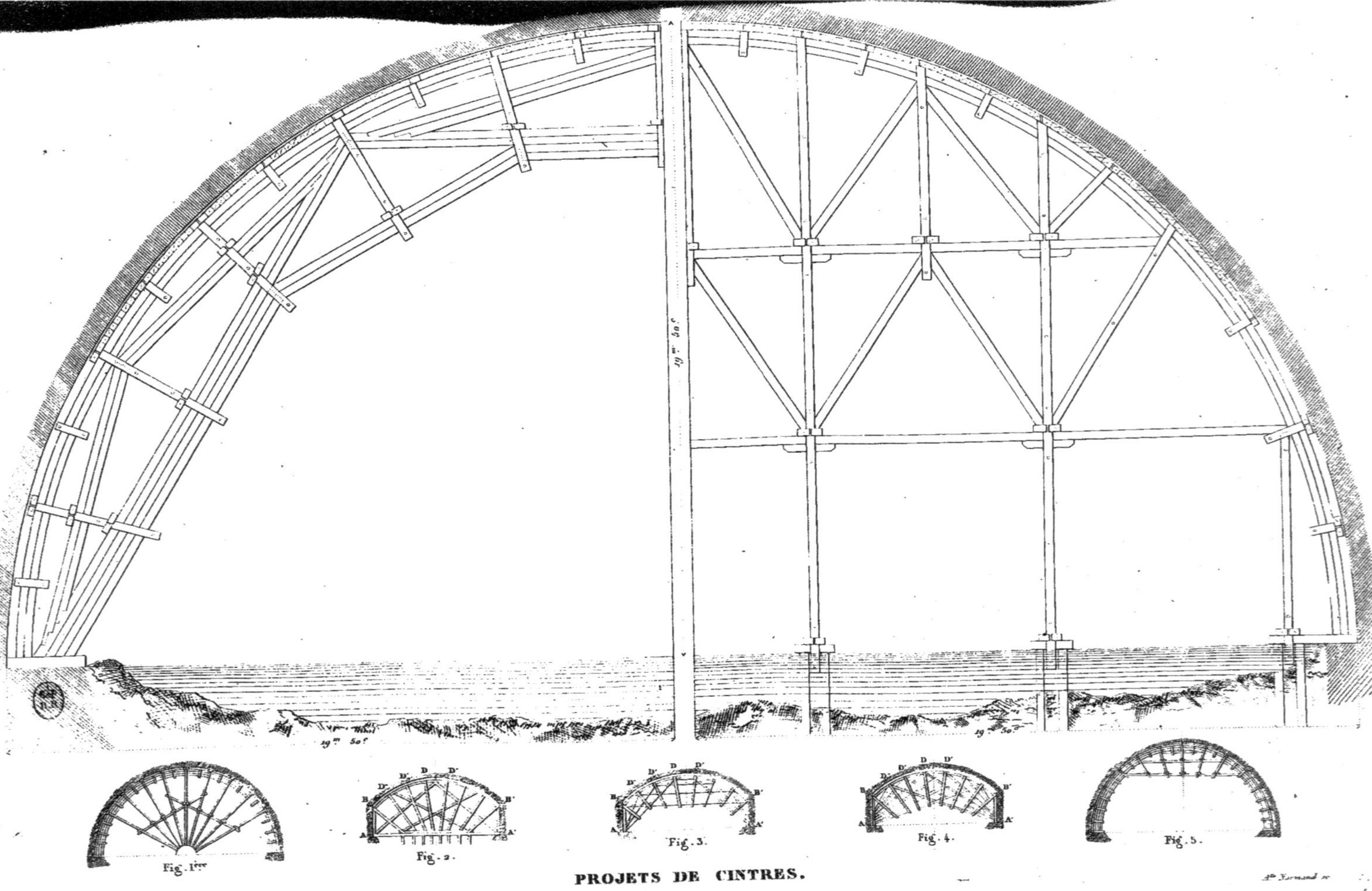

PROJETS DE CINTRES.

A. Normand sc.

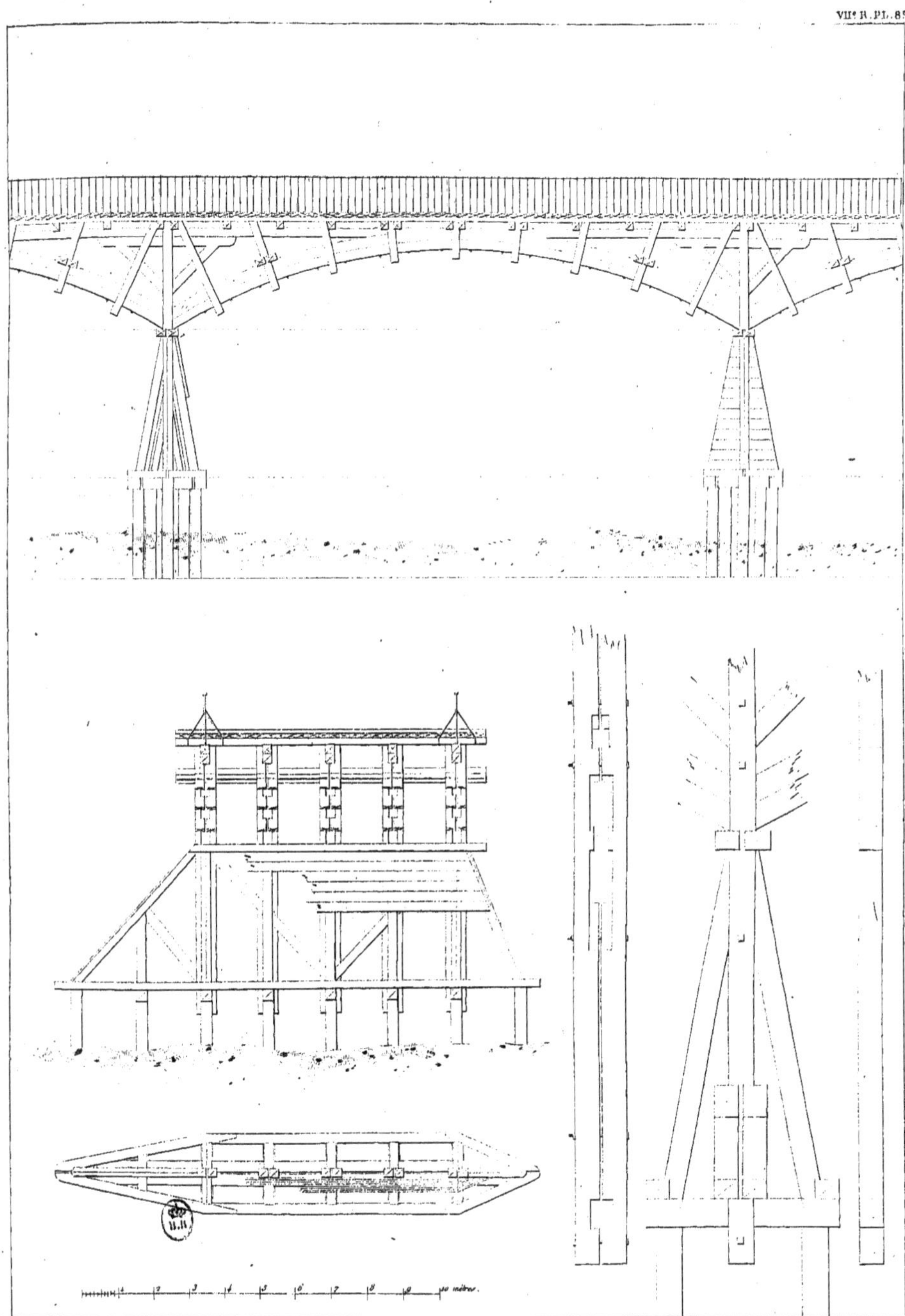
10 mètres.

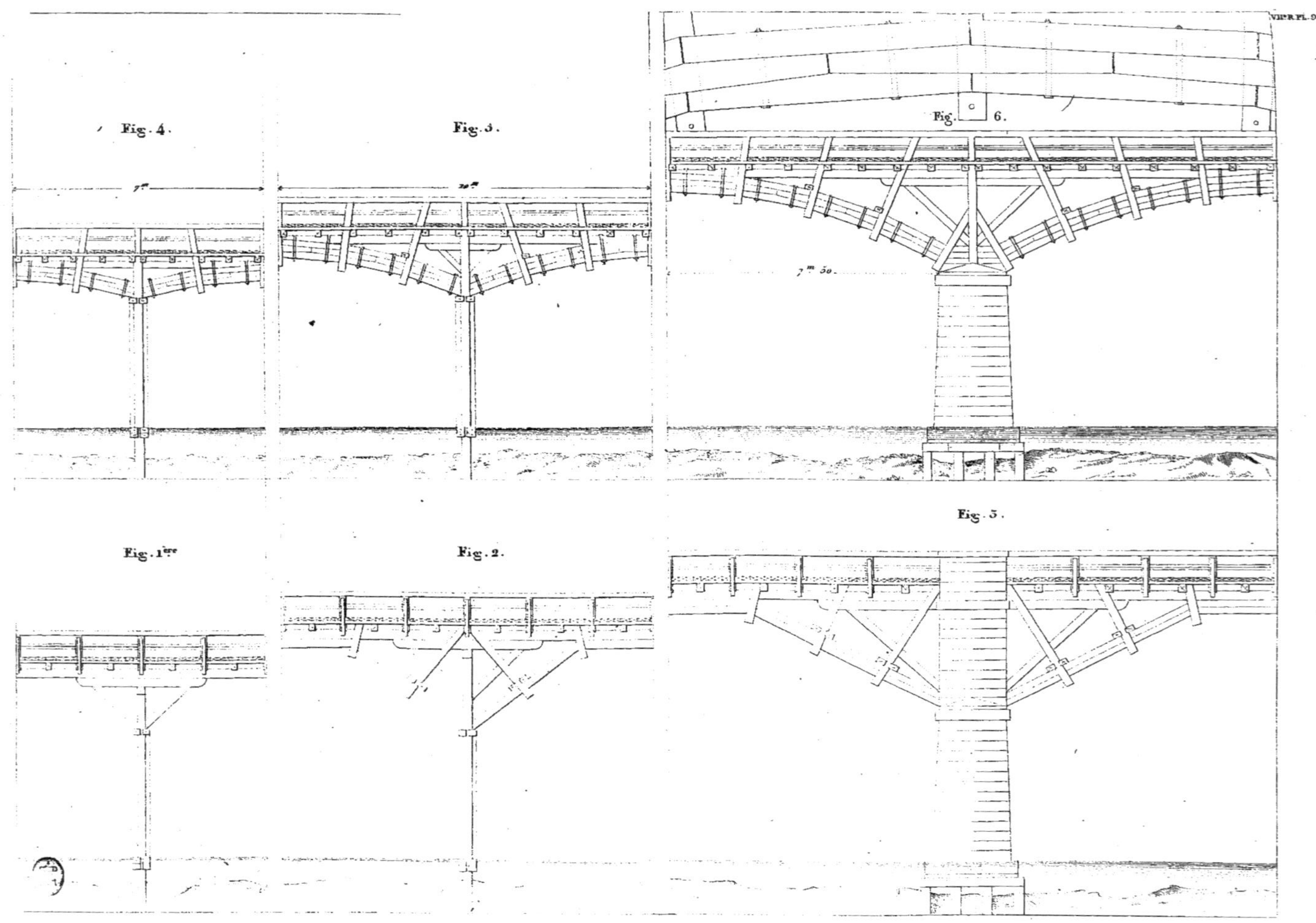

VIIe Pl. 9.
Fig. 4.
7m
Fig. 3.
20m
Fig. 6.
7m 50.
Fig. 1ère
Fig. 2.
Fig. 5.

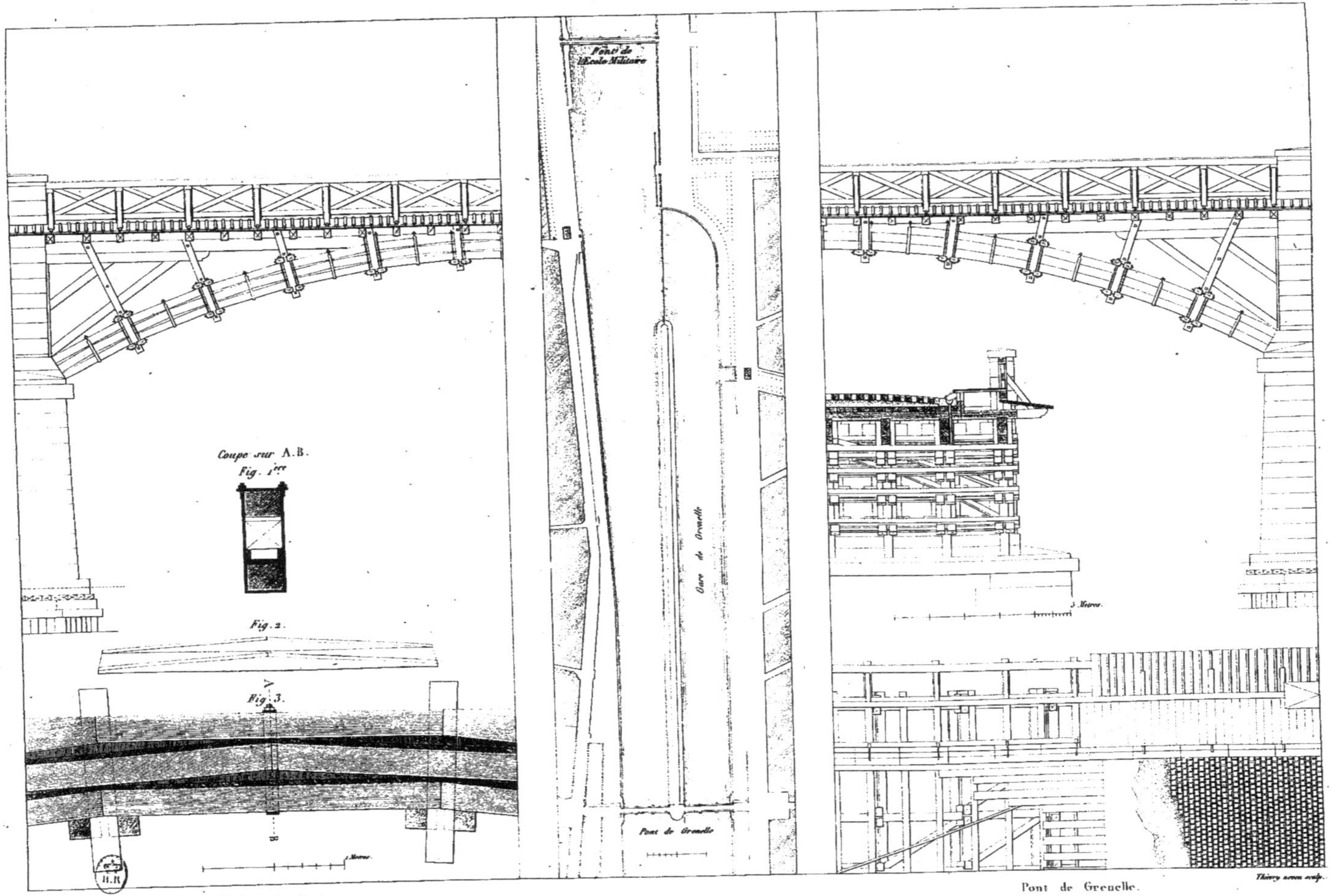

Pont de l'École Militaire

Gare de Grenelle

Pont de Grenelle

Coupe sur A.B.

Fig. 1ère

Fig. 2.

Fig. 3.

A

B

1 Mètres

5 Mètres

Thierry neveu sculp.

Projet de Pont

Pont de Grenelle.

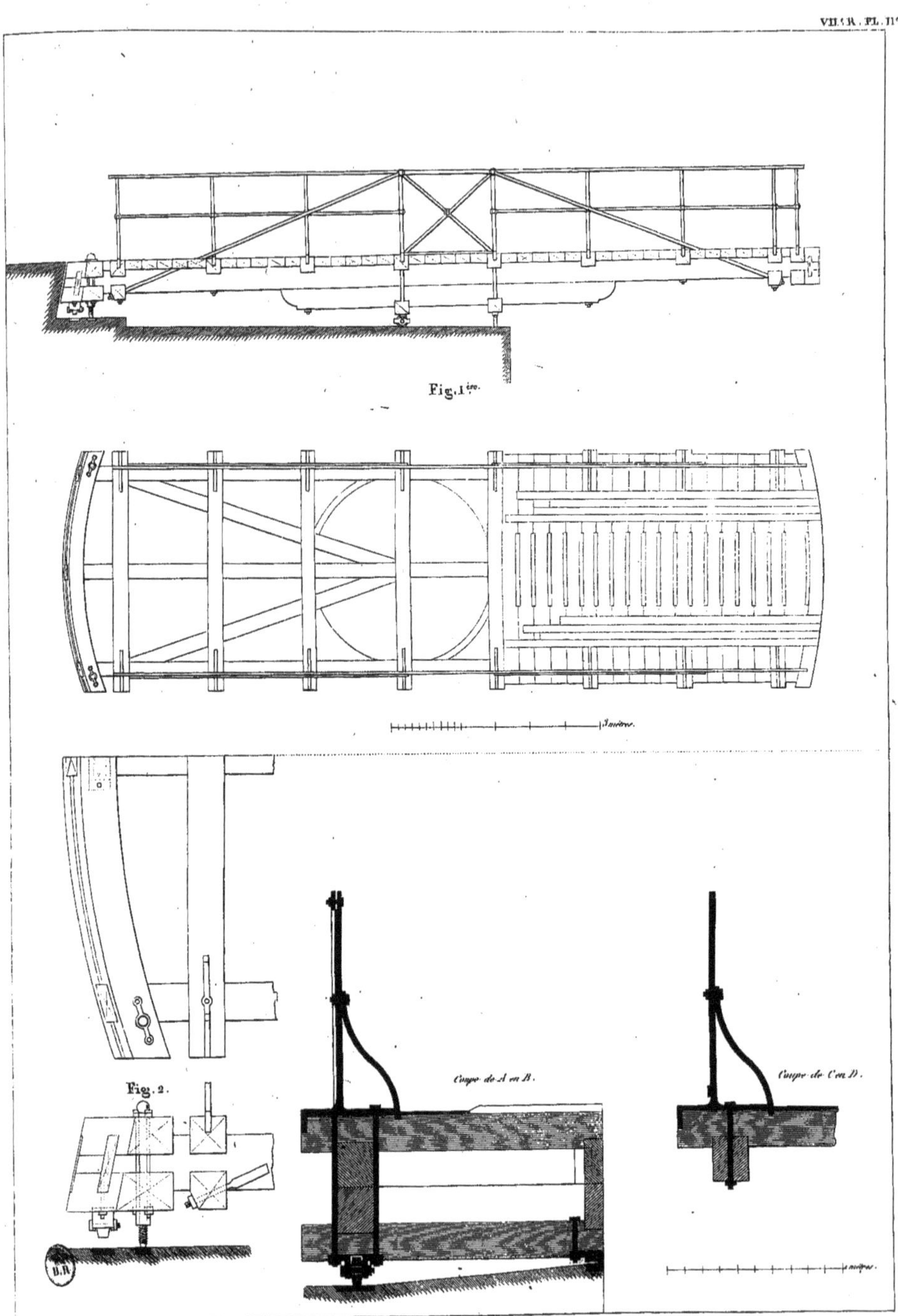

PONT TOURNANT.

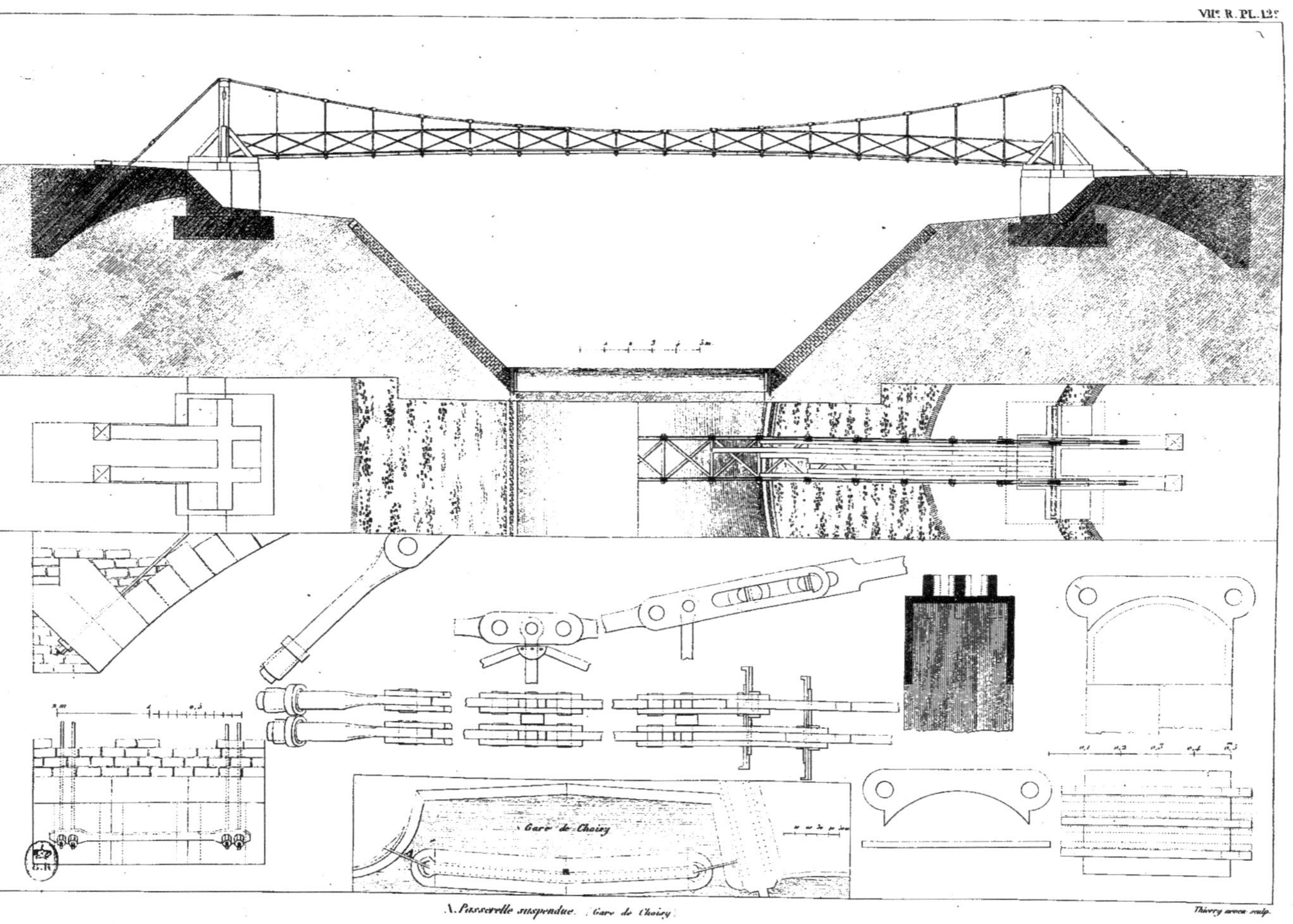

A. Passerelle suspendue. (Gare de Choisy)

Thierry aroca sculp.

Coupe sur la ligne E.F.

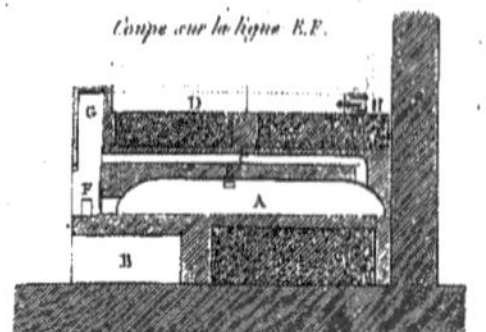

A. Intérieur du four.
B. Dessous du four.
C. Conduite des bouras.
D. Dessus du four.
E. Chappelle du four.
F. Conduite pour la braise sous la chaudière.
G. Tuyau de cheminée.
H. Porte pour le ramonage.

Robinet qui s'ouvre au moyen d'un flotteur et conduit l'eau froide dans la chaudière.

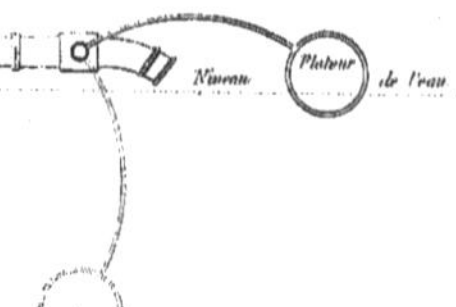

Coupe sur la ligne C.D.

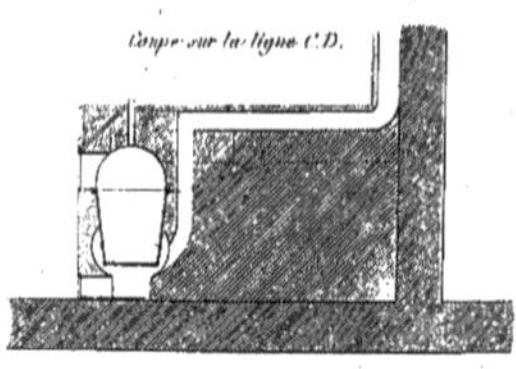

Robinet d'eau froide.

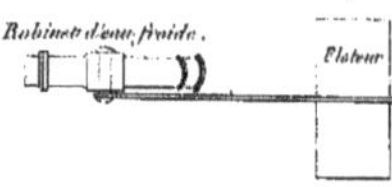

Elévation des fours.

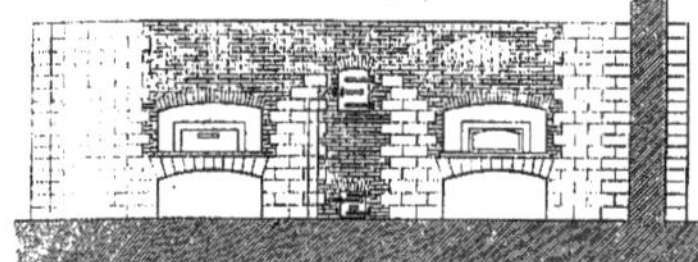

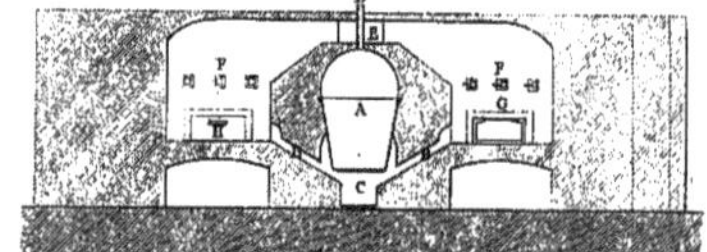

A. Chaudière.
B. Conduits de la braise sous la chaudière.
C. Foyer.
D. Tuyau au dessus de la chaudière pour l'évaporation.
E. Tuyau de cheminée.
F. Bouras.
G. Bouche du four en fonte.
H. Bouchoir.

3 mètres.

Plan au niveau du sol. — Plan au niveau de l'autel.

A. Foyer de la chaudière.
B. Conduits de la braise sous la chaud.re
D. Dessous des fours pour faire sécher le bois.
E. Tiran pour empêcher l'écartement.
F. Massif fait à sec en moilon et terre au dessous des âtres.

A. Chaudière.
B. Tuyau du fourneau sous la chaudière.
C. Conduits de la braise sous la chaudière.
D. Autel du four.
E. Porte de la chaudière.
F. Intérieur du four.
G. Bouche du four.

Nª. les dits fours peuvent contenir de 200 à 323 rations de 1.k ½ chacune.

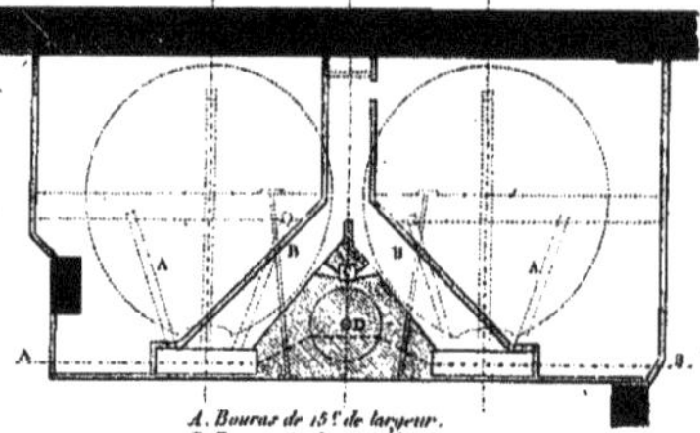

A. Bouras de 15.c de largeur.
B. Tuyau de cheminée des fours.
C. Tuyau de la chaudière.
D. Tuyau au dessus de la chaudière pour l'évaporation de la buée.

10 mètres.

Au dessus de la panneterie se trouve le magasin des mélanges.

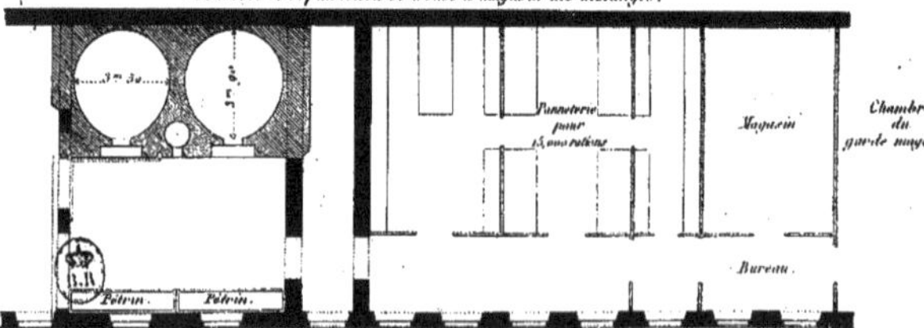

BOULANGERIE ET FOURS DE St LAZARE 1819.

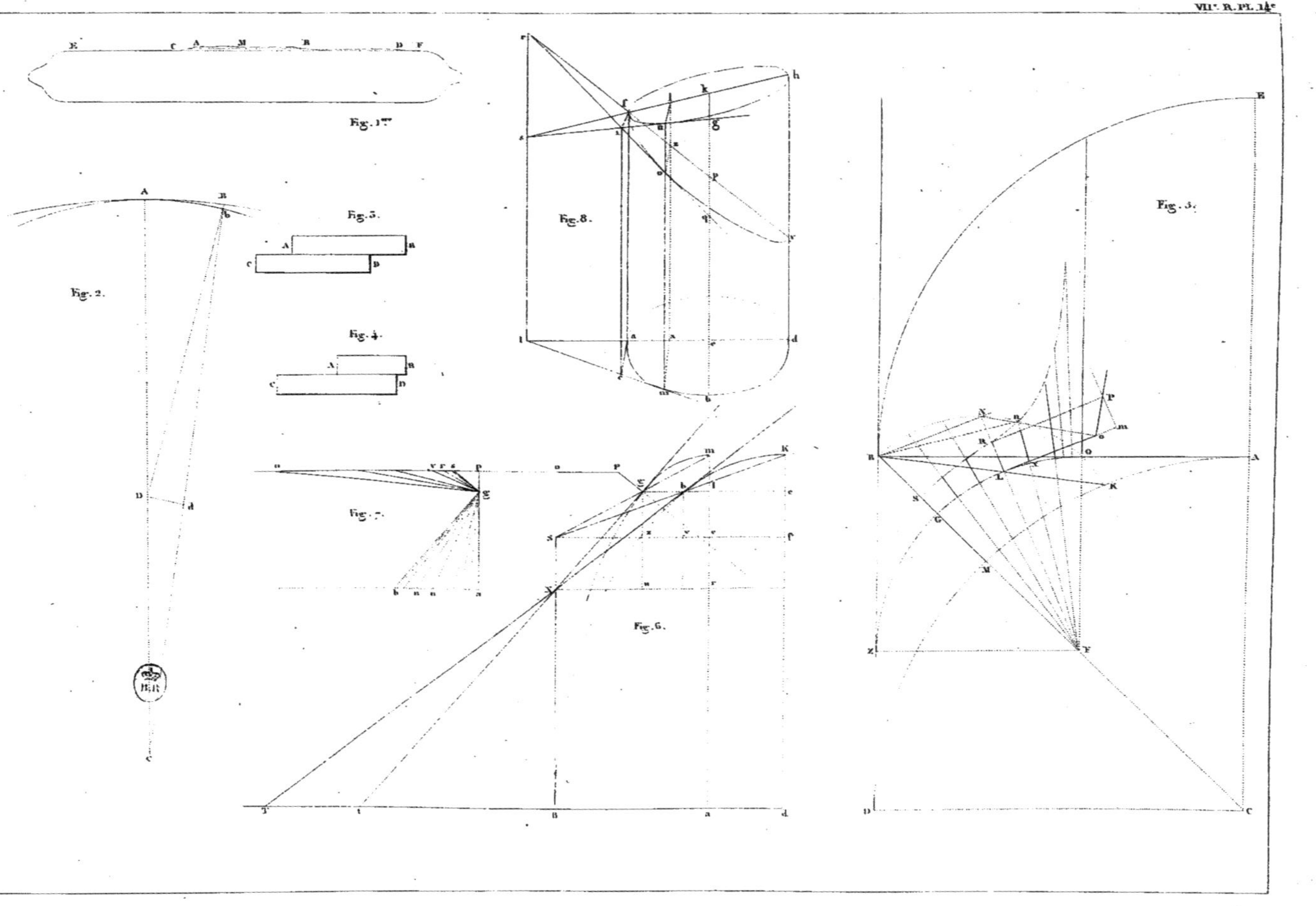
Fig. 1.re
Fig. 2.
Fig. 3.
Fig. 4.
Fig. 6.
Fig. 7.
Fig. 8.
Fig. 5.

ÉTUDES

RELATIVES

A L'ART DES CONSTRUCTIONS,

RECUEILLIES

PAR L. BRUYÈRE,

OFFICIER DE LA LÉGION D'HONNEUR, INSPECTEUR GÉNÉRAL DES PONTS ET CHAUSSÉES, MAÎTRE DES REQUÊTES, ET ANCIEN DIRECTEUR DES TRAVAUX DE PARIS.

L'Ouvrage sera divisé en douze Recueils, ainsi qu'il suit, SAVOIR :

I.er Recueil. Ponts en pierre.
II. ——— Greniers publics et halles aux grains.
III. ——— Ponts en fer.
IV. ——— Foires et marchés.
V. ——— Navigation.
VI. ——— Abattoirs et boucheries.
VII. ——— Détails relatifs aux portes d'écluses, ponts en bois et autres constructions.
VIII.e Recueil. Petites maisons de ville et de campagne.
IX. ——— Des tuiles antiques et modernes, et en général des couvertures.
X. ——— Esquisse d'une petite ville maritime, et essai sur les lazarets.
XI. ——— Projet de diverses constructions indiquées sur le plan du village de***
XII. ——— Mélanges.

9.me RECUEIL.

Chacun de ces Recueils, qui équivaudra à deux livraisons ordinaires, sera composé de douze à dix-huit planches, y compris le frontispice, et d'un texte explicatif.

A PARIS,

Chez BANCE aîné, Éditeur, rue Saint-Denis, n.° 214.

1828.

ÉTUDES

RELATIVES

A L'ART DES CONSTRUCTIONS,

RECUEILLIES

PAR L. BRUYÈRE,

OFFICIER DE LA LÉGION D'HONNEUR, INSPECTEUR GÉNÉRAL DES PONTS ET CHAUSSÉES,
MAÎTRE DES REQUÊTES, ET ANCIEN DIRECTEUR DES TRAVAUX DE PARIS.

Nisi utile est quod facimus, stulta est gloria.
PHÈDRE, *fab. 17, liv. III.*

VIII.e RECUEIL.

MAISONS DE VILLE ET DE CAMPAGNE.

TABLE DES PLANCHES DE CE RECUEIL.

MAISONS DE VILLE ET DE CAMPAGNE.

Les édifices destinés à l'habitation doivent varier selon les climats, les lois, les usages et la nature des matériaux ; ainsi, les maisons de l'Italie, de l'Angleterre et de la France, présentent dans chacun de ces pays certaines dispositions qui ne se trouvent point dans les deux autres.

Pour un même pays, le degré de fortune, les goûts, les habitudes et la condition de ceux qui les font construire, donnent lieu à un grand nombre de combinaisons, et toutes ont cependant pour but principal les besoins d'une famille.

La plupart des maisons dont on trouvera les plans dans ce recueil, devaient être disposées dans le système d'une sévère économie qui ne comportait pas l'emploi des richesses de l'architecture ; il suffisait qu'elles fussent solides et commodes. Je les présente comme de simples études, qui occupent une assez grande place dans mes souvenirs, et qui ont servi à me délasser de travaux plus pénibles.

J'espère qu'on me pardonnera quelques détails personnels dans lesquels la nature du sujet m'entraînera nécessairement, mais que je m'efforcerai d'abréger.

Maison Vallée de Montmorency. Planche 1.re

C'est là première de celles que j'ai fait construire. J'en ai projeté la disposition sur la demande d'un de mes frères, dans les derniers instans de mon séjour au Mans. Les circonstances déplorables dans lesquelles on se trouvait alors me conduisirent à Paris, et je le quittai bientôt pour la campagne où j'exécutai mon projet. La situation de cette maison auprès d'un bois aurait été assez agréable, sans l'aridité du sol et la difficulté de se procurer de l'eau, circonstances qu'il convient d'éviter soigneusement lorsqu'on se décide à bâtir, parce qu'elles diminuent beaucoup la valeur d'une propriété.

Comme le terrain était horizontal sur une grande étendue, j'avais pensé qu'il convenait d'élever l'étage principal sur un soubassement destiné à contenir la cuisine et différens accessoires. Par ce moyen, la vue pouvait s'étendre au-delà des clôtures, et l'humidité était moins à craindre. Cet étage comprenait la salle à manger, le salon et deux appartemens ; on trouvait au-dessus cinq chambres d'amis et une salle de billard, et plus haut des chambres de domestiques et des pièces de service.

Une belle basse-cour avait été conservée ; il n'y manquait qu'une maison de jardinier, qui a été construite d'après le plan indiqué sur la même planche : elle contient au rez-de-chaussée une cuisine et une laiterie, et, au-dessus, deux chambres à coucher pour le jardinier et sa famille.

Maison à Paris, rue Chauchat. Planche 2.

Le desir d'habiter seul une petite maison avec jardin, me détermina à acheter un terrain rue Chauchat, pour y faire construire une habitation réduite à sa plus simple expression, et de la moindre dépense. Elle consistait dans un rez-de-chaussée, au-dessous duquel on trouvait la cuisine, et qui comprenait l'escalier, la salle à manger avec office, et le salon. Le premier étage contenait deux appartemens avec cabinets ; et le second, sous le comble, des chambres d'enfans et de domestiques.

Cette maison était isolée, et le jardin, malgré sa très-petite étendue, contribuait beaucoup à son agrément. Un semblable isolement, s'il était souvent pratiqué dans les quartiers éloignés des affaires, réduirait les murs mitoyens à de simples clôtures, favoriserait la circulation de l'air, et rendrait les rues agréables par l'aspect d'un peu de verdure interposée entre les édifices.

Maison à Sèvres. Planches 3 et 4.

Quelques arpens de terre, dont une partie plantée en bois touchait à la forêt de Meudon, et dont l'autre inculte bordait la route de Paris à Versailles, me furent offerts à un prix si modique, que je me laissai entraîner. J'étais séduit par le voisinage de la forêt, par un filet d'eau limpide qui sortait de la montagne, et je n'avais d'abord d'autre projet que d'y former un jardin agreste, pour y venir quelquefois respirer l'air de la campagne avec ma famille. La nécessité d'un abri se fit bientôt sentir, et l'abri devint une habitation encore plus petite que la précédente, et par cette raison même peu raisonnable. L'ensemble était cependant assez agréable : j'en ai joui pendant quelques années ; mais l'augmentation de ma famille, et mes occupations, ne me permirent pas de conserver cette propriété.

*Maison exécutée à ***.* Planches 5, 6, 7, 8.

Un de mes amis m'ayant consulté sur une maison qu'il se proposait de faire construire dans un département éloigné de Paris, je lui indiquai quelques dispositions conformes au programme qu'il m'avait donné. Je profitai de cette occasion pour faire plusieurs études de construction qui avaient un autre but ; j'en ai conservé quelques-unes, *Planches 6, 7 et 8*, afin d'offrir un exemple d'une partie des nombreux détails dont il faut s'occuper pour la plus simple construction.

La *Planche 5* comprend le plan des fondations, celui du soubassement occupé en partie par des celliers (le sol ne permettait pas de construire des caves), le plan du rez-de-chaussée, et enfin celui du premier étage.

La *Planche 6* contient la coupe, l'élévation, et deux autres coupes dans la longueur des murs de pignon pour indiquer la direction des tuyaux de cheminée ainsi que la disposition des solives d'enchevêtrure.

On trouve, *Planche 7*, les plans détaillés de trois planchers, et celui du comble.

Enfin, la *Planche 8* offre quatre coupes qui indiquent la construction des pans de bois, et le moyen employé pour soulager la solive principale du plancher du salon qui supporte les poteaux d'une cloison ; ces poteaux, attachés à la solive par des boulons, sont suspendus à deux arbalétriers ou décharges placés dans les pans de bois.

L'antichambre du premier étage est éclairée par le haut au moyen d'une ouverture ménagée dans le plancher supérieur ; une galerie qui règne autour de cette ouverture sert de communication pour les chambres de l'étage du comble.

Maison à Paris, rue du Port-Mahon. Planches 9 et 10.

Cette maison, qui m'appartient et dont j'occupe un étage, est composée d'un rez-de-chaussée, d'un entre-sol et de trois étages, à très-peu près semblables. Chacun d'eux est propre à loger une famille, et comprend une antichambre, une salle à manger, un salon, plusieurs chambres à coucher avec cabinets et une cuisine. La forme du terrain et son peu d'étendue présentaient des difficultés que j'ai tâché de vaincre, de manière à rendre chaque pièce régulière et l'ensemble commode.

La *Planche 10* offre quelques détails des planchers de cette maison. J'ai déjà eu occasion de faire observer combien il importe d'étudier avec soin la disposition des enchevêtrures pour le passage de chaque cheminée.

On trouve dans le rez-de-chaussée, écuries, remises, et des boutiques à chacune desquelles correspond à l'entre-sol une chambre où l'on arrive par un escalier particulier, afin d'éviter toute communication avec l'intérieur de la maison. J'ajouterai qu'ayant reconnu les graves inconvéniens qui résultaient de l'ancien usage de construire les fosses à Paris avec des moellons tendres et du plâtre, j'ai été un des premiers à employer la meulière avec enduit intérieur composé de chaux et d'un ciment qui provenait des fabriques d'eau forte. Cette matière n'existe plus dans le commerce; mais on y a substitué avec succès le sable et la chaux hydraulique (1).

Projets de Maisons à la Campagne. Planches 12, 13 et 14.

Le premier, *Planche 12*, contient, dans un espace carré d'environ onze mètres de côté, tout ce qui est rigoureusement nécessaire pour une famille. La disposition, comme on peut le voir, a beaucoup d'analogie avec celle de la maison *Planche 5*; mais elle offre plus de ressources dans un espace plus petit, et avec une dépense moindre.

Le 2.e projet, *Planche 13*, est celui d'une maison de campagne plus considérable que les précédentes: le rez-de-chaussée comprend un vestibule, une antichambre, une salle à manger, un salon, une salle de billard et deux appartemens complets; la cuisine et ses dépendances sont dans les souterrains. On trouve au premier étage, une antichambre, une bibliothèque servant de salon de réunion, et sept appartemens; le second étage contient quatre appartemens et des chambres de domestiques.

On voit sur la même Planche, le projet d'une laiterie et celui d'un rendez-vous de chasse.

Le 3.e projet, *Planche 14*, présente un pavillon que j'ai supposé devoir être placé sur un tertre d'où la vue puisse s'étendre dans toutes les directions, ce qui sert à motiver la forme circulaire que j'ai adoptée, et permet de jouir de toute la variété des aspects; l'escalier, éclairé par le haut, occupe le centre.

Tout en convenant des désavantages de cette disposition générale pour le plus grand nombre des édifices, et sur-tout pour ceux qui sont destinés à l'habitation, j'ai cherché à les atténuer en donnant aux pièces principales la forme rectangulaire, qui est la plus commode.

(1) On trouvera dans le Recueil n.º VII quelques détails sur les expériences qui m'ont conduit en dernier lieu à des procédés très-simples pour obtenir des pouzzolanes artificielles et des *cimens argilo-calcaires*, dont l'énergie est supérieure à celle des pouzzolanes d'Italie et de l'ancien ciment d'eau forte.

Salon de la Maison, Pl. 1re

PETITES MAISONS
DE VILLE
ET DE CAMPAGNE.

VIIIe RECUEIL.

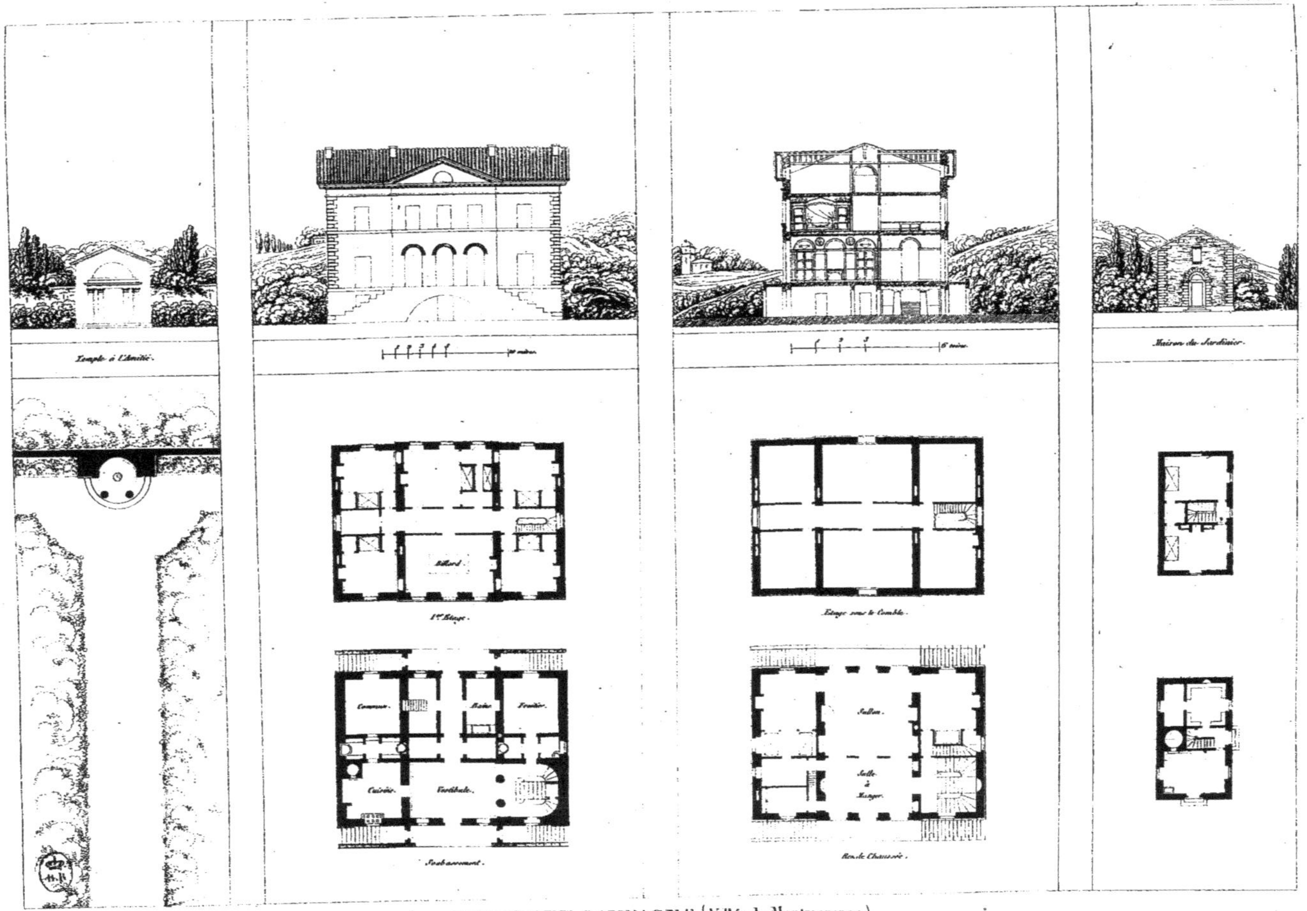

Temple à l'Amitié.

10 mètres

6 mètres

Maison du Jardinier.

Billard.

1er Étage.

Étage sous le Comble.

Commune. Bains. Fruitier.

Cuisine. Vestibule.

Soubassement.

Sallon.

Salle à Manger.

Rez de Chaussée.

MAISON DE CAMPAGNE (Vallée de Montmorency.)

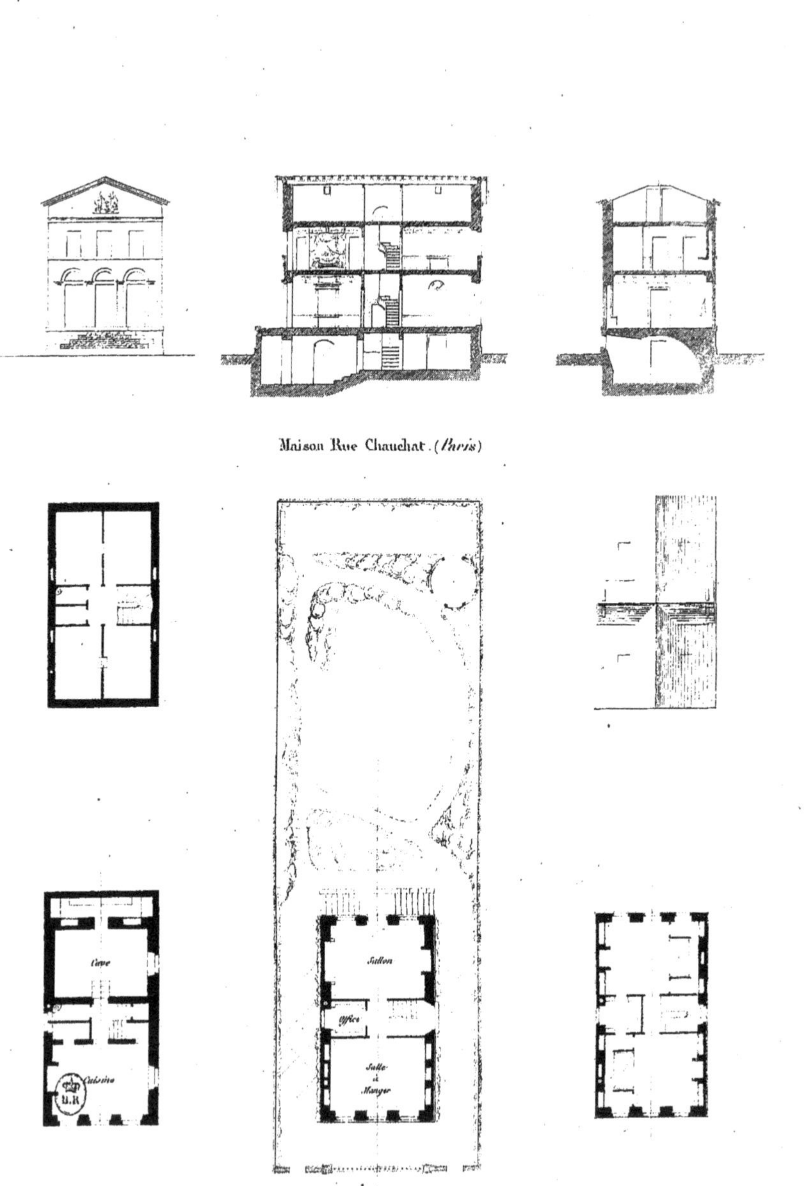
Maison Rue Chauchat. (Paris)
Cave
Cuisine
Sallon
Office
Salle à Manger
Thierry, frères, Sculp.

Maison à Sèvres.

Fontaine. — Remises et Ecuries. — Soubassement. — 1er Etage. — Jardinier. — Volière.

Cuisine

Salon — Salle à Manger

10 mètres

VIII.e R. PL. 4.e

Le Barbier l'Aîné Del. et Sc. (1818)

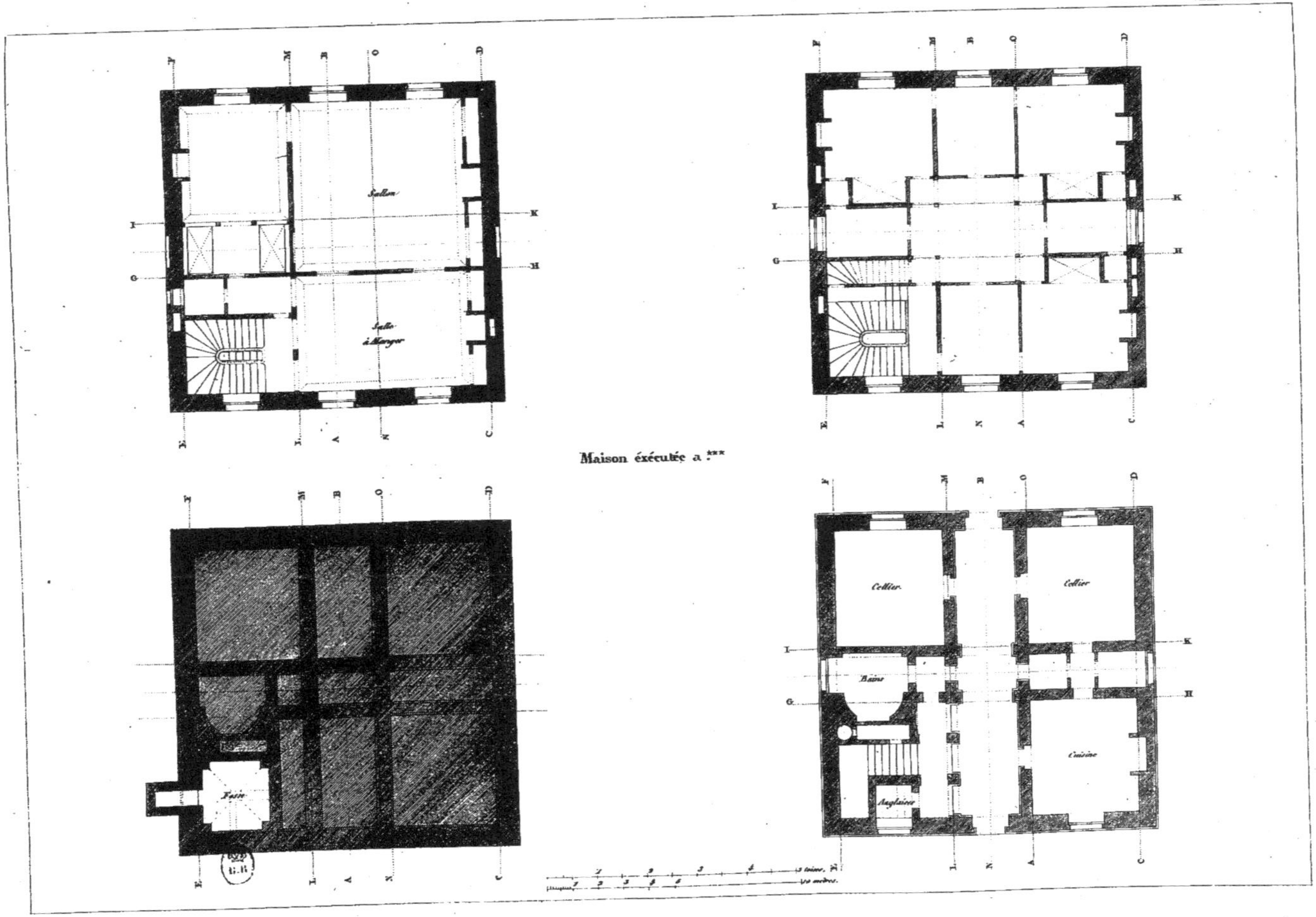

Sallon

Salle à Manger

Maison éxécutée a ***

Fosse

Cellier.

Cellier

Bains

Cuisine

Anglaises

1 2 3 4 5 toises.

1 2 3 4 5 10 mètres.

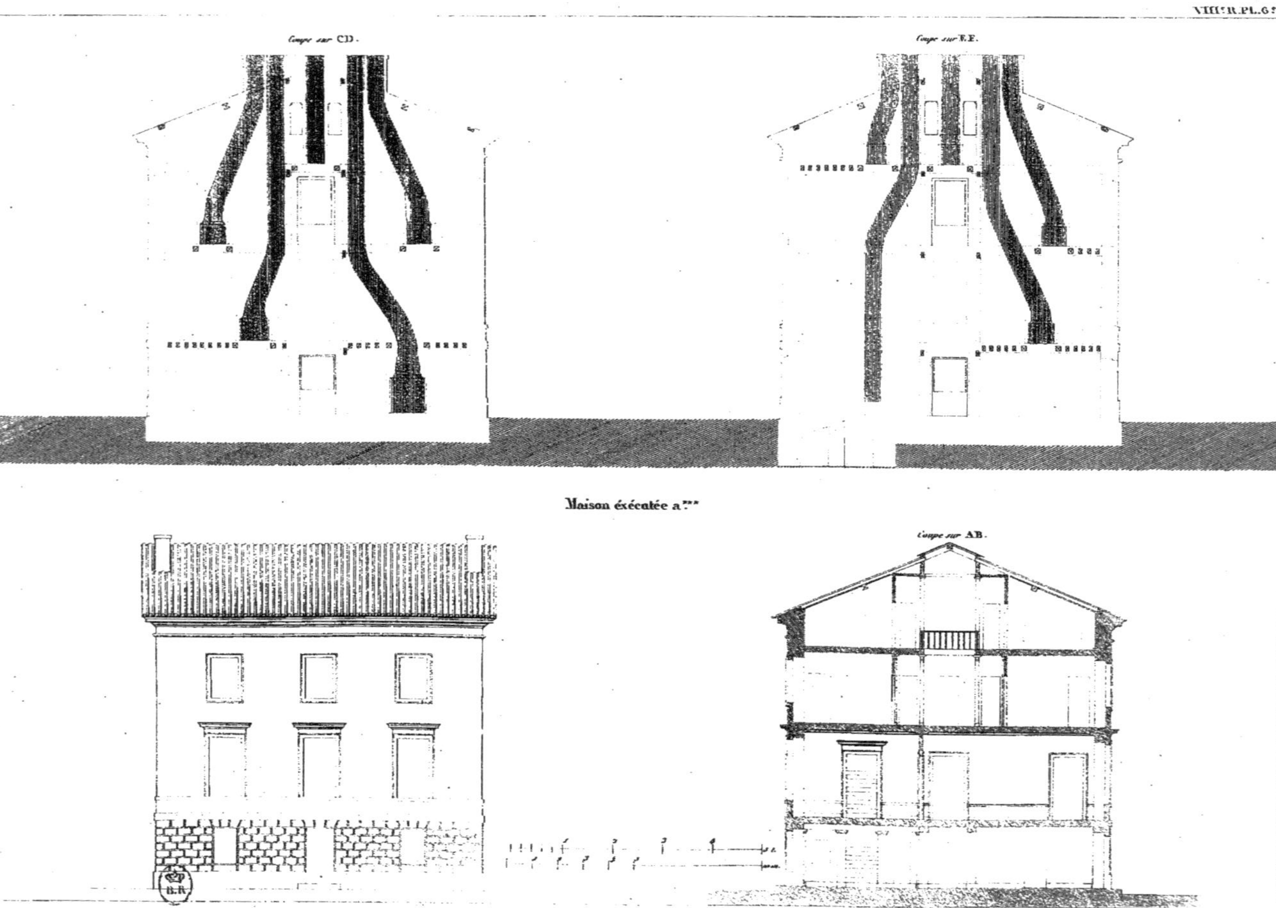
Coupe sur CD.
Coupe sur EF.
Maison exécutée a***
Coupe sur AB.

Maison exécutée a ***

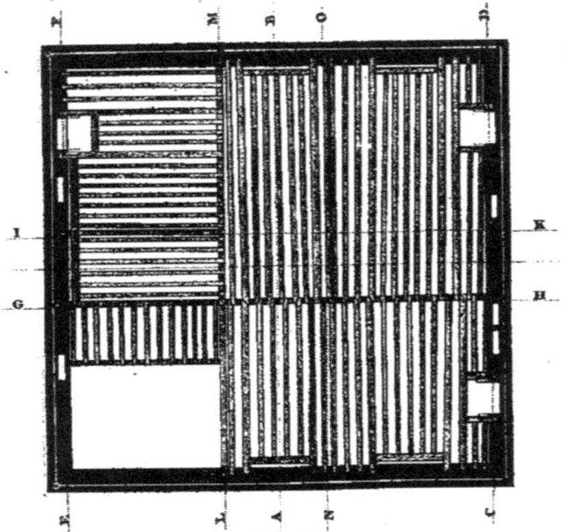

2.me Plancher.

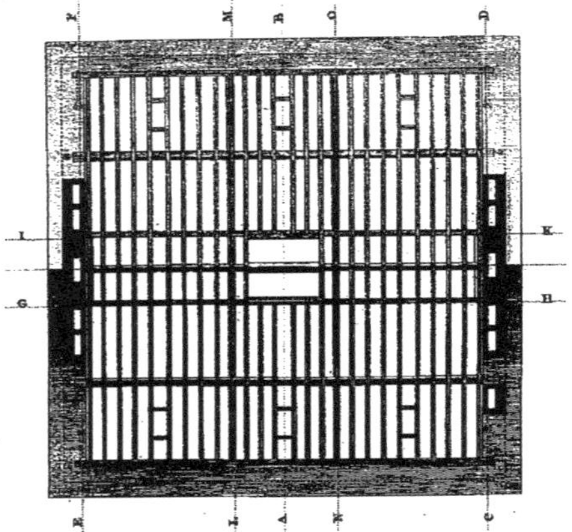

Comble.

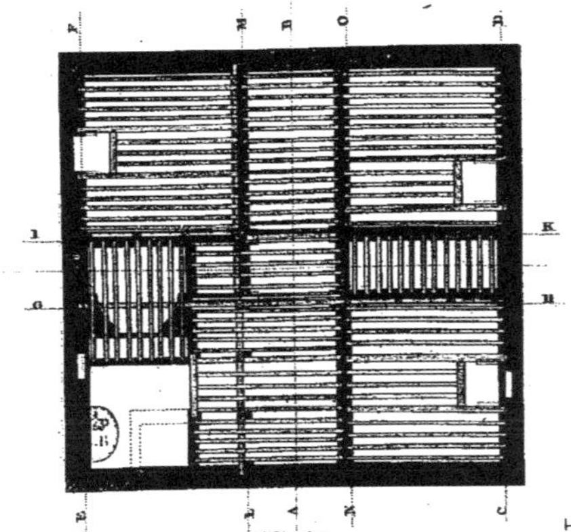

1.er Plancher.

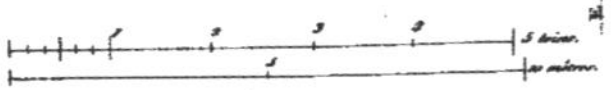

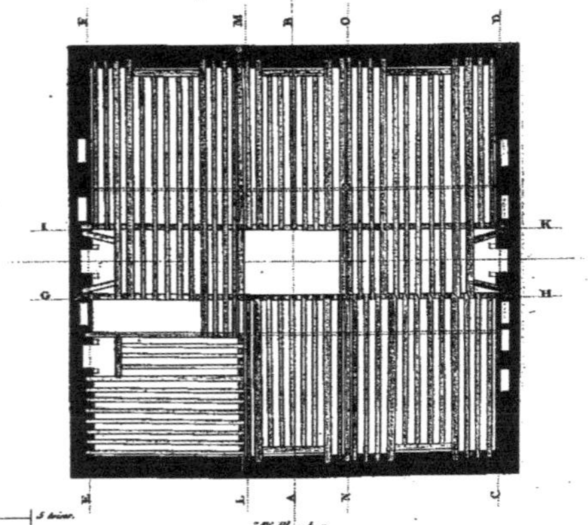

3.me Plancher.

5 toises.

10 mètres.

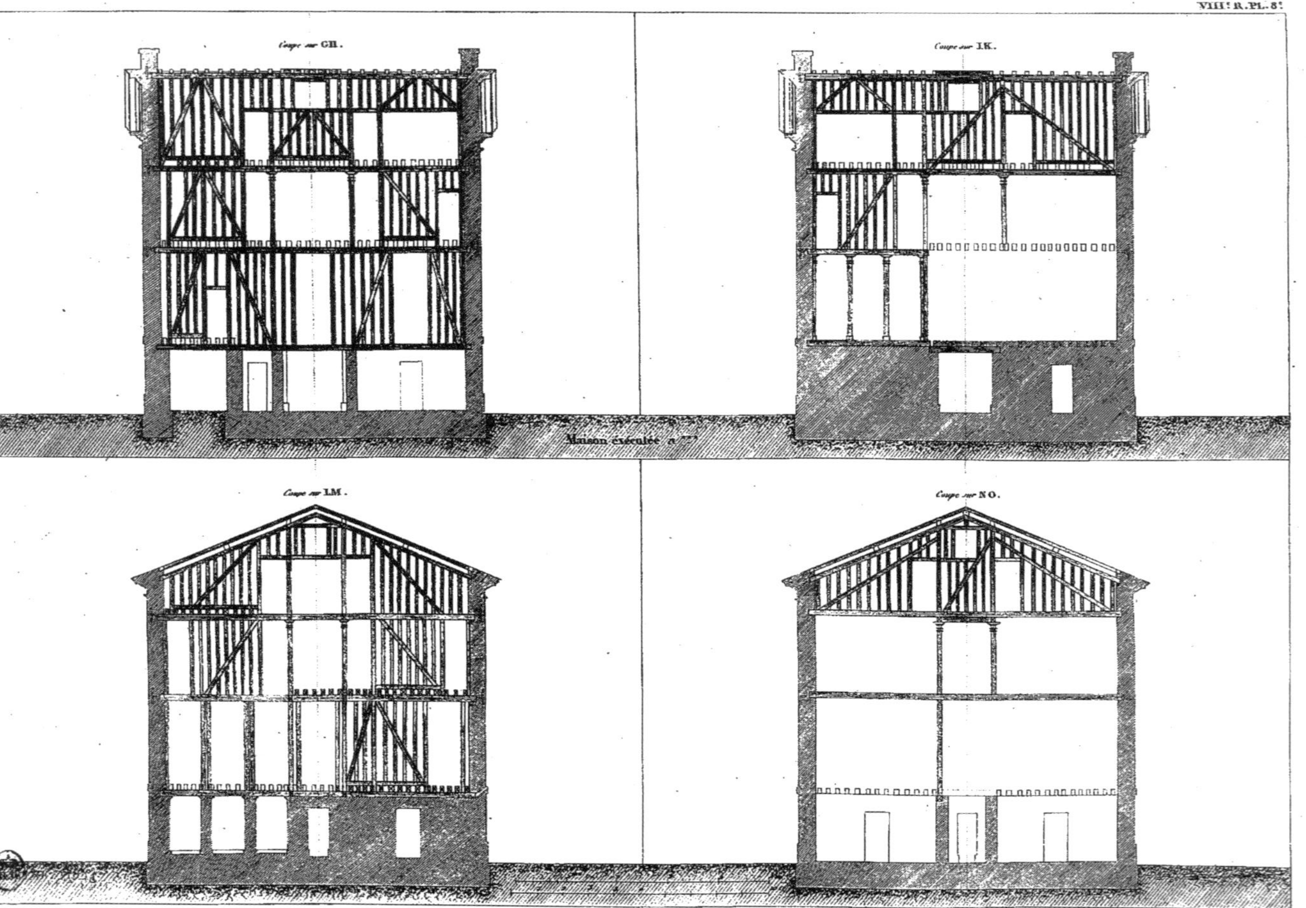
Coupe sur GH.
Coupe sur IK.
Maison exécutée à ...
Coupe sur LM.
Coupe sur NO.

VIIIᵉ R. PL. 9ᵉ

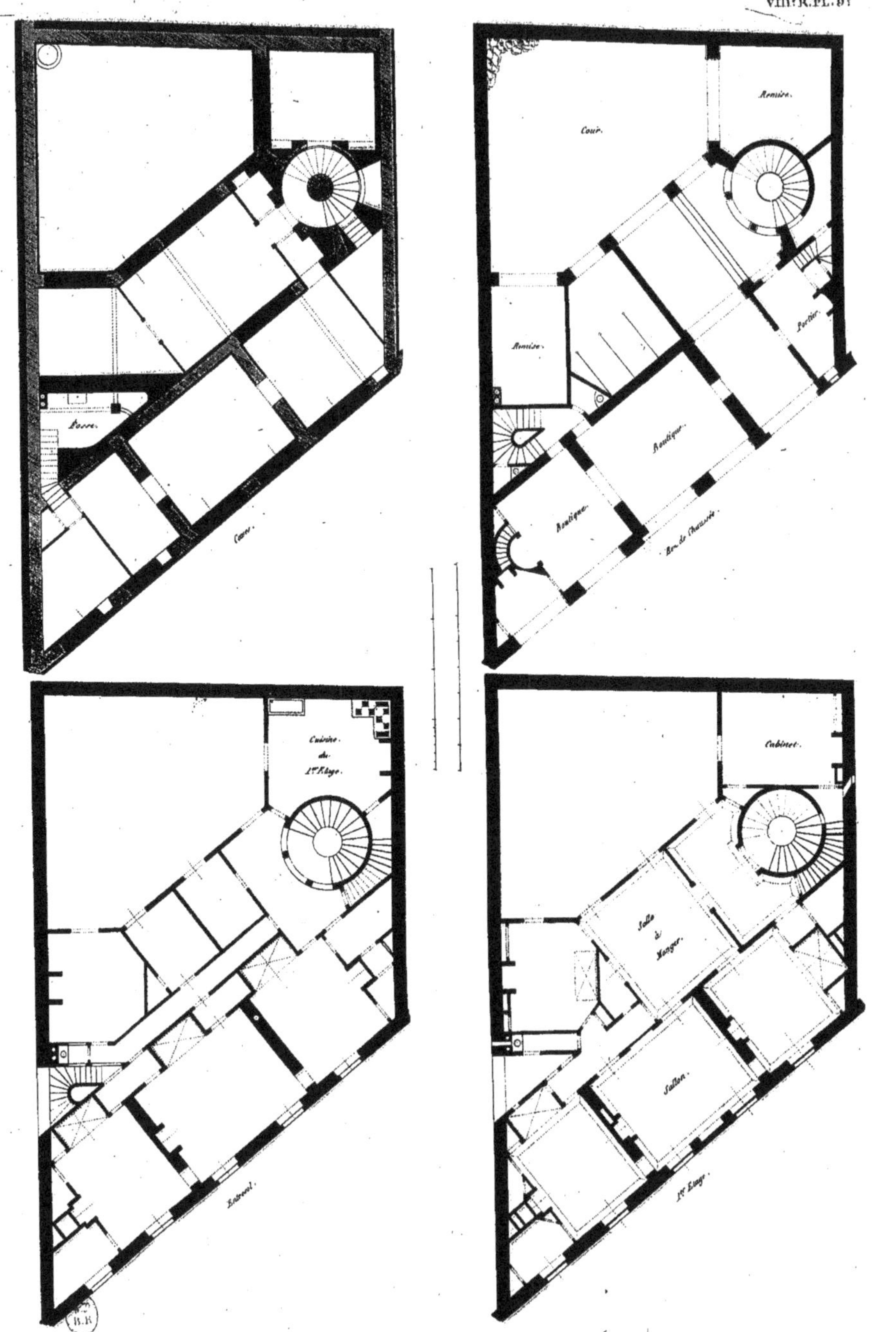

MAISON RUE DU PORT-MAHON (Paris)

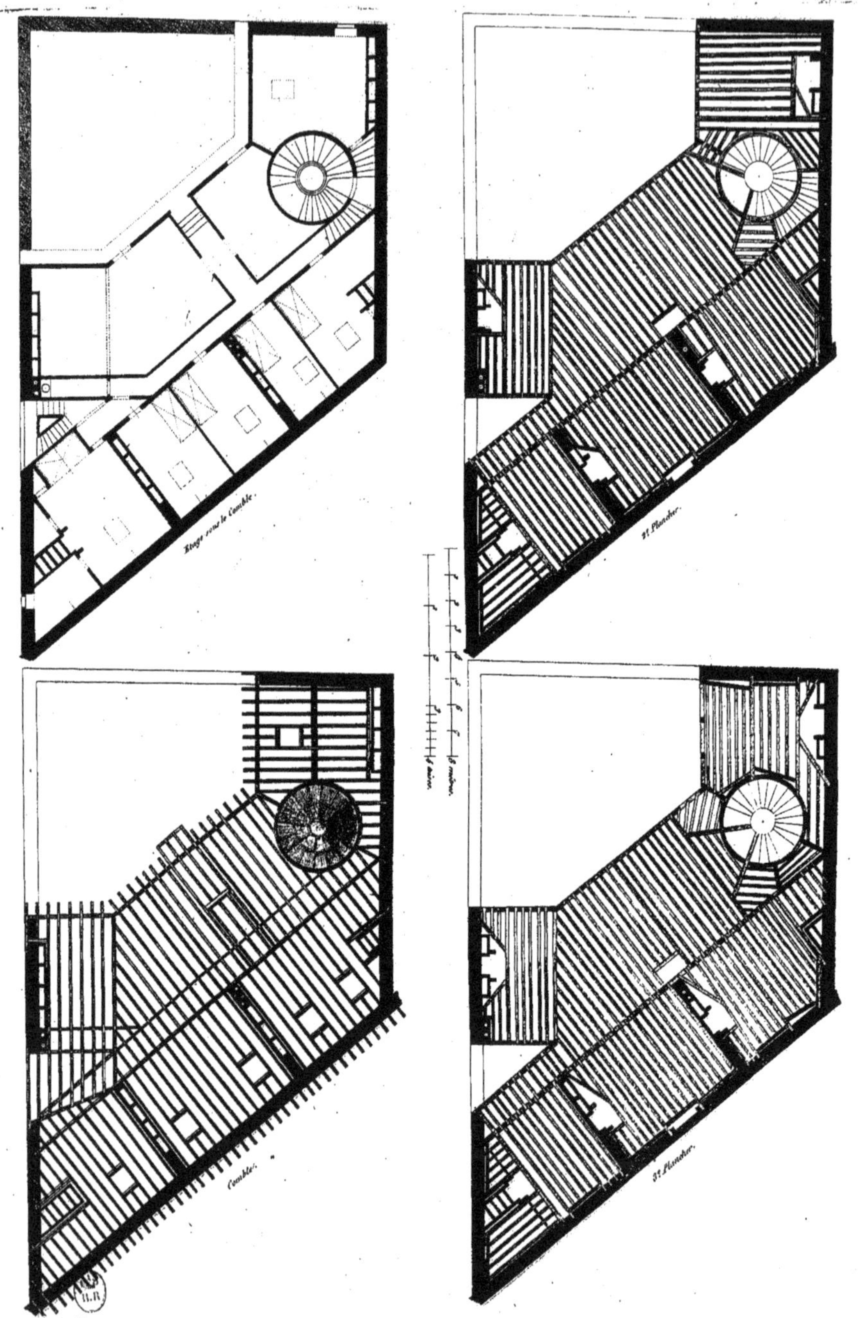

MAISON RUE DU PORT-MAHON.

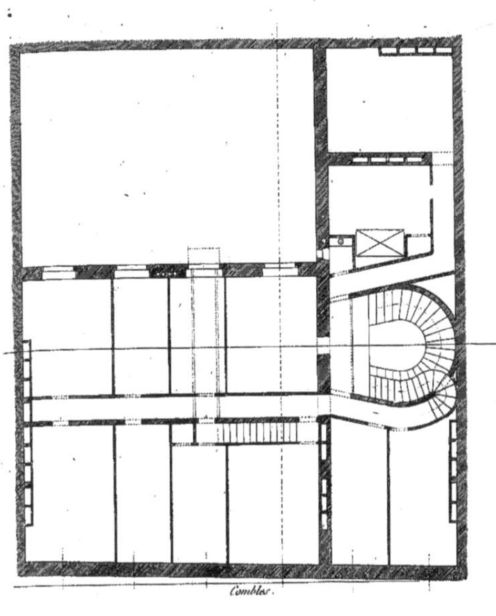

Combles.

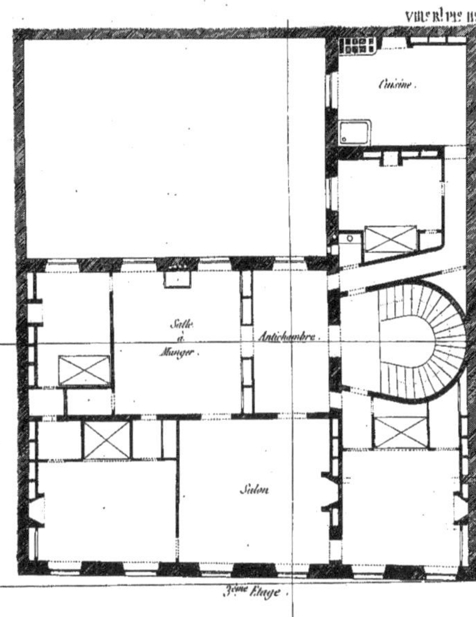

3.ème Etage.

6 12 18 24 30 36 Pieds.

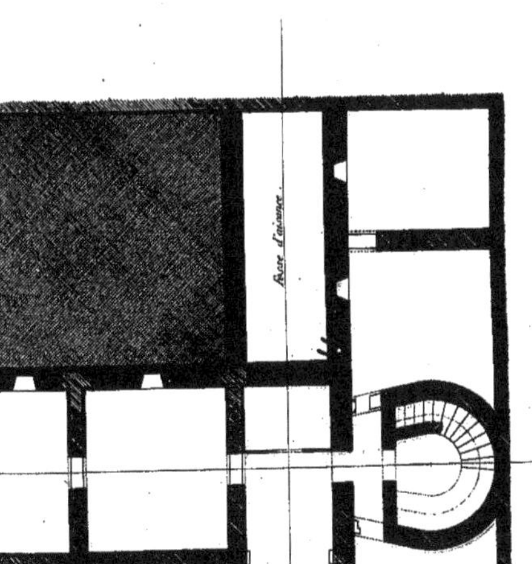

Caves.

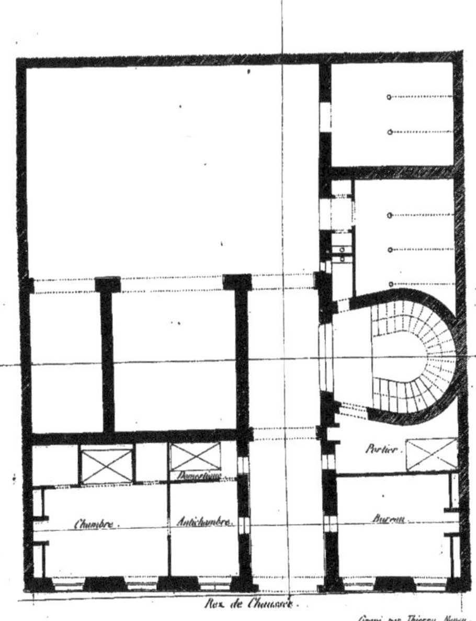

Rez de Chaussée.

Gravé par Thierry, Neveu.

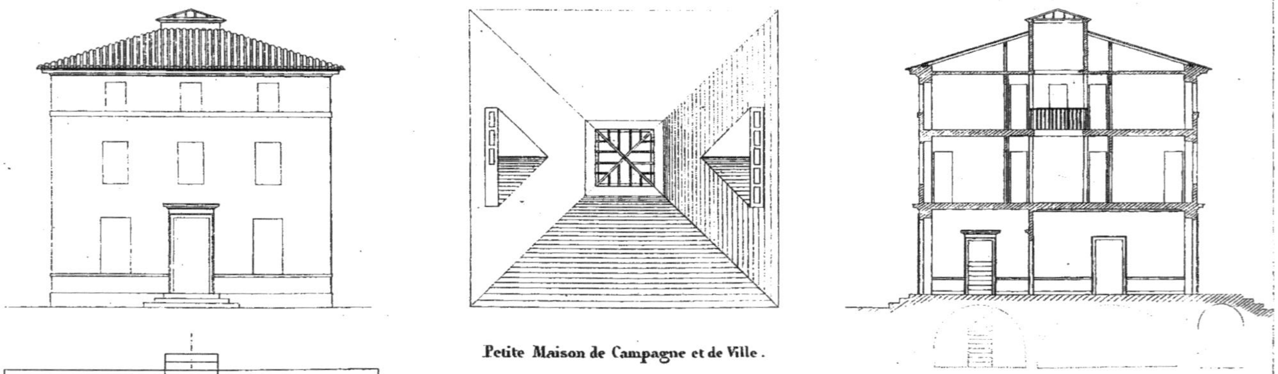

Petite Maison de Campagne et de Ville.

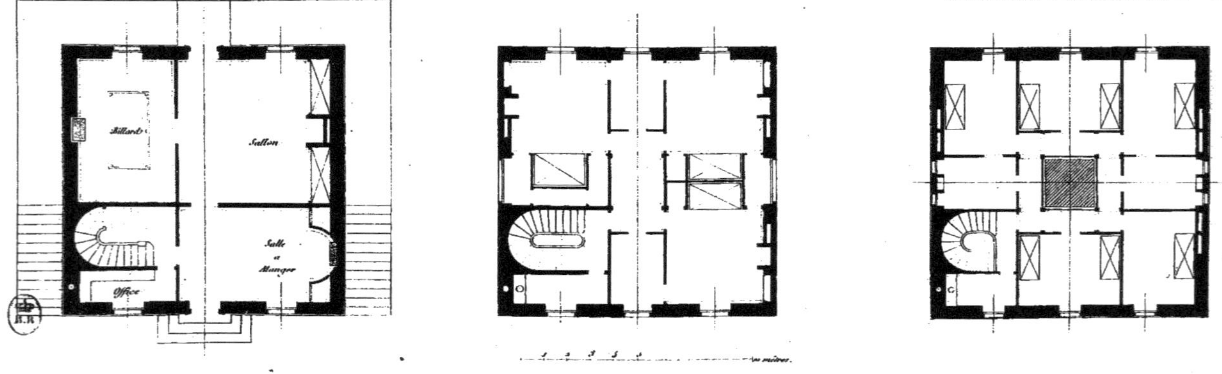

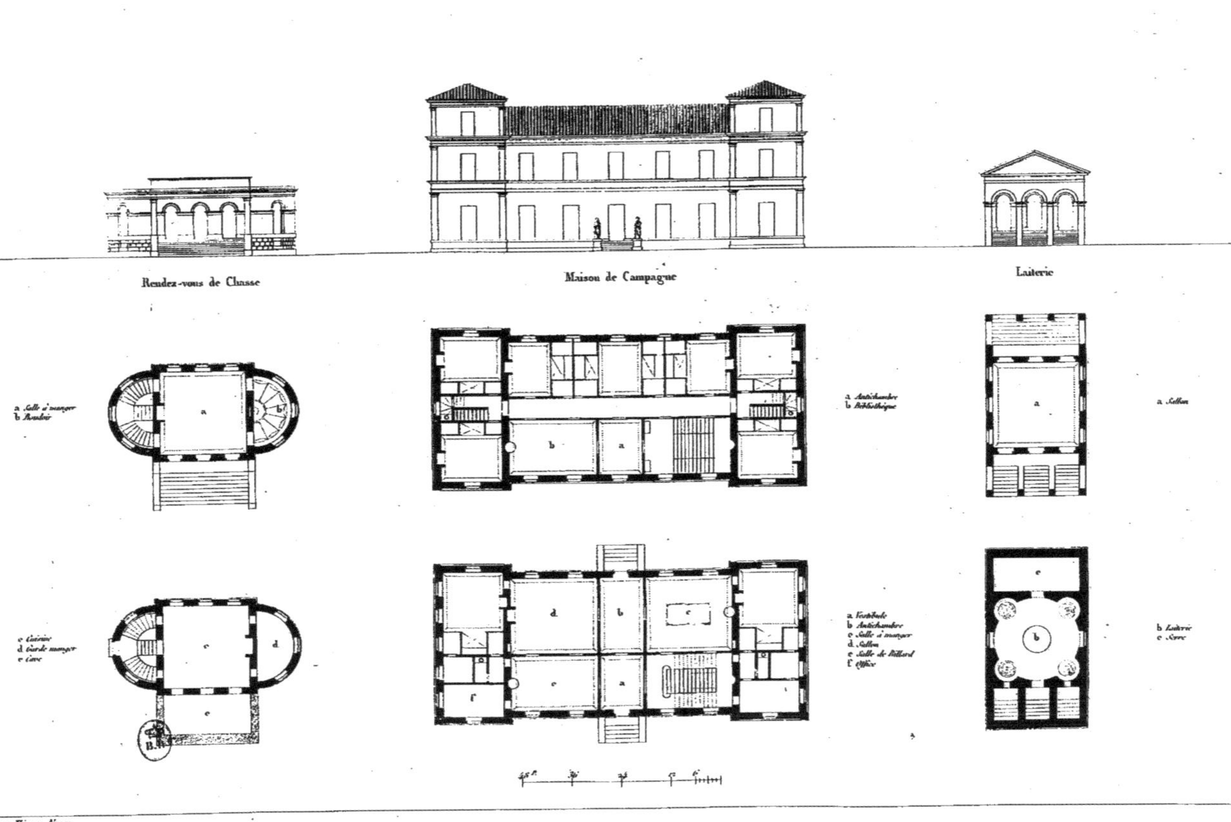

Gravé par Thierry, Neveu.

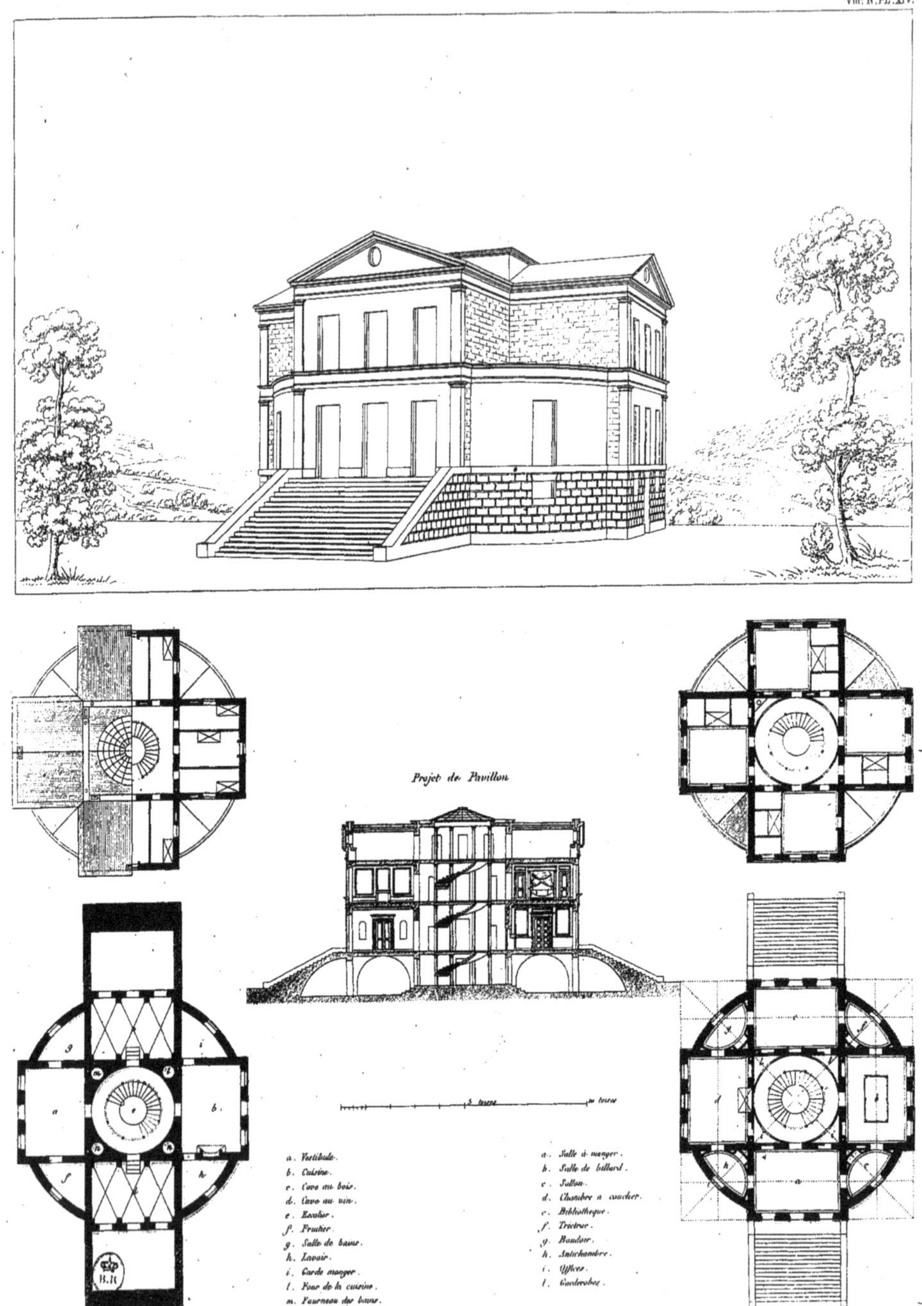
Projet de Pavillon
5 toises
10 toises
a. Vestibule.
b. Cuisine.
c. Cave au bois.
d. Cave au vin.
e. Escalier.
f. Fruitier.
g. Salle de bains.
h. Lavoir.
i. Garde manger.
l. Four de la cuisine.
m. Fourneau des bains.
n. Calorifère.
a. Salle à manger.
b. Salle de billard.
c. Sallon.
d. Chambre a coucher.
e. Bibliothèque.
f. Trictrac.
g. Boudoir.
h. Antichambre.
i. Offices.
l. Garderobes.

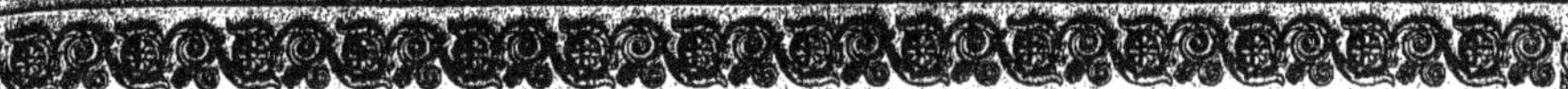

ÉTUDES

RELATIVES

A L'ART DES CONSTRUCTIONS,

RECUEILLIES

PAR L. BRUYÈRE,

OFFICIER DE LA LÉGION D'HONNEUR, INSPECTEUR GÉNÉRAL DES PONTS ET CHAUSSÉES, MAÎTRE DES REQUÊTES, ET ANCIEN DIRECTEUR DES TRAVAUX DE PARIS.

L'Ouvrage sera divisé en douze Recueils, ainsi qu'il suit, SAVOIR :

I.er Recueil. Ponts en pierre.
II. —— Greniers publics et halles aux grains.
III. —— Ponts en fer.
IV. —— Foires et marchés.
V. —— Navigation.
VI. —— Abattoirs et boucheries.
VII. —— Détails relatifs aux portes d'écluses, ponts en bois et autres constructions.
VIII.e Recueil. Petites maisons de ville et de campagne.
IX. —— Des tuiles antiques et modernes, et en général des couvertures.
X. —— Esquisse d'une petite ville maritime, et essai sur les lazarets.
XI. —— Projet de diverses constructions indiquées sur le plan du village de ***.
XII. —— Mélanges.

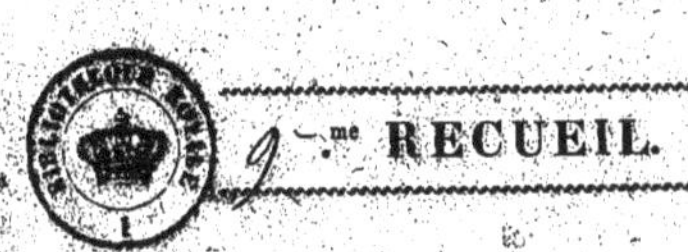

9.me RECUEIL.

Chacun de ces Recueils, qui équivaudra à deux livraisons ordinaires, sera composé de douze à quinze planches, y compris le frontispice, et d'un texte explicatif.

Le premier Recueil a paru le 1.er décembre 1822, et les suivans de deux en deux mois.

A PARIS,

Chez BANCE aîné, Éditeur, rue Saint-Denis, n.° 214.

1823.

ÉTUDES

RELATIVES

A L'ART DES CONSTRUCTIONS,

RECUEILLIES

PAR L. BRUYÈRE,

OFFICIER DE LA LÉGION D'HONNEUR, INSPECTEUR GÉNÉRAL DES PONTS ET CHAUSSÉES, MAÎTRE DES REQUÊTES, ET ANCIEN DIRECTEUR DES TRAVAUX DE PARIS.

Nisi utile est quod facimus, stulta est gloria.
PHÈDRE, *fab. 17, liv. III.*

IX.e RECUEIL.

DES TUILES ANTIQUES ET MODERNES.

TABLE DES PLANCHES DE CE RECUEIL.

DES TUILES ANTIQUES ET MODERNES.

De la Pente des Combles.

La détermination de la pente à donner aux combles qui couronnent les édifices, est au nombre des questions les plus importantes de l'art de bâtir. M. Rondelet s'en est occupé dans son traité de cet art, et à l'article Comble du Dictionnaire d'architecture faisant partie de l'Encyclopédie méthodique. Cet auteur considérant que, dans les pays chauds, les pluies sont rares, mais abondantes; que, dans ceux tempérés, elles sont plus fréquentes et moins fortes; que, dans les pays froids, la température est plus humide, les pluies plus fines, le séjour des neiges plus prolongé; il en conclut que la pente des combles doit être proportionnée à la température, et augmenter en même raison que la latitude. Il fixe le point d'où l'on peut partir pour régler cet accroissement, à la zone torride, dans l'étendue de laquelle il suppose que les édifices sont couverts en terrasse. En conséquence, ce n'est qu'à partir du tropique qu'il commence à donner une pente aux couvertures. A l'appui de son opinion, il cite des exemples, et, entre autres, celui de la ville d'Athènes. Soustrayant de la latitude de cette ville, qui est de 32 degrés, celle du tropique, de $23^\circ 28^m$, il obtient $14^\circ 37^m$, inclinaison qui se trouve effectivement être, à très-peu près, celle des frontons des temples de Thésée, de Minerve et d'Erectée. En appliquant la même règle à la latitude de Rome, il trouve que l'inclinaison des combles des édifices de cette ville doit être de $18^\circ 25^m$. Elle est cependant un peu moindre que celle des frontons du portique d'Octavie, des temples de la Concorde, de Mars le Vengeur, d'Antonin et Faustine, du Panthéon, et des toits de la basilique de Saint-Paul, de l'ancienne Académie de France et du théâtre d'Argentine; la pente des combles de ces différens édifices étant de 23 à 24°.

La différence entre cette dernière inclinaison et celle qui est donnée par la règle qu'il propose, doit être attribuée, selon lui, à ce que les tuiles employées aux couvertures de ces édifices sont alternativement plates et creuses : il fait observer, à ce sujet, qu'à Lyon, où l'on n'emploie que des tuiles creuses, la pente devrait être, selon sa règle, de $22^\circ 17^m$, tandis que celle généralement adoptée est de $21^\circ 48^m$ (1). Considérant ensuite que diverses circonstances peuvent modifier cette loi, et entre autres la forme des tuiles à employer, M. Rondelet est d'avis qu'après avoir déterminé le nombre de degrés de l'inclinaison des combles, selon la latitude de chaque lieu, pour les tuiles creuses, qu'il regarde comme les plus favorables à l'écoulement des eaux (2), on ajoute 3 degrés lorsque les combles doivent être couverts en tuiles plates à rebords, telles que les tuiles romaines; 6 degrés pour les ardoises, et 8 degrés pour les tuiles plates ordinaires. Son travail est terminé par une table où l'on trouve la pente que, selon sa théorie, il conviendrait de donner aux combles dans les principales villes de l'Europe. Il ajoute cependant ensuite que cette loi peut encore être modifiée selon que les édifices sont placés dans le fond des vallons, exposés au nord ou au midi, situés dans des lieux humides ou marécageux. Il y aurait encore probablement d'autres modifications à faire, qui dépendraient de la violence des vents, de la nature, de la forme et de la disposition des matières à employer dans la couverture, puisque cet auteur convient lui-même qu'une couverture en métal dont toutes les parties seraient bien soudées, n'exigerait presque aucune pente, quelle que fût la latitude du lieu où elle serait située. En effet, on voit en Russie plusieurs édifices dont les combles couverts en feuilles de tôle simplement superposées, ont la même pente que ceux de l'Italie (3).

D'après les observations précédentes, et, si l'on ne considérait la question de la pente à donner aux combles que sous le rapport de l'écoulement des eaux pluviales, on ne trouverait pas de motifs pour la faire dépendre du degré de latitude de chaque localité : mais comme les matières le plus en usage pour la couverture des édifices, telles que le chaume, le bois, la pierre, l'ardoise, la terre cuite, peuvent être plus ou moins pénétrées ou altérées par l'humidité, la température, qui n'est pas toujours égale sous le même degré de latitude, doit être prise en grande considération. On ne peut se diriger que d'après l'expérience acquise dans chaque localité, et la connaissance des matières qu'elle peut fournir : car si l'emploi des métaux ne présentait pas des inconvéniens (4), on pourrait adopter la même pente pour toutes les localités, ainsi que cela a déjà été dit. On peut donc conclure de ce qui précède, que l'inclinaison des combles peut beaucoup varier dans chaque pays, selon les matières, le système de couverture, les soins apportés dans l'exécution, et le plus ou moins de dépense qu'on est en état de faire.

Les tuiles creuses ordinaires ont été prises par M. Rondelet pour le point de départ d'une augmentation de pente à donner aux couvertures en tuiles plates et en ardoises; mais rien ne prouve que les tuiles creuses elles-mêmes présentent la limite au-delà de laquelle on ne puisse diminuer la pente des combles. On doit même espérer que cette espèce de tuile peut être perfectionnée, ou remplacée par d'autres qui auraient au moins les mêmes avantages, sans avoir les mêmes inconvéniens, et qui pourraient permettre de réduire la pente des combles, dont la grande hauteur oblige d'élever les tuyaux de cheminée, qui présentent alors un aspect effrayant et toujours désagréable (5). Cette recherche est l'objet de ce recueil.

L'argile étant la matière la plus commune, la plus universellement répandue, et en même temps la plus durable lorsqu'elle est préparée et cuite convenablement (6), ce sont les tuiles en terre cuite qui m'occuperont principalement. Je rechercherai quelles sont les formes qu'on pourrait leur donner,

---

(1) M. Rondelet désigne l'inclinaison d'un comble par le nombre de degrés de l'angle formé par la ligne de pente avec l'horizon; on pourrait l'indiquer également par la tangente du même angle ou pente par mètre. Dans la pratique, on se sert, pour les combles à deux égouts, du rapport entre la hauteur et la base du comble. Le petit tableau suivant présente ces trois manières, afin de faciliter la comparaison :

RAPPORTS de la hauteur d'un comble à deux égouts avec sa base.	PENTES	
	par mètre.	exprimées en degrés.
1/8.	0,250.	14° 2.
1/7.	0,285.	15. 57.
1/6.	0,333.	18. 28.
1/5.	0,400.	21. 48.
1/4.	0,500.	26. 34.
1/3.	0,666.	33. 42.
1/2.	1,000.	45. 00.
1/1.	2,000.	63. 26.

(2) D'après le système de M. Rondelet, l'inclinaison d'un comble couvert en tuiles creuses ne serait que d'un degré 32^m à la latitude de 25 degrés; ce qui est impraticable, puisque les tuiles dont il s'agit, ayant une certaine épaisseur, se trouveraient avoir, par leur superposition, une pente en sens contraire. Cette observation n'a pas sans doute échappé à l'auteur; car la table qu'il a pris la peine de calculer ne comprend que les principales villes de l'Europe. Si la règle proposée ne présentait pas d'autres difficultés dans son application, on pourrait la rectifier en ce point, en admettant, ainsi que cela paraît indispensable, que, même sous la zone torride, les combles couverts en tuiles auraient une certaine pente qui servirait de point de départ.

(3) On peut citer entre autres la vaste salle d'exercice construite à Moscou par feu de Bétancourt, et dont le comble, à deux égouts de 250 pieds de largeur, n'a pour hauteur que le cinquième de sa base, ce qui équivaut à une inclinaison de $21^\circ 48^m$.

(4) Les métaux, dont l'emploi sans exception est toujours très-dispendieux, ne peuvent, par ce premier motif, convenir qu'à la couverture des édifices publics. Il paraît même qu'on doit en réserver l'emploi pour quelques cas particuliers, parce qu'ils ont le grave inconvénient d'exciter la cupidité.

(5) Voici ce qu'on lit au mot *Cheminée*, Dictionnaire d'architecture, Encyclopédie méthodique :

« Les tuyaux de cheminée n'étant que des objets de besoin, d'une utilité grossière et d'un usage peu noble, doivent être dissimulés et soustraits à la vue. Les pays où l'usage des cheminées est rare, ont à cet égard, dans l'aspect de leurs édifices, un grand avantage sur ceux où le climat en commande la multiplicité. Rien ne défigure tant les combles et les couronnemens des maisons que cette multitude de constructions bizarres qui en hérissent le sommet. Cette différence est une des principales raisons de la beauté des aspects des villes d'Italie et de la difformité de celles de France. »

(6) Cette longue durée est prouvée par les tuiles qu'on trouve dans les ruines des édifices antiques, et dont un grand nombre existent encore dans la couverture de quelques édifices modernes à Rome.

pour parvenir avec sécurité à conserver aux combles, dans les climats tempérés, l'inclinaison à laquelle les ouvrages des Grecs et des Romains nous ont accoutumés, et qu'on ne peut excéder sensiblement, sans nuire essentiellement à l'effet du système d'architecture que nous tenons de ces peuples (7).

Des Couvertures et Tuiles antiques.

Si les beaux-arts doivent leurs progrès à l'étude approfondie des ouvrages des anciens, l'art des constructions n'est pas moins redevable à celle des ruines de leurs monumens. Ces ruines font connaître quelle importance ils avaient attachée à la couverture des édifices, si négligée par les modernes, et de laquelle cependant dépend entièrement la conservation des monumens. C'est ce qui me détermine à présenter d'abord quelques détails sur les moyens employés par les Grecs et les Romains, autant que les documens venus à ma connaissance pourront me le permettre.

Vue d'un Temple grec et de sa Couverture. Planche 1.re

Ce temple, dédié à Diane Propylæa, faisait partie de ceux qu'on trouvait dans l'ancienne ville d'Éleusis dont les ruines ont été explorées, il y a quelques années, par des artistes anglais envoyés dans l'Attique par la société des Dilettanti établie à Londres. Le résultat de leurs recherches a été publié par la même société, sous le titre d'*Antiquités inédites de l'Attique;* et c'est dans cet ouvrage intéressant, qu'on peut regarder comme une suite de celui de Stuard sur les antiquités d'Athènes (8), que j'ai trouvé quelques détails sur la couverture des temples d'Éleusis. Les fouilles ont offert des fragmens de tuiles en terre cuite, dont les artistes chargés de l'opération n'ont pas cru devoir rendre compte; mais ils se sont occupés de rassembler d'autres fragmens de tuiles en marbre, au moyen desquels ils ont cherché à donner une idée de la couverture des temples d'Éleusis. Ces détails se voient *Planche 2.*

Il paraît que cette couverture était généralement exécutée au moyen de grandes tuiles en marbre pentélique (9), auxquelles on donnait la forme de tuiles en terre. Les Grecs attachèrent une si grande importance à cette invention, qu'ils élevèrent une statue à son auteur, et voulurent en conserver le souvenir par une inscription, ainsi que le rapporte Pausanias, qui nous apprend que l'inventeur, natif de Naxos, se nommait Bysès, et qu'il était contemporain de Solon et de Tarquin, cinq cent quatre-vingts ans avant l'ère chrétienne.

Ce qu'on regardait comme ingénieux dans cette invention, consistait dans la disposition des couvre-joints, qui s'étendaient en ligne droite du faîtage à la gouttière, et s'opposaient à l'introduction de l'eau entre les joints des dalles ou tuiles plates contiguës. Le rang inférieur de ces tuiles était formé de blocs ayant en longueur le double de largeur des tuiles supérieures. La *Planche 2* fait connaître les autres détails de cette couverture, dont le système a été suivi, à quelques différences près, pour le plus grand nombre des couvertures exécutées en marbre tant en Grèce qu'en Italie.

Des Antéfixes. Planche 3.e

La couverture des édifices antiques était composée de tuiles alternativement courbes et planes. Celles-ci avaient des rebords, et les joints qu'elles laissaient entre elles étaient couverts par les tuiles courbes depuis le faîte jusqu'à l'égout. La dernière de ces tuiles était fixée solidement de manière à empêcher les autres de glisser; ce qui leur a fait donner le nom d'antéfixes sous lequel elles sont connues. Le plus grand nombre de ces antéfixes étaient décorés par des ornemens analogues au genre des édifices. Les ruines des anciens monumens offrent beaucoup de fragmens de ces ornemens qui ont été gravés et recueillis dans plusieurs ouvrages (10). On en trouvera quelques-uns moins connus, *Planche 3* et suivantes. Ils ont été dessinés avec exactitude d'après les fragmens que j'ai pu me procurer.

Ceux en terre cuite, *Fig. I, II, III, IV,* paraissent être des ornemens d'antéfixes; ils se trouvaient dans le cabinet de feu Dufourny. Ceux, *Fig. V, VI, VII, VIII, IX, X, XI, XII, XIII, XIV, XV, XVI, XVII* (11), sont en marbre, et font partie de la collection cédée au Gouvernement par ce professeur pour être déposée à l'Académie d'architecture. Celui en terre cuite, *Fig. XV,* d'un style qui paraît grec et d'une exécution parfaite, appartient à M. Lenoir, ancien administrateur du Musée des monumens français; enfin celui, *Fig. XVIII,* sur lequel est une victoire, se voit dans le Musée britannique.

Les exemples précédens, et ceux qu'on trouvera dans les trois planches suivantes, indiquent quels soins les anciens apportaient à tirer parti des moyens mêmes de construction pour embellir leurs édifices. On voit qu'ils sacrifiaient aux grâces jusque dans l'exécution des objets qui en paraissaient le moins susceptibles, tels que des tuiles et des gouttières.

Planche 4, Fig. I.re Ce fragment de tuile, déposé dans le Musée de Bologne, suffit pour indiquer la manière dont ces tuiles s'assemblaient entre elles; mais rien ne fait connaître à quel édifice ce fragment a pu appartenir. La tuile, *Fig. II,* est une de celles qui servaient à couvrir ce qu'on appelle le camp des soldats à Pompéi : ces tuiles étaient placées et scellées sur des chevrons espacés de la largeur d'une tuile.

La *Fig. III* offre un fragment de tuile-gouttière; et celle *IV,* d'un antéfixe de la chambre des prêtres du temple d'Isis à Pompéi.

La tuile, *Fig. V,* et son antéfixe, trouvés à Rome et déposés dans le Musée de cette ville, paraissent, selon Piranèse, avoir appartenu au temple de l'Honneur et de la Vertu, élevé par Marcellus, restauré plusieurs fois depuis cette époque, et notamment sous Antonin. L'inscription empreinte sur cette tuile indique qu'elle avait été fabriquée avec la terre propre à faire des *dolium*, et tirée des domaines de Faustine (12).

Le fragment d'antéfixe, *Fig. VI,* trouvé dans les fouilles faites à Rome en 1817, appartenait au temple de Jupiter Stator. On donnera d'autres détails sur la couverture de ce temple, *Planche 6.*

Planche 5, Fig. I.re Tuile trouvée à Rome et transportée à Paris; ce qui m'a permis d'en constater le poids et les dimensions : sa longueur était de 0m70, et son poids de 27 kilogrammes. En la voyant, on était disposé à penser qu'une couverture exécutée avec des tuiles semblables, serait extrêmement lourde; mais on s'en est rendu compte, et l'on a trouvé qu'il n'y aurait pas une très-grande différence entre le poids de cette couverture et celui bien connu de la couverture en tuiles plates à crochets : le mètre superficiel de la première pesant 112, et celui de la seconde 88 kilogrammes. Cette tuile, d'une parfaite conservation, avait été bien fabriquée; elle portait une inscription dont M. Visconti, célèbre antiquaire, enlevé prématurément aux sciences et à sa famille,

---

(7) Winkelmann dit, dans ses Remarques sur l'architecture : « La supposition que » les toits pointus sont nécessaires dans les pays où il tombe beaucoup de neige, est » destituée de tout fondement; car dans le Tyrol, où la neige ne manque pas, les toits » sont plats. »

On trouve au mot *Cabane,* Dictionnaire d'architecture, Encyclopédie méthodique, l'observation suivante : « La hauteur prodigieuse des combles s'opposerait seule à la » beauté de l'imitation; et cette forme, impérieusement commandée par le climat, a » toujours, jusqu'à présent, déshonoré les édifices français. »

Les observations précédentes et celles qui suivront, prouveront, je l'espère, que tout en ayant égard au climat, on peut facilement réduire, dans les pays tels que la France, la hauteur des combles à deux égouts au 1/5 de leur base, proportion généralement suivie pour les frontons des édifices de Rome ancienne et moderne.

Si je me suis permis, dans cette question, de m'écarter un peu de la marche tracée par M. Rondelet, c'est dans la crainte que son opinion, d'un grand poids dans l'art de bâtir, ne fût un obstacle au perfectionnement des couvertures et à l'adoption des toits plats, qui en serait la conséquence.

(8) On ne trouve dans le bel ouvrage de Stuard d'autres détails sur la couverture des édifices d'Athènes, que ceux qui concernent la tour des Vents et le monument de Lysicrates.

(9) Le temple de Diane Propylæa, représenté *Planche 1.re,* dont les colonnes étaient d'un seul bloc, avait été entièrement exécuté en marbre pentélique; mais les tuiles dont on a trouvé quelques fragmens étaient en terre cuite, et les ornemens des antéfixes peints.

(10) M. d'Agencourt, dans son ouvrage sur la plastique des anciens, rapporte plusieurs ornemens d'antéfixes; et ce célèbre amateur remarque « que le choix des ornemens était adapté au lieu et au genre des édifices : on employait tantôt des fleurs et » des palmettes, tantôt des figures symboliques ou historiques. »

(11) Les fragmens, *Fig. V* et *VI,* appartenaient au portique d'Octavie, et celui *Fig. XVII* au temple de Sérapis, à Pouzoles.

(12) On trouve les dessins de cette tuile, de l'antéfixe et de l'inscription, dans l'œuvre de Piranèse.

avait eu la bonté de s'occuper à ma prière. Je transcris dans la note (13) l'explication qu'il m'avait donnée.

Fig. II. Petite tuile de forme antique trouvée dans les fouilles que j'ai eu l'occasion de faire exécuter près les murs de l'église de Saint-Denis. Des tuiles à-peu-près semblables ont été trouvées dans les ruines d'un vieux mur attenant à la cathédrale de Séez.

Fig. III. Fragmens de tuile et couvre-joints trouvés dans les fouilles faites dans le jardin du Luxembourg, à Paris.

Fig IV et *V.* Fragmens de tuiles antiques trouvés par M. Dufourny, dans les ruines des anciennes villes de Solente et Solinente en Sicile.

Planche 6. Couverture en marbre du temple de Jupiter Stator à Rome : détails communiqués par M. Caristie, ancien pensionnaire de l'académie de France.

Les dalles qui composaient cette couverture, avaient, à ce qu'il paraît, une largeur uniforme de 0^{m} 553^{c}, comme celles du portique d'Octavie. Les fragmens EFD, trouvés dans les fouilles, et qui sont d'inégale épaisseur, semblent indiquer que les dalles étaient plus épaisses à une extrémité qu'à l'autre, afin qu'elles pussent s'appuyer sur les chevrons dans toute leur longueur. Le fragment E fait connaître que quelques-uns des rebords portaient des parties saillantes, pratiquées probablement pour s'opposer au glissement des couvre-joints. Au portique d'Octavie, pour obtenir le même résultat, ce sont au contraire les rebords qui sont échancrés.

Planche 7, Fig. I. Fragmens de tuiles et couvre-joints trouvés dans une propriété près de Corbeil appartenant à M. Gondoin, architecte. Ces fragmens, très-nombreux, étaient renfermés, lorsqu'on les a découverts, dans le four qui avait servi à les faire cuire. J'ai été assez heureux pour réunir les parties d'une même tuile; mais aucune suscription n'indique l'époque de la fabrication de ces tuiles. Il paraît cependant d'après leurs dimensions et la perfection de leur exécution, qu'elles ont pu être fabriquées par les Romains, ou tout au moins par les Gaulois, avant que le mode de fabrication qu'ils tenaient de leurs vainqueurs eût dégénéré entre leurs mains. On n'en peut dire autant des tuiles trouvées près des églises de Saint-Denis et de Séez dont j'ai parlé plus haut. Pour établir la distinction à faire entre les tuiles fabriquées dans les Gaules par les Romains et celles qui le furent plus tard à l'imitation des premières, je joins dans la note (14) un extrait des recherches de M. Baraillon sur les tuiles antiques.

Fig. II. Couverture imitée des anciens, et encore en usage à Rome et autres villes de l'Italie. Elle est composée de tuiles plates à rebords, plus étroites à l'extrémité inférieure qu'à la supérieure, et de couvre-joints courbes. Ces tuiles se posent sur des briques jointives qui portent sur deux chevrons.

Cet usage, qui dispense de planches, lattes ou voliges, permet, lorsque le climat ou la violence des vents l'exige, de sceller les tuiles plates ou creuses avec du mortier. C'est ainsi qu'on le pratique à Marseille et dans les environs, où l'on emploie des tuiles creuses; ce qui leur procure d'ailleurs la stabilité nécessaire.

Fig. III. Tuiles en usage en Flandre, et connues sous le nom de *pannes*. Ces tuiles, généralement bien exécutées, portent un fort crochet. Quelques personnes qui ne sont pas arrêtées par un excédant de dépense, les font vernisser. Cette forme pourrait être perfectionnée; mais telle qu'elle est, elle me paraît avoir peu d'avantages, puisqu'elle exige que l'inclinaison du comble soit de 45 degrés, et que tous les joints soient garnis en mortier.

Fig. IV. Tuiles creuses ordinaires. Cette espèce de tuiles, avec quelques différences dans les dimensions, est en usage dans un grand nombre de départemens de la France, sur-tout dans ceux du midi. La plupart des édifices modernes de la

---

(13) « Les anciens Romains eurent un soin particulier de la perfection de leurs briques, qu'ils employaient à la construction de monumens les plus durables que l'on connaisse. Aussi ils ne négligeaient pas d'empreindre sur ces briques la marque de la tuilerie où on les avait fabriquées. Comme souvent on y marquait aussi l'époque de la fabrication ou le consulat. Ces briques, connues sous le nom de *figulina* ou *figlina*, dérivé de *figulus*, tuilier, ont beaucoup contribué à redresser les fastes consulaires et la chronologie.

» La *figlina* dont l'inscription suit ne présente pas la date de la fabrication. Voici comme on doit la lire, en commençant par le cercle extérieur des caractères, et remontant au cercle intérieur. C'est l'ordre adopté dans les inscriptions de ce genre. *Voyez* FABRETTI, *de Aquæductibus Dissert.*

» **DOL EX'RAVGNFI** cercle de dehors.
» **ITIANAMAI** cercle intérieur.

» Ce sont les lettres qui restent, et qu'il faut suppléer ainsi qu'il suit :

» opus **DOLEX'RAVGNFI** g
» dom **ITIANAMAI** ore

» Ce qui donne sans abréviation :

» *Opus doliare ex prædiis Augusti nostri : Figlina Domitiana majore*, c'est-à-dire terre cuite propre à faire des *dolium*, tirée des domaines de notre empereur : de la grande Tuilerie Domitienne. J'en explique les phrases : opus DOL I are, terre cuite propre à faire des *dolium*. C'était la meilleure qualité. Les *dolium* étaient de grands vases propres à contenir des liquides, et principalement du vin. On en trouve dans les environs de Rome, lorsqu'on découvre une cave de quelque ancienne maison de campagne. On les place pour ornemens des jardins. Il y en a à la Villa Panfili, à la Villa Albani, et ailleurs. Ils ont la capacité d'un grand tonneau. M. Percy, membre de l'Académie des sciences, a trouvé que les *dolium* sont encore en usage en Espagne. Il rendit compte de cette observation dans un mémoire qu'il lut, il y a quelques années, à la troisième classe de l'Institut.

» **EX'RAVGN.** *Ex prædiis Augusti nostri.* Les phrases *Augustus noster*, *Cæsar noster*, désignent l'empereur régnant, ou un prince vivant de la famille impériale.

» **FIg DOMITIANA MAI** ore. *Figlina Domitiana majore.*

» Fabretti, dans son excellent ouvrage, *Inscriptiones domesticæ*, ch. VII, n.° 198, a publié une tuile ou brique portant une inscription semblable, mais d'un latin moins correct; la voici :

» OP. D. EX. PR. AVG. N. FL. DOMITIANAS MAIORES.
» *Opus doliare ex prædiis Augusti nostri. Figlinas Domitianas majores.*

» Et une autre (n.° 199) :

» **OPVSDOLIAREXPRÆDDDNNEXFIGDOMITIANISMINOR.**
» *Opus doliare ex prædiis Dominorum nostrorum, ex Figlinis Domitianis minoribus.*

» On apprend par ces briques, qu'il y eut de *grandes et de petites tuileries domitiennes*; et il faut observer que la marque des *grandes* est sur la tuile de Fabretti, comme sur celle dont nous examinons l'empreinte, *une pomme de pin.* La marque des petites est *un scorpion.*

» C'est une question de savoir si les tuileries domitiennes prenaient ce nom de l'empereur Domitien, frère et successeur de Titus, ou de quelque *Domitius* ou *Domitia*. Fabretti semble penser que les tuileries domitiennes étaient à l'empereur Domitien. Je suis porté à croire que le nom de ces tuileries venait de *Domitia Lucilla*, mère de l'empereur Marc-Aurèle. Le fondement de ma conjecture est une brique publiée par l'abbé Marini (*Fratelli Arvali*, p. 667), sur laquelle on lit : *Opus doliare Statiæ Primillæ ex Figlinis* DOM LVC (*Domitiæ Lucillæ*); et on y voit la même marque, la pomme de pin. »

Fait à Paris, le 24 Janvier 1817.

(14) *Extrait des Recherches sur les premiers ouvrages de Tuilerie et Briqueterie, pendant le séjour des Romains dans les Gaules, leur emploi et leur dégénération*, par J. F. Baraillon.

Parmi les arts utiles dont les Romains enrichirent la nation gauloise, on doit compter l'art du tuilier. Ils ne connaissaient auparavant, selon César et Diodore de Sicile, que les couvertures en chaume. Les ruines des anciennes cités de ce peuple, qui sont de construction celtique, ne contiennent aucun débri de tuile, brique ou carreau. Ces dernières constructions doivent être bien distinguées de celles de leurs conquérans, les Romains, qui construisaient presque par-tout différens édifices dans lesquels ils employaient des pavés en marqueterie, des *terris*, des peintures à fresque, et dans les ruines desquels on trouve des tessons de poterie de *terra campana*.

On est étonné, en parcourant les écrits de l'antiquité, d'en tirer si peu de profit sur la forme des ouvrages de tuilerie, si peu de lumières sur les différences qui les distinguent, si peu d'éclaircissemens sur les moyens de fabrique, sur le mode de confection. Pline, *lib. 7, cap. 56*, nous aurait rendu un service plus signalé, si, au lieu de nous transmettre les noms des premiers ouvriers en ce genre chez les Athéniens, il nous eût éclairé sur chacun de ces objets.

Il n'est pas un art, en général, qui ait été anciennement porté à un plus haut degré de perfection; perfection à laquelle nous sommes bien loin d'atteindre : il n'en est pas un auquel on ait moins fait d'attention; à peine en trouve-t-on quelques lignes dans les plus volumineux ouvrages des antiquaires.

La difficulté de traduire bien exactement certains mots latins, l'altération dans les copies, la négligence des auteurs, et autres causes, ont introduit de la confusion dans la nomenclature latine; d'où il résulte que l'on a souvent confondu les tuiles, les briques et les carreaux, ce que l'on ne peut rectifier que par les débris que l'on trouve dans les fouilles.

Dans les fabriques tenues par les Romains, la solidité des ouvrages était inséparable de la beauté et de la régularité des formes. Cette solidité est telle, que les pièces sortent de la terre, après quinze et dix-huit siècles, sans aucune altération, et qu'elles sont de nature à soutenir encore pareille épreuve; tandis que ce n'est qu'avec une extrême difficulté qu'on peut se procurer quelques tuiles de 1500.

Ainsi il faut distinguer les ouvrages des Romains de ceux que les Gaulois firent à leur imitation. Les derniers sont massifs, irréguliers, difformes, avec bavures.

Les tuiles véritablement romaines, découvertes en Italie, en France et dans le reste de l'Europe, paraissent absolument uniformes et comme sorties du même moule. Quelques légères différences sont dues au retrait plus ou moins considérable des diverses argiles. Les *imbrices* qui servaient de couvre-joints ont la même longueur et épaisseur. Leur ouverture au gros bout est d'environ 10 centimètres et de 7 1/2 au petit bout ou partie supérieure. On trouve dans plusieurs départemens de la France très-éloignés les uns des autres, des ouvrages de tuilerie absolument identique. Les tuiles les plus anciennes, qui ne se trouvent que plus ou moins profondément en terre, ont ordinairement 27 à 33 millimètres d'épaisseur, 48 à 54 centimètres de longueur, sur 35 à 38 de largeur. Elles ont des rebords de 27 à 33 millimètres d'élévation.

On peut conclure de l'uniformité des ouvrages des Romains en ce genre, que leurs fabriques étaient régies par des lois générales; que ces lois prescrivaient la longueur, largeur, épaisseur de chaque pièce; tout en un mot, jusqu'au degré de cuisson.

D'après cela, il ne faut pas s'étonner si les premiers ouvriers que les Romains conduisirent dans les Gaules, qui avaient les mêmes moules, les mêmes habitudes, suivaient les mêmes réglemens, ont opéré de la même manière.

Il résulte des faits exposés dans ces recherches :

1.° Que les premières tuileries ont produit des ouvrages vraiment remarquables par l'étendue, l'épaisseur, le degré de cuisson, la solidité;

2.° Que, dans la suite des temps, ces ouvrages ont dégénéré d'un tiers, quant à l'épaisseur seulement, sans que leur durée ait infiniment souffert;

3.° Qu'enfin, parvenues à un certain terme, les fabriques se sont détériorées au point de ne fournir que des pièces frêles, le plus souvent mal cuites, et réduites sous tous les rapports au tiers des premières.

Pendant les règnes d'Auguste, de son gendre Agrippa, de Vespasien, de Tite, de Domitien, d'Antoine Pie, de Trajan, de Sévère Alexandre, de Gallien, de Gratien, &c.

Grèce, de l'Italie, de l'Angleterre, &c., en sont couverts. La forme de ces tuiles a l'avantage de forcer les eaux à se réunir, ce qui favorise leur écoulement et permet de réduire la pente des combles. Leur fabrication, souvent négligée, est cependant très-facile; mais elles ont l'inconvénient d'avoir peu de stabilité, et de ne permettre que très-difficilement de marcher sur la couverture. Comme elles ne portent point de crochets, elles ne peuvent être employées que sur des combles dont l'inclinaison n'excède pas 25 à 26 degrés. Celle de 21 à 22 degrés est généralement suivie.

J'ai eu occasion d'en faire employer une grande quantité, qui avait été fabriquée en Bourgogne, à la couverture des bâtimens des abattoirs, de l'entrepôt des vins et autres. L'expérience prouve que ce genre de couverture exige peu d'entretien. Il est seulement à desirer qu'on puisse en perfectionner la fabrication pour les propriétaires qui sont en état de payer une légère augmentation de dépense. Celles qu'on emploie à Marseille m'ont paru plus parfaites : elles ont l'avantage d'être très-longues; ce qui diminue le nombre des recouvremens et par suite la perte de pente à laquelle ces recouvremens donnent lieu; et comme j'ai déjà eu l'occasion de le dire, on les pose, dans ce pays, sur des briques qui portent sur deux chevrons, et on les scelle en mortier. Celles qui ont été employées sur les toits des bouveries et bergeries des abattoirs à Paris, sont placées entre deux chevrons de forme triangulaire, dont une planche ferme l'intervalle de manière à présenter un plafond uni du côté des greniers.

Ce système de couverture, dont l'aspect est pittoresque, me paraît convenir particulièrement aux constructions et habitations rurales. Ce serait rendre un grand service à l'humanité, que de l'étudier de manière à le rendre peu dispendieux et propre à remplacer le chaume encore en usage dans plusieurs départemens. Il est même douteux que l'augmentation de dépense fût sensible, sur-tout si l'on a égard à la durée de ces tuiles, à l'économie qu'elles permettent de faire sur la charpente, la hauteur des murs de pignon et des tuyaux de cheminée (15).

Planche 8, Fig. I.re Tuiles plates ordinaires. Ces tuiles, qui ont succédé à celles de forme antique, il y a plusieurs siècles, et qui, loin de recevoir aucun perfectionnement, ont même dégénéré, sont le plus généralement en usage à Paris et dans les départemens. On les distingue, d'après leurs dimensions, sous le nom de grand et petit moule; elles portent toutes un crochet, ne pouvant être employées que sur des combles élevés dont l'usage s'introduisit avec le genre d'architecture dite gothique. Cette élévation pour un comble à deux égouts, était, dans l'origine, égale à la base du comble, ce qui donnait à chaque côté une inclinaison de 63° 26m. On réduisit ensuite cette inclinaison à 60, et plus tard à 45 degrés. On a fini par la réduire encore jusqu'à 33 degrés; mais il en est résulté que l'eau et la neige pénètrent quelquefois dans les greniers lors des grands vents. Les crochets de ces tuiles étant trop faibles, se brisent facilement, ce qui occasionne des accidens graves. Dans ce système, les recouvremens doivent être des 2/3 de la longueur d'une tuile, ce qui produit une épaisseur de 3 tuiles dans toute l'étendue de la couverture et un poids considérable.

Fig. II. Tuiles proposées pour remplacer les précédentes, et qui pourraient être employées sur des combles plats (16).

En cherchant à donner à ces tuiles et à celles qui vont suivre, des formes nouvelles, j'ai eu particulièrement l'intention de les rendre propres à être employées aux couvertures dont l'inclinaison n'excéderait pas 20 à 22 degrés. Celles dont il s'agit ont de plus l'avantage de convenir également aux toits élevés, parce qu'elles peuvent recevoir un crochet et se poser sur des lattes, ce qui ne changerait rien aux habitudes. Il résulte de leurs formes à pans coupés, qu'à longueur, largeur et épaisseur égales, leur superficie et leur poids ne sont que les 2/3 de celles ordinaires : comme celles-ci, elles pourraient être plates sans perdre ce premier avantage; mais, pour leur procurer en outre ceux qui sont particuliers aux tuiles creuses, en conservant la stabilité que n'ont pas ces dernières, je propose de les diviser en cannelures, combinées de manière à permettre leur superposition et à faciliter l'écoulement des eaux. On peut remarquer, sur le dessin, que les parties visibles de ces tuiles, lorsqu'elles sont en place, présentent des carrés parfaits dont les côtés s'alignent depuis l'égout jusqu'au faîte.

J'ai fait faire quelques essais pour la fabrication de ces tuiles : ils ont réussi, mais non sans quelques difficultés, en raison sans doute du défaut d'habitude. Je ne doute pas cependant qu'avec de la persévérance, on ne parvienne à les faire exécuter facilement et au même prix que les anciennes (17).

Fig. III. Tuiles imaginées par M. Larue, architecte, exécutées à Paris par M. Pourras, et employées avec succès à l'un des bâtimens de sa manufacture de faïence. En visitant cette couverture, dont l'inclinaison m'a paru au-dessous de 15 degrés, je m'aperçus que les couvre-joints se dérangeaient facilement : je me suis permis, en conséquence, d'y ajouter le filet A, au moyen duquel ils seraient fixés plus parfaitement. Ces tuiles, légèrement concaves, étant plates en dessous, sont stables, et leur forme les rend propres aux couvertures les moins élevées, ainsi que le prouve l'exemple que j'ai cité. Elles ont été bien exécutées au moyen d'un moule en plâtre.

---

les tuileries se multiplièrent dans les Gaules. Elles étaient en grande activité dans le troisième siècle.

On ne se serait pas permis alors de diminuer le moule, d'affaiblir les pièces, d'en mettre au four qui n'eussent pas acquis une parfaite dessiccation, laquelle exigeait au moins une année pour les petites, et jusqu'à cinq pour les plus grosses, et finalement d'exposer en vente des ouvrages dont la cuisson eût été imparfaite ou incomplète, ce qui demandait un feu soutenu durant près de vingt jours, et très-vif pendant cinq à six.

Plusieurs causes paraissent avoir provoqué la dégénération des ouvrages de tuilerie à la romaine : 1.° le renchérissement des combustibles; 2.° quelques inconvéniens résultant de la toiture et de la charpenterie; 3.° enfin, la dépravation du goût.

Les ouvrages de tuilerie à la romaine se dégradèrent ensuite successivement, du septième au dixième siècle : déjà ils étaient réduits aux 3/5 de leur longueur et largeur, et au 1/3 de leur épaisseur, sous Pepin.

Les tuiles à rebords que l'on trouve dans la voûte du temple de Chambon, sont de cette dernière espèce; elles sont mal cuites et auraient péri, si elles avaient été exposées aux injures de l'air. Elles sont réduites à environ 32 centimètres 1/2 de longueur, 25 de largeur, sur 12 millimètres d'épaisseur, et ne pèsent qu'environ 3 kilogrammes.

Les toitures à la romaine exigeaient une charpente immense, conséquemment très-coûteuse, pour soutenir des tuiles et des faîtières dont le poids excédait, en le calculant au plus bas, au moins de 9/10.es celui des nôtres (*).

Il faut savoir distinguer, dans les fouilles, les tuiles à rebords antiques de celles qui ne le sont pas, et qui varient suivant l'époque de leur formation.

Ces tuiles ayant totalement dégénéré, il paraît qu'elles furent remplacées dans le dixième siècle par les tuiles plates à crochets, et qu'on augmenta à cette époque la pente des toits. Ces premières tuiles à crochets avaient des dimensions plus fortes que les nôtres; une seule en valait trois. Elles dégénérèrent à leur tour. En 1470, Édouard IV se vit forcé de rendre une ordonnance pour en fixer les dimensions; elles en valaient alors deux des nôtres (**).

J'ajouterai, à la suite de cet extrait, ce que dit M. d'Agencourt dans son ouvrage sur la plastique : « La loi obligeait les fabricans de briques et de tuiles d'y apposer » une marque distinctive : c'était leur cachet, ou, comme nous le dirions, leur enseigne. » On y voyait un monogramme ou une figure quelconque de divinités, d'hommes, » d'animaux, de plantes, de vases placés au milieu d'un cercle; dans la circonférence, » une inscription en lettres majuscules, le nom du potier ou du maître du four, le lieu » de la fabrique, le nom du fond d'où la terre était tirée, celui du propriétaire, et » quelquefois la date du consulat.

» Ces marques forçaient les fabricans à donner aux briques et aux tuiles les » dimensions et les qualités requises pour leur durée; le marchand était tenu de » n'en vendre, le maçon ou entrepreneur de bâtimens de n'en employer que de cette » sorte. Celles que l'on découvre de nos jours sont d'une terre fine, tellement bien » liée et si bien cuite, qu'en les touchant elles rendent un son argentin; après un grand » nombre d'années, elles paraissent indestructibles. »

C'était ainsi que, par des intentions ingénieuses et des allusions raisonnées, les anciens savaient joindre à l'utilité réelle, des idées agréables ou intéressantes.

Outre l'avantage matériel des tuiles, on trouve encore dans les inscriptions qu'elles portent une utilité historique et chronologique. Plusieurs savans, entre autres Fabretti, y ont aperçu les moyens de corriger les fastes consulaires, de connaître l'âge d'un bâtiment et des noms de lieux qu'on ignorait.

(*) M. Baraillon tombe ici dans une erreur d'autant plus grave, qu'elle tendrait à proscrire le genre de couverture adopté par les anciens, en raison de son poids excessif. J'ai déjà fait observer, à l'occasion d'une tuile antique de la plus grande dimension, représentée *Planche 5*, qu'un mètre superficiel de couverture, exécuté dans le système des anciens, pèserait 112 kilogrammes, et que la même superficie, en tuiles plates dégénérées, telles que celles de Paris, pèse 88 kilogrammes; ce qui ne donne qu'une différence, en plus, d'un quart et non de neuf dixièmes.

(**) On peut remarquer qu'en augmentant les dimensions en longueur et largeur des tuiles plates, il faudrait également augmenter l'épaisseur; mais comme ce système oblige à tripler les tuiles, la couverture serait d'autant plus pesante, que les tuiles seraient plus grandes.

---

(15) Les tuiles creuses peuvent être placées solidement sur de simples gaules, telles que la nature les forme. Elles n'exigent pour être mises en place et pour leur entretien le secours d'aucun couvreur; enfin leur forme s'accommode des imperfections de la fabrication.

(16) Un architecte, M. Catala, avait proposé et fait exécuter des tuiles plates dont la forme était un carré parfait. Le crochet était placé à l'un des angles, de manière que chaque tuile était posée diagonalement. Par ce moyen, le recouvrement des tuiles étant beaucoup diminué, leur nombre l'était également, ainsi que le poids de la couverture; cependant ce système n'a pas prévalu.

Un sieur Elliot, en Angleterre, paraît aussi avoir proposé quelque chose de semblable pour les tuiles et les ardoises, auxquelles il donnait une forme rhomboïdale.

Les tuiles, dans ces deux systèmes, étant plates, sans aucun rebord, ne pouvaient convenir qu'aux toits élevés.

(17) On ne doit point s'attendre que cette égalité ait lieu dans les premiers momens : elle ne peut être que le résultat du temps et des perfectionnemens successifs dans les procédés de la fabrication. Je ferai observer, à cet égard, que la façon des tuiles n'est qu'une faible partie du prix total, qui se compose en outre de la valeur de la terre préparée et bien mélangée, de l'intérêt du capital employé dans l'établissement de la manufacture, des frais de cuisson, de ceux des divers transports, &c.; toutes dépenses proportionnées au poids des tuiles, et qui, dans le cas dont il s'agit, ne seraient que les 2/3 de celles pour les tuiles ordinaires. Cette différence, encore plus grande pour quelques-unes des formes que je vais présenter, compenserait, et sans doute bien au-delà, l'augmentation sur la façon.

Fig. IV. Tuiles légèrement creuses, avec rebords ou filets disposés de manière qu'elles puissent s'emboîter parfaitement et ne permettre aucun accès à l'eau. Un fabricant, sur ma demande, voulut bien en faire exécuter un certain nombre, en se servant d'un moule en fonte de fer et d'une forte presse. La perfection de leur exécution a prouvé qu'il est peu de formes qui ne puissent réussir en employant les moyens convenables. Dans la *Fig. IV,* ces tuiles sont superposées; on retrouvera les mêmes, employées avec des couvre-joints, *Planche 10, Fig. III,* ce qui produit un aspect plus agréable et plus conforme au système des anciens.

Planche 9. Tuiles cylindriques exécutées à Paris dans une manufacture établie rue de Paradis, au moyen d'une machine ingénieuse dont on trouvera la description *Planche 13.* Les tuiles *Fig. I, II* et *III,* ont été employées à la couverture d'un grand nombre d'édifices publics dont les combles avaient une inclinaison de 21 et quelquefois de 18 degrés. Leur dessiccation préalable et leur cuisson, souvent imparfaites, ont beaucoup nui à leur succès.

Planche 10, Fig. I.re Tuiles légèrement creuses, à pans coupés, et dont celles qui servent de recouvrement portent un filet qui sert à les fixer.

Fig. II. Tuiles plates, dites à écailles, avec rebords dessus et dessous, qui permettent de les emboîter et de les suspendre les unes aux autres.

Fig III. Tuiles creuses à filets, semblables à celles de la *Planche 8, Fig. IV,* et qui n'en diffèrent que par le couvre-joint.

Fig. IV. Tuiles semblables à celles employées dans les édifices de Rome moderne, et décrites *Planche 7, Fig. II;* à cette exception près, que celles *Fig. IV* sont superposées, ce qui dispense de couvre-joints (17).

Fig. V. Tuiles qui ne sont qu'une modification de celles dites creuses, et qui n'en diffèrent qu'en ce qu'elles ont une faible courbure et qu'elles sont beaucoup plus étroites à une extrémité qu'à l'autre, ce qui permet de donner plus de fixité à celles qui servent de couvre-joints, et d'aligner les extrémités visibles des tuiles.

Fig. VI. Tuiles plates portant rebords d'un côté et couvre-joints de l'autre. Cette forme, très-anciennement connue, a été reproduite et exécutée dernièrement par M. Fiolet, fabricant à Saint-Omer: malheureusement la fabrication, qui était le point essentiel, est loin d'être parfaite. J'en ai fait exécuter moi-même, il y a quelques années, avec beaucoup de soin; elles étaient exactement conformes au dessin que j'en donne. Cette forme serait préférable à beaucoup d'autres, parce qu'elle dispense de couvre-joints isolés, et que son aspect est le même que celui des tuiles antiques. Il est donc très-desirable qu'on puisse en perfectionner l'exécution, et cependant de manière à en rendre le prix modéré. J'ajouterai qu'elles sont susceptibles de recevoir un crochet. On voit une application de ce système de couverture sur le comble du marché projeté par M. Alavoine. R. IV, *Planche 13.*

Planche 11, Fig. I.re Grandes tuiles pouvant être exécutées soit en pierre ou marbre, soit en terre cuite.

La simplicité de leur forme ne peut laisser aucun doute sur la facilité avec laquelle on pourrait les fabriquer avec cette dernière matière. Elles remplaceraient avec avantage, sous le rapport de l'écoulement des eaux, celles plates à rebords, en raison de leur profil angulaire. Les antéfixes pourraient, comme ceux antiques, recevoir des ornemens; enfin, ce qui caractérise cette forme, c'est qu'elle peut être exécutée en pierre ou marbres communs, tels que ceux de Flandre, au moyen de la scie seulement, et sans déchet sensible : avantage que n'ont pas les tuiles à rebords. Lorsque ces tuiles ne seraient pas employées sur des voûtes, leur largeur permettrait de les faire porter sur deux chevrons entaillés de manière qu'elles puissent être appuyées sur toute leur longueur. Une maçonnerie en plâtre ou mortier qui remplirait l'intervalle entre les chevrons, ajouterait beaucoup à la solidité de cette couverture, quoiqu'on puisse s'en dispenser.

Comme il serait fort à desirer que les édifices publics particulièrement fussent couverts d'une manière durable et qui pût en même temps contribuer à donner de l'intérêt à leur couverture, j'ai pensé que cette forme pourrait être mise au nombre de celles qui peuvent satisfaire à ces conditions (18).

Fig. II et *III.* Ces deux espèces de tuiles, d'une forme assez simple, seraient faciles à fabriquer et seraient propres à remplacer les tuiles en usage en Flandre que l'on voit *Planche 10, Fig. III;* avec cette différence qu'elles pourraient être employées sur des combles plats, avantage que n'ont pas ces dernières.

Fig. IV. Tuiles plates de forme circulaire, avec rebords, présentant le même aspect que celles *Planches 10, Fig. II;* mais d'une exécution plus facile, pouvant être fabriquées sur le tour du potier.

Fig. V. Tuiles plates à rebords, comme les précédentes, mais de forme carrée, forme qui pourrait être, selon le besoin, celle d'un triangle ou d'un lozange.

Ce système, quelle que soit la forme adoptée, aurait l'avantage de n'exiger que de faibles recouvremens, d'employer conséquemment peu de matière, d'offrir un aspect agréable, et de pouvoir être employé sur les combles les plus plats.

Planche 12, Fig. I.re Tuiles légèrement creuses et à pans coupés. Cette espèce de tuile, que j'ai fait fabriquer en Bourgogne, a été employée avec succès à la couverture de quelques bâtimens des abattoirs de Paris.

Fig. II. Tuiles dans la forme de celles antiques, mais auxquelles j'ai cherché à ajouter un perfectionnement qui consiste, 1.° en ce que les rebords de deux tuiles contiguës se touchent immédiatement, et forment, par leur réunion, une portion de cône à base circulaire qui peut être enveloppée exactement par un couvre-joint de même forme; 2.° dans la partie inférieure du cône formé par les deux rebords, qui est creusée de manière à recevoir à-la-fois la partie supérieure du cône suivant et de son couvre-joint, d'où il résulte pour la couverture beaucoup de solidité et de régularité. J'ai fait fabriquer quelques tuiles de cette espèce avec leurs couvre-joints, et je suis convaincu qu'il n'est aucune forme plus convenable pour la couverture des édifices publics. Ces tuiles ne peuvent être exécutées que sur d'assez grandes dimensions. D'après l'expérience que j'ai faite, le mètre carré de couverture avec des tuiles de la dimension de celles de la *Fig. II,* peserait 80 kilogrammes, c'est-à-dire, un peu moins que celui d'une couverture en tuiles plates ordinaires, qui est au moins de 88 kilog.

Fig. III. Tuiles en fonte de fer. Ces tuiles, fondues dans les ateliers du Creusot, ont été employées à Paris à la couverture des pavillons d'entrée de l'Observatoire et de ceux du marché Saint-Martin. Elles avaient été couvertes d'une espèce de peinture en usage au Creusot, mais qui n'a pu les préserver parfaitement de l'oxidation.

Des expériences en grand, que les travaux de Paris m'ont permis de faire sur les couvertures en tuiles, en ardoises, en fonte de fer, zinc, plomb et cuivre, ont prouvé qu'en ayant égard à diverses circonstances, telles que la différence dans les pentes, les charpentes, &c., et en considérant le prix du mètre carré de couverture en tuiles ou ardoises comme l'unité, celui en fonte de fer ou zinc serait 4, du plomb ou du cuivre 8; le tout en supposant que ces métaux seraient réduits à une faible épaisseur. Ces rapports peuvent varier dans plusieurs circonstances; mais ce serait plutôt en plus qu'en moins. On peut donc regarder comme certain qu'en admettant même que les perfectionnemens dont les tuiles en terre cuite sont susceptibles, sous le double rapport de la forme et de la qualité,

(17) En Italie, pour fabriquer ces tuiles à rebords, on se sert d'une table sur laquelle est un tas d'argile et un vase plein d'eau. Le calibre du mouleur a, entre ses quatre côtés, les dimensions de la tuile, plus celle d'une ficelle qui forme anneau et sert à détacher l'argile du moule, en la faisant glisser tout alentour. Les deux côtés longitudinaux du calibre ont l'épaisseur de la tuile et des rebords, et les deux transversaux, qui s'assemblent à tenons dans les précédens, n'ont que la simple épaisseur. Une dalle de marbre, couverte de sable fin, sert de forme. On foule ensuite l'argile molle avec les doigts dans le calibre, afin de faire échapper l'air, et l'on forme les rebords en faisant glisser les doigts le long des bords. Enfin, après avoir enlevé le calibre verticalement pour le porter sur le terrain, on fait tourner le fil à l'entour, ce qui détache le calibre.

(18) C'est avec un grand plaisir que je citerai l'exemple que viennent de donner les personnes qui ont été chargées de l'exécution d'un édifice thermal pour les eaux du Mont-d'Or. Les fouilles préliminaires ayant mis à découvert des fragmens de tuiles, de corniches, &c., qui provenaient probablement d'un ancien édifice construit par les Romains pour le même objet, on a cherché à donner au nouveau le caractère indiqué par les fragmens trouvés dans les ruines de l'ancien. On s'est appliqué particulièrement à le couvrir avec des tuiles de même forme que celles antiques, et qui ont été exécutées avec de la pierre volcanique, qui abonde dans cette contrée.

Je regrette beaucoup de n'avoir pas eu connaissance de ce fait assez tôt pour me procurer des renseignemens plus précis; mais je tâcherai de les obtenir et de les faire connaître, afin qu'un si bon exemple puisse être imité.

pussent en doubler le prix, il y aurait encore beaucoup d'économie à leur donner la préférence sur les métaux, en faisant même abstraction des inconvéniens que présentent ceux-ci, inconvéniens déjà signalés.

Fig. IV. Tuiles faîtières. Les tuiles qui se placent sur le faîte des combles et qui portent le nom de faîtières, se posent bout à bout; les ouvriers en couvrent les joints par un bourrelet de plâtre qu'il faut renouveler très-souvent. Pour éviter cet inconvénient, j'ai fait faire, il y a quelques années, de nouvelles tuiles faîtières qui portaient un couvre-joint à une extrémité et à l'autre un simple filet. Les premières ont été employées à la couverture du marché Saint-Germain, et successivement à celle de plusieurs autres édifices (19).

Ces tuiles peuvent convenir également aux chaperons des murs de clôture, en formant les deux égouts avec des tuiles plates ordinaires ainsi que la *Fig. IV* l'indique. Depuis cette époque, j'ai vu avec satisfaction que ce perfectionnement avait été adopté par plusieurs fabricans, et même par des couvreurs. Cet exemple doit faire espérer, qu'avec le temps d'autres perfectionnemens dans la forme et la fabrication des tuiles seront également adoptés, si l'on accorde quelques encouragemens aux fabricans qui, les premiers, les mettront en pratique.

Ici se termine l'exposé des modifications dont j'ai cru les tuiles susceptibles pour parvenir à perfectionner la couverture des différens édifices, et réduire la hauteur des combles. Si la priorité était réclamée pour l'invention de quelques-unes des formes contenues dans ce recueil, j'y souscris d'avance pour mon compte; je desire même ardemment que d'autres plus heureux que moi en découvrent de plus parfaites. Toutes mes prétentions se bornent à appeler l'attention sur une question que je regarde comme très-importante pour toutes les classes de propriétaires : mais je déclare, en même temps, que le plus grand mérite me paraît devoir appartenir à ceux qui parviendront à une fabrication parfaite. C'est ce qu'on est en droit d'attendre de l'état actuel des connaissances et des grands progrès de l'industrie (20).

Enfin, s'il m'était permis d'émettre ici mon opinion sur le choix à faire parmi les formes présentées, j'indiquerais, 1.° les tuiles creuses ordinaires pour les constructions rurales et la petite propriété; 2.° celles *Planche 8, Fig. II,* pour le plus grand nombre des édifices, mais seulement lorsque l'expérience aura démontré que leur fabrication peut être rendue facile et leur prix peu élevé; 3.° celles *Planche 10, Fig. VI,* aux mêmes conditions que pour les précédentes; 4.° enfin, celles, *Planche 11, Fig. I.re, Planche 12, Fig. II,* pour tous les édifices publics en faveur desquels il serait permis de faire quelques sacrifices.

Machine à fabriquer des Tuiles cylindriques. Planche 13.

Cette machine est composée d'un récipient cylindrique *a*, destiné à contenir une certaine quantité de terre. Une rainure dont la forme est celle de la base du cylindre ou boisseau de terre qu'on veut exécuter, est pratiquée au fond du récipient, pour donner passage à la terre, lorsqu'elle est comprimée par le piston *d*, lequel est mis en mouvement au moyen d'un écrou *c*, qui parcourt les pas d'une vis verticale. Cet écrou est serré par un collier auquel est attaché un volant *e*, dont l'extrémité *y* s'adapte à un levier *o*, qu'un ouvrier fait mouvoir, en parcourant un cercle dont l'écrou est le centre. Le cylindre creux ou boisseau formé par la terre qui sort de la rainure est reçu sur un plateau *f*, suspendu au moyen des poulies *h*, à deux contre-poids *g*, qui lui permettent de descendre d'une quantité égale à la longueur qu'on veut donner au cylindre. Ce plateau, à la fin de sa course, presse un ressort *r*, qui, en se détendant, avertit que l'ouvrier doit s'arrêter. Le cylindre en terre, à mesure qu'il sort de la rainure, est coupé verticalement jusqu'à moitié de son épaisseur, par quatre couteaux *n*, qui préparent ainsi la division des tuiles. Lorsqu'il est à sa longueur, il est coupé horizontalement par un fil de laiton *k*, que l'on fait marcher alternativement dans les deux sens, au moyen de ficelles passant sur les poulies de renvoi *l*, disposées à cet effet sur le premier plateau en bois *f*: on en place un second en plâtre, destiné à recevoir le boisseau; ce dernier plateau, arrêté par un taquet *s*, doit être d'un diamètre un peu plus grand que le premier, afin qu'on puisse le saisir facilement, pour le porter au séchoir. Lorsque le cylindre est bien sec, l'ouvrier qui en a acquis l'habitude, le frappe et le divise ainsi en quatre tuiles qui sont reçues sur un tas de sable, pour prévenir leur rupture.

Le nombre des plateaux de plâtre doit être égal à celui des cylindres qu'un ouvrier peut fabriquer pendant quelques jours, afin de donner à ces cylindres le temps d'acquérir assez de consistance pour être retournés, opération nécessaire pour rendre la dessiccation plus uniforme.

L'ouvrier doit avoir le soin de tenir libre un trou pratiqué dans le noyau *b*, par où l'air entre dans le cylindre creux qui, sans cette précaution, serait déformé lorsqu'il s'alonge.

Parrallèle de Combles de diverses inclinaisons. Planche 14.

J'ai déjà exposé les désavantages des toits très-élevés, sous le rapport pittoresque et sous ceux de l'économie dans la charpente et les cheminées (21), et même de la commodité des greniers. J'ajouterai que ces toits présentent des dangers aux ouvriers couvreurs et aux passans, lors des grands vents qui enlèvent les tuiles et ardoises, renversent quelquefois les tuyaux nombreux dont les combles sont hérissés, et, ce qu'il y a encore de plus fâcheux, s'opposent, par la difficulté de les parcourir, à ce que l'on puisse porter de prompts secours lors des incendies auxquels ils fournissent au contraire un aliment.

La *Planche 14* qui termine ce recueil, sert à rendre sensibles aux yeux ces divers inconvéniens.

Fig. I.re Deux combles dont l'inclinaison est pour l'un de 21° 48m et pour l'autre de 45°, et sur le profil desquels on a indiqué des tuyaux de cheminée élevés à la hauteur indispensable pour éviter la fumée.

Fig. II. Les mêmes combles comparés sous le rapport de la commodité qu'ils peuvent offrir pour les greniers.

Fig. III. Combles plus étendus, comparés sous les mêmes rapports.

---

(19) Ces nouvelles faîtières conviennent principalement aux couvertures en tuiles plates ou en ardoises; elles ont été employées également, mais avec moins d'avantage, sur les couvertures en tuiles creuses, parce qu'elles ne peuvent s'y adapter aussi parfaitement. Lorsque l'on sera parvenu à perfectionner les moyens de fabrication, on pourra obtenir des faîtières propres à chaque espèce de tuiles, et qui en conserveront la forme. C'est ce qui a été pratiqué avec beaucoup de succès pour les combles de l'entrepôt des vins, dont les faîtières et les arêtiers, au lieu d'être en terre cuite, sont en fer fondu.

(20) La fabrication des tuiles en terre cuite peut se diviser en trois parties principales : 1.° le choix et la préparation de la matière; 2.° les moyens à employer pour lui donner la forme convenable; 3.° enfin, la dessiccation préliminaire, la cuisson et le refroidissement progressif. J'avais recueilli à ce sujet plusieurs renseignemens, et commencé quelques expériences; mais un changement de position, et sur-tout mes infirmités, m'ont empêché de continuer ce travail. Je me bornerai donc, pour le moment, à former le vœu que le Gouvernement ou les sociétés d'encouragement puissent proposer des prix pour déterminer les savans et les fabricans, qui se distinguent dans leur profession, à s'occuper d'une question aussi importante pour la conservation des édifices, afin de parvenir à répandre quelques lumières parmi les ouvriers peu instruits, auxquels cette fabrication est généralement abandonnée dans tous les pays, et notamment en France.

(21) La note (5) contient un extrait de l'article *Cheminée* du Dictionnaire d'Architecture de l'Encyclopédie méthodique, sur le mauvais effet des tuyaux au-dessus des combles, sur-tout dans les climats qui en commandent la multiplicité. Le premier remède à cet inconvénient est sans doute l'abaissement des combles, qui est le but principal que je me suis proposé; mais cela ne suffirait pas encore, sur-tout pour les maisons isolées et pour les monumens. C'est donc à l'architecte, au moment où il s'occupe des dispositions d'un édifice, à se pénétrer de cette nécessité, afin de parvenir à la dissimuler, non dans les dessins, comme on le fait souvent, mais bien en réalité. On peut y réussir en employant de sages combinaisons, au moyen desquelles les tuyaux peuvent être conduits le plus près possible du faîtage, ou placés dans des murs formant attique au-dessus du comble. On en trouvera quelques exemples dans cette collection.

DES TUILES ANTIQUES ET MODERNES.

IX.e RECUEIL.

FRAGONARD DEL. ET SC.

TEMPLE DE DIANE-PROPYLÆA.

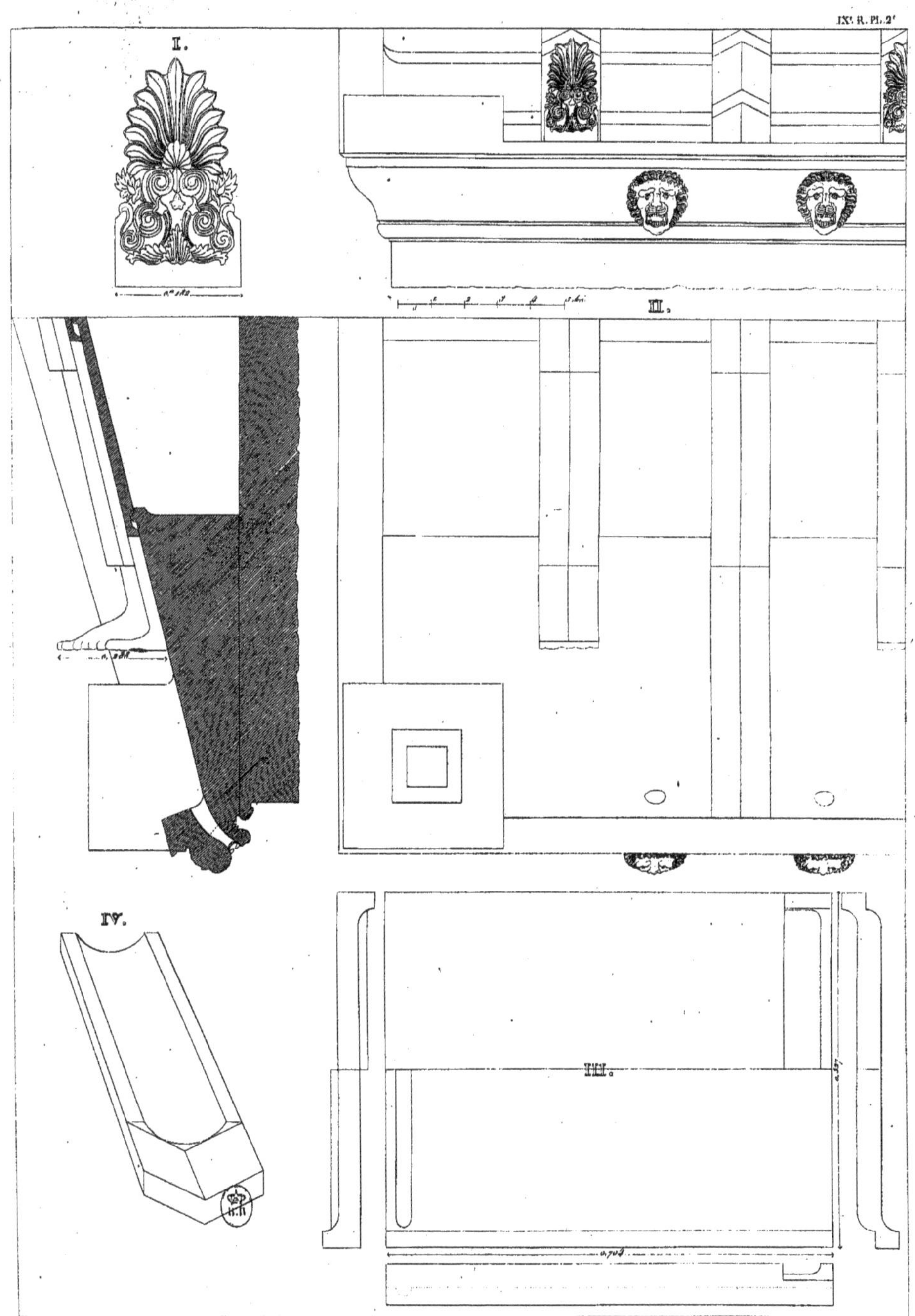
I.
II.
III.
IV.

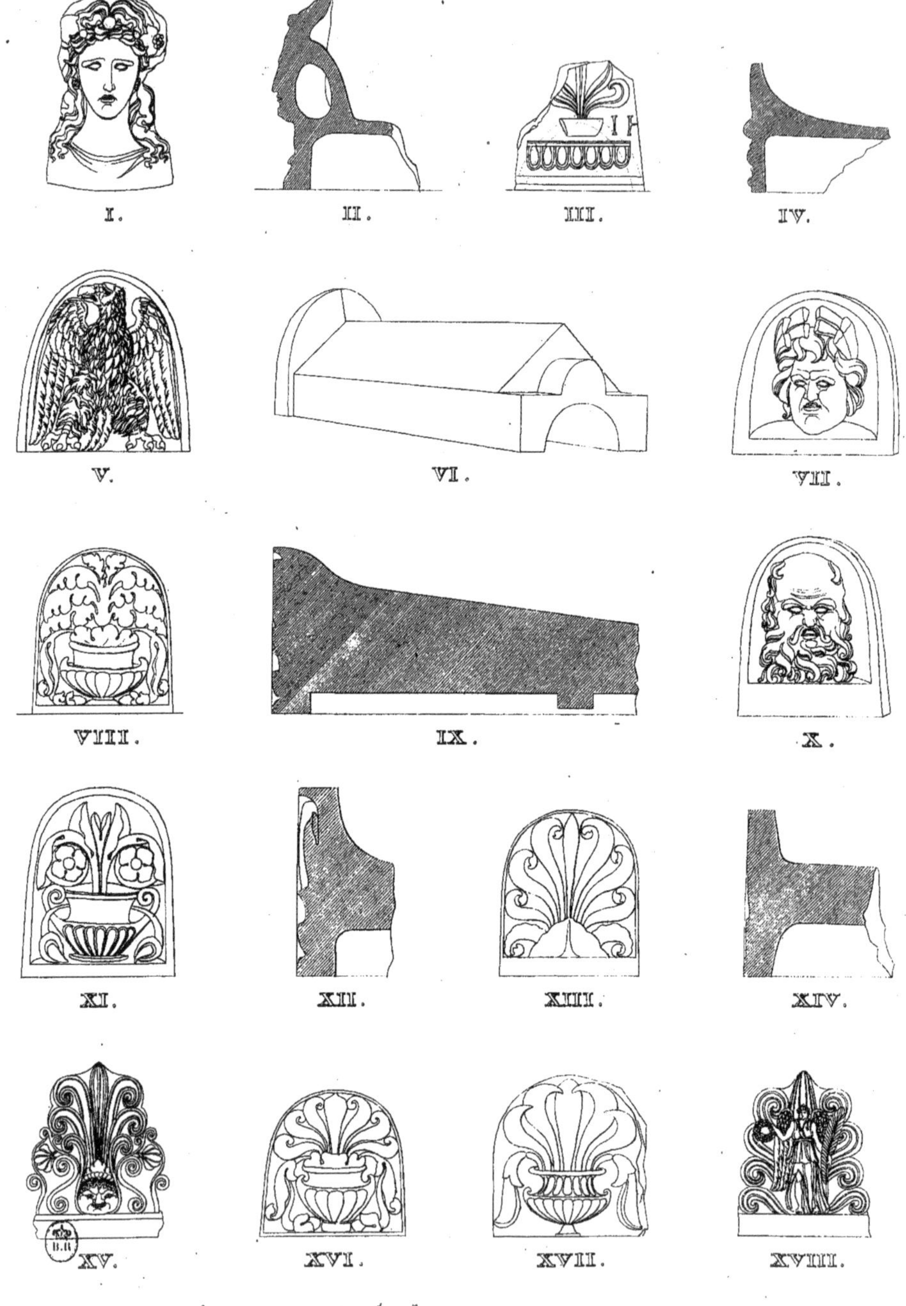
I.
II.
III.
IV.
V.
VI.
VII.
VIII.
IX.
X.
XI.
XII.
XIII.
XIV.
XV.
XVI.
XVII.
XVIII.

I.
II.
III.
IV.
V.
VI.

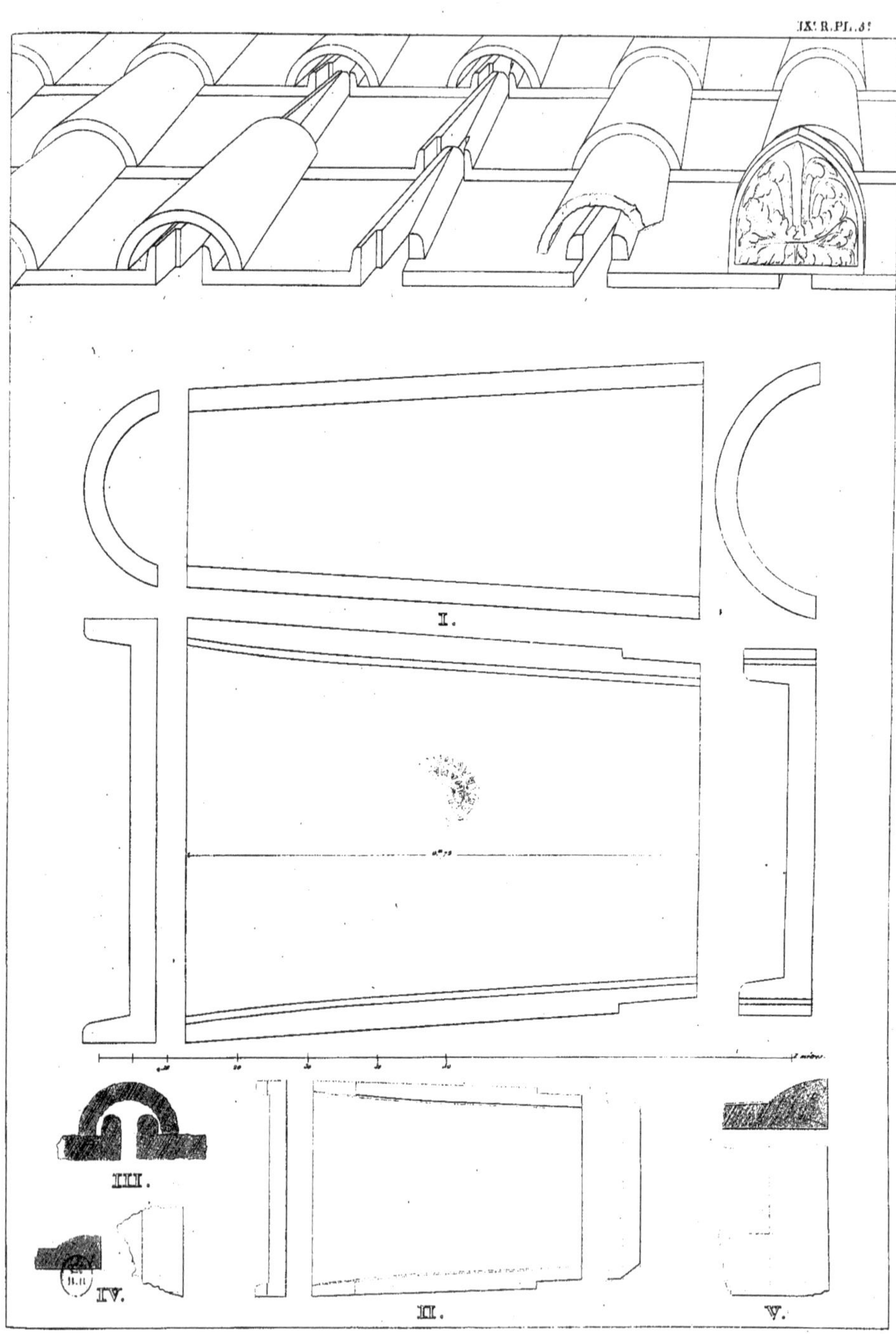
I.
II.
III.
IV.
V.

Gravé par Thierry neveu.

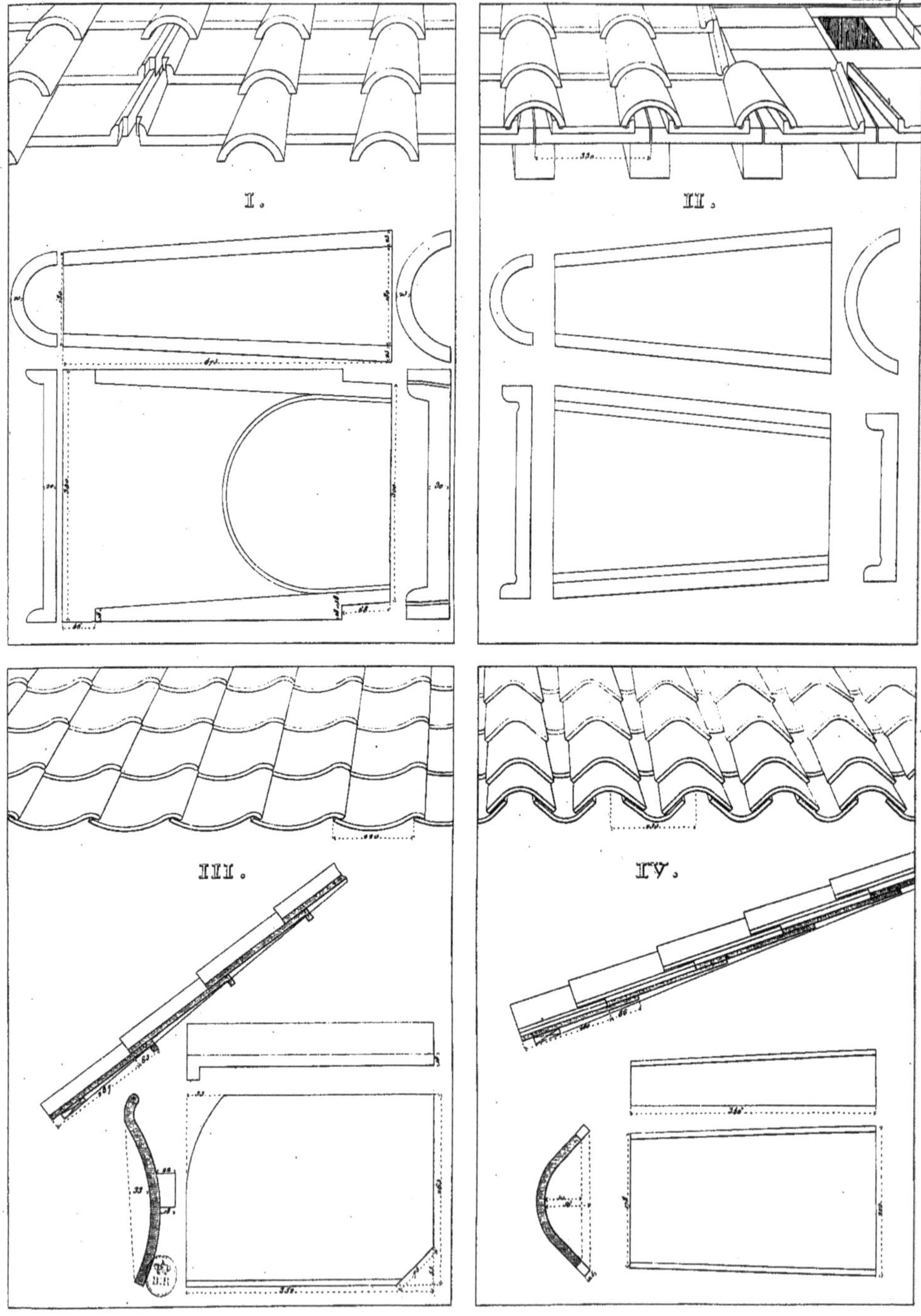
IX.e R. PL. 91
I.
II.
III.
IV.

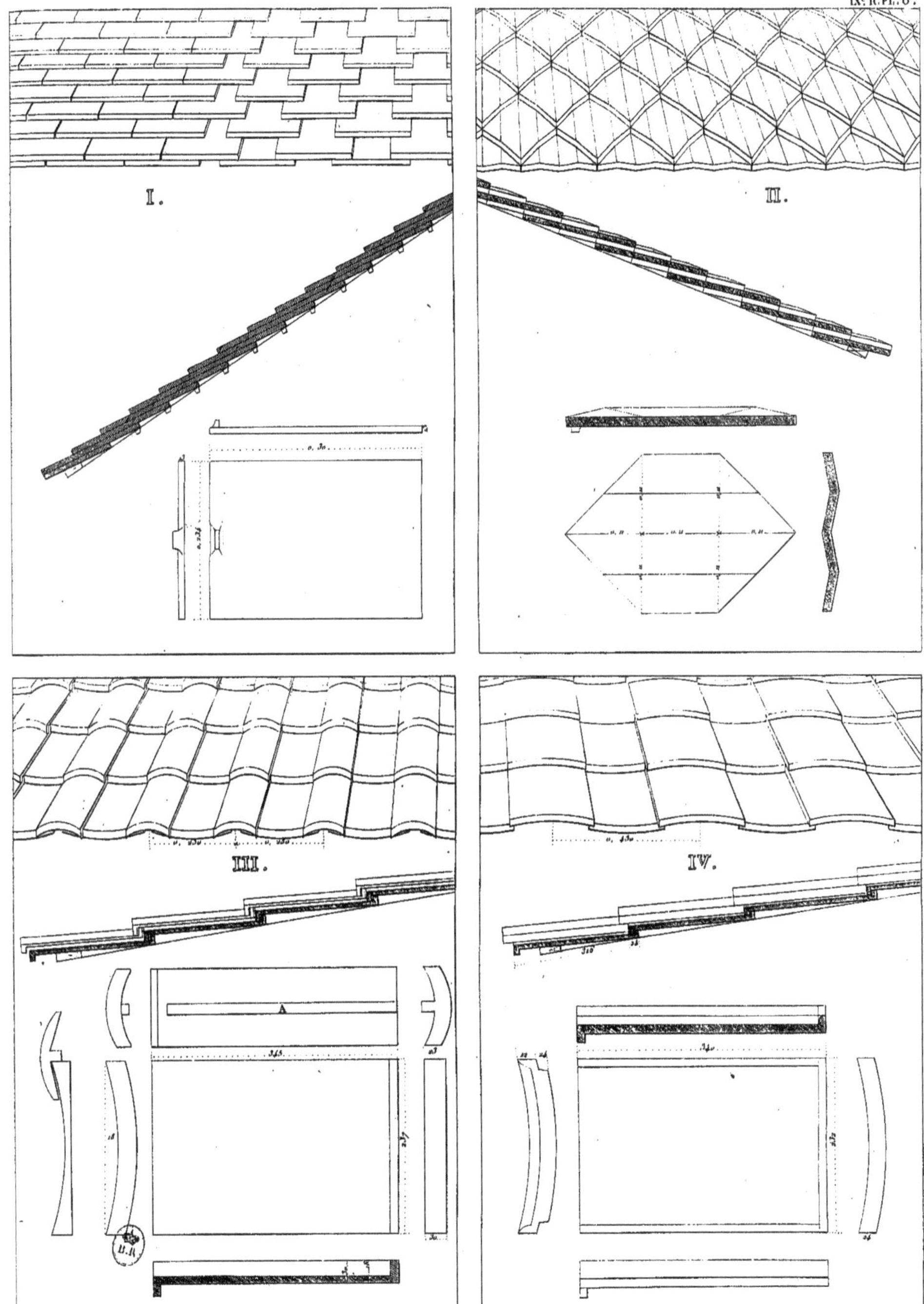
I.
II.
III.
IV.
A

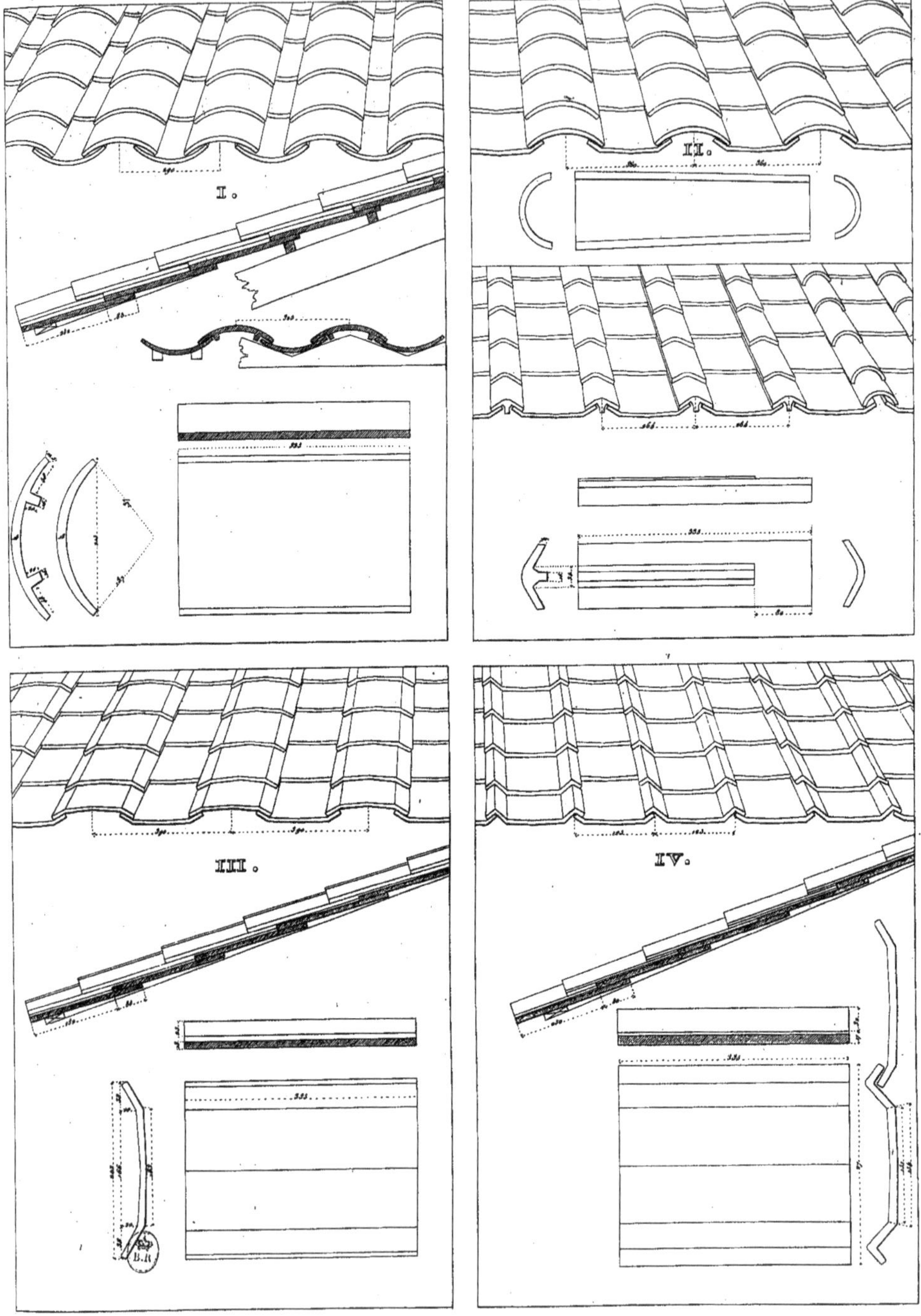
I.
II.
III.
IV.

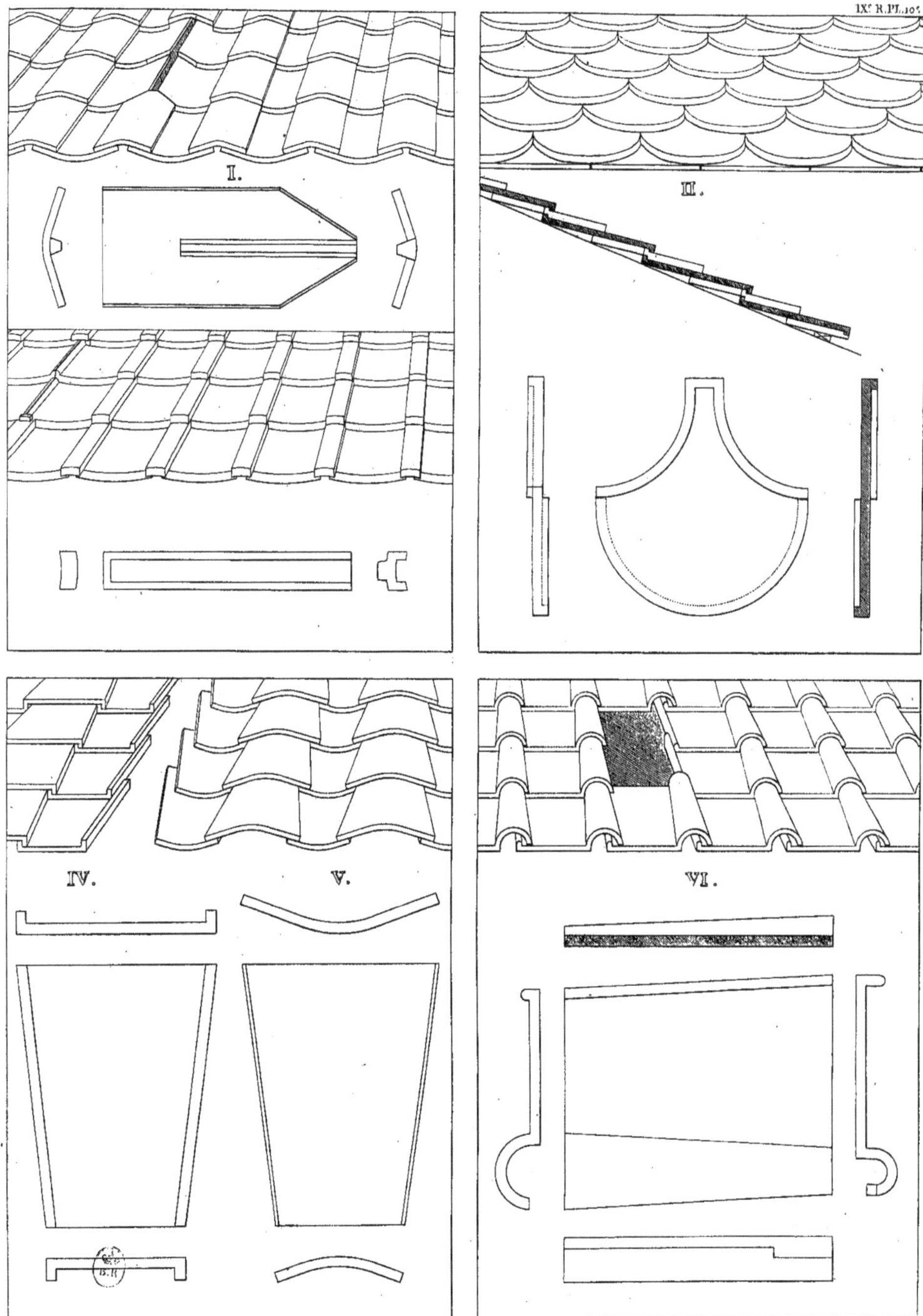
I.
II.
IV.
V.
VI.

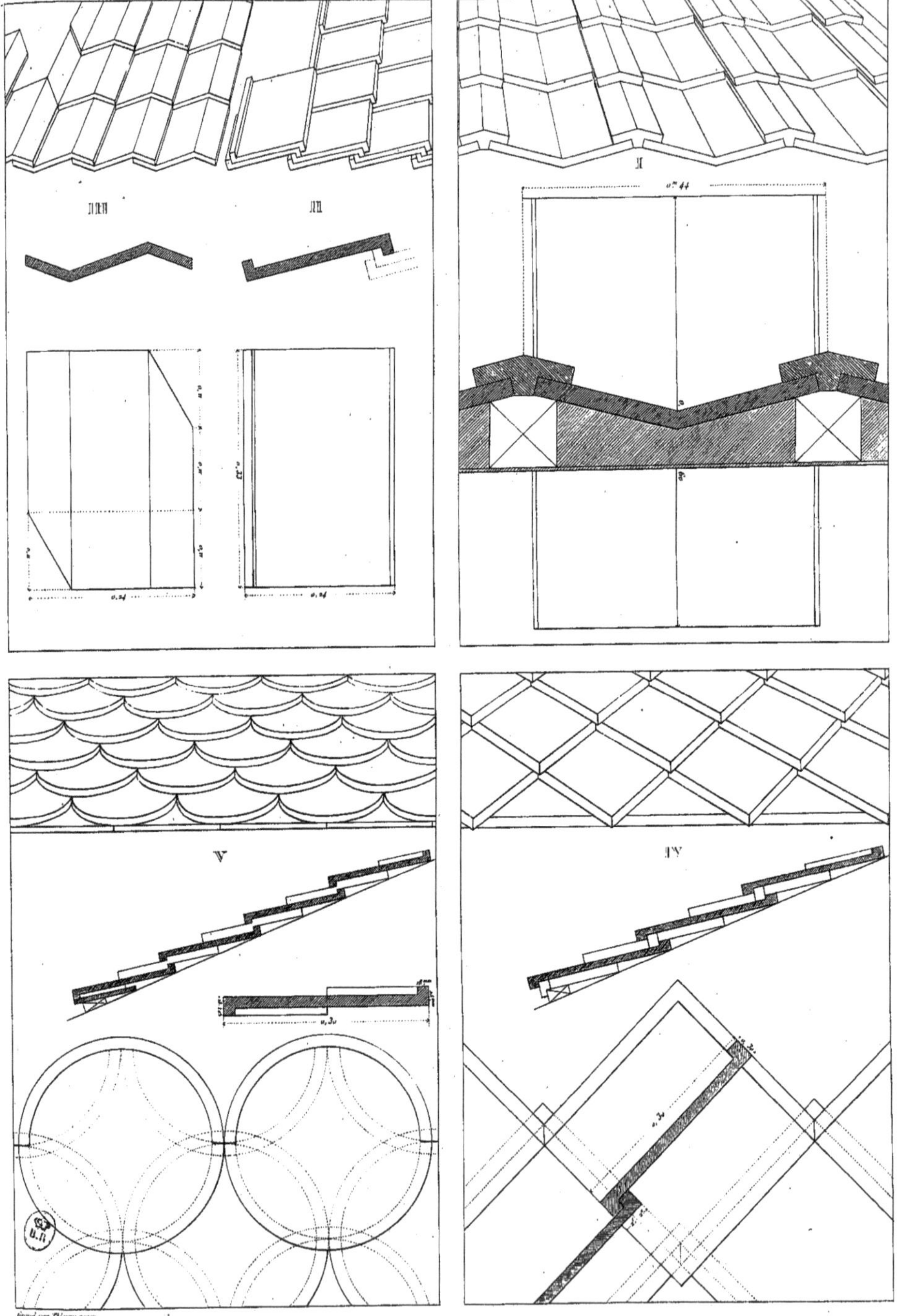

Gravé par Thierry neveu.

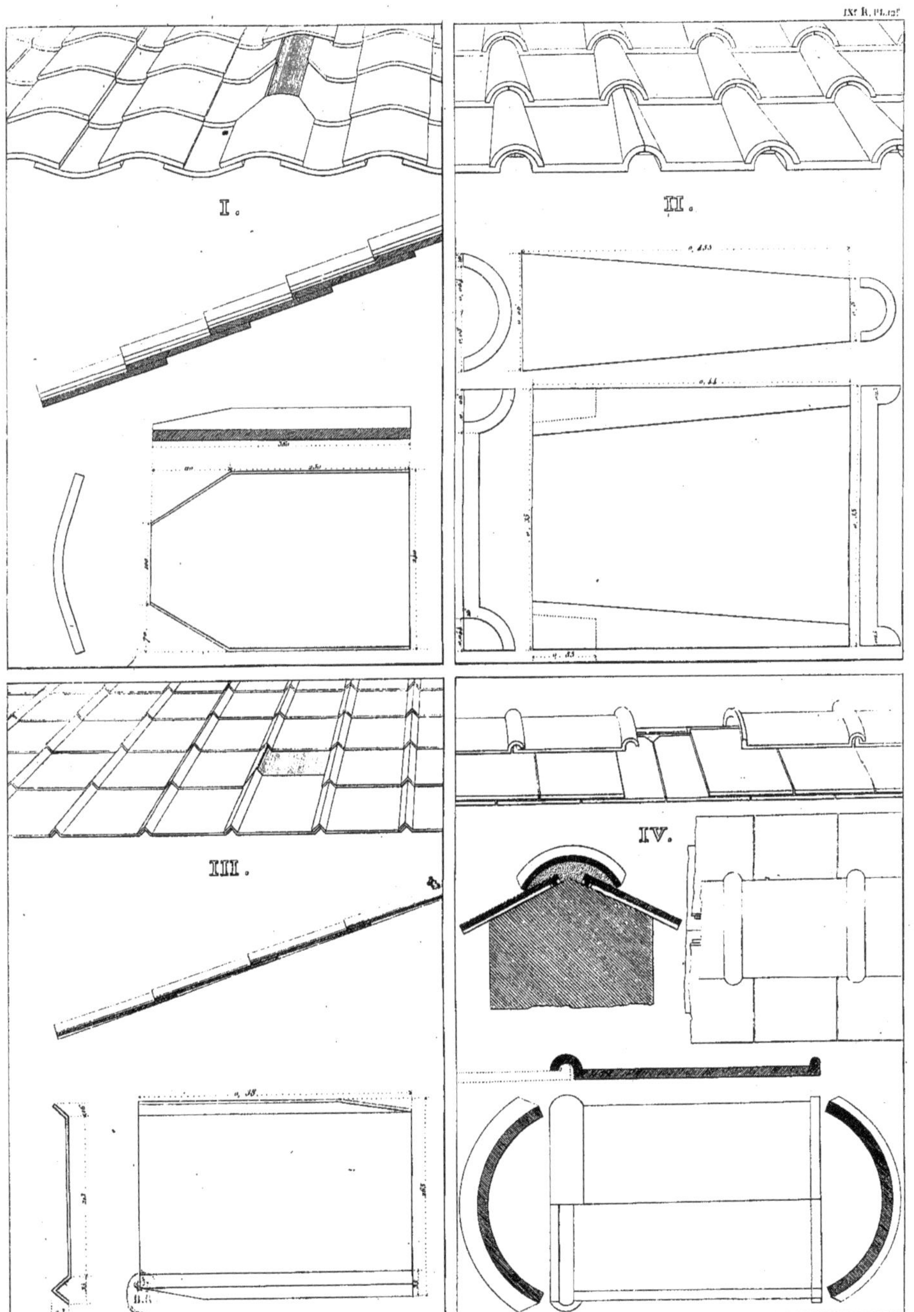
I.
II.
III.
IV.

IV.R.Pl.13.

MACHINE À FAIRE DES TUILES.

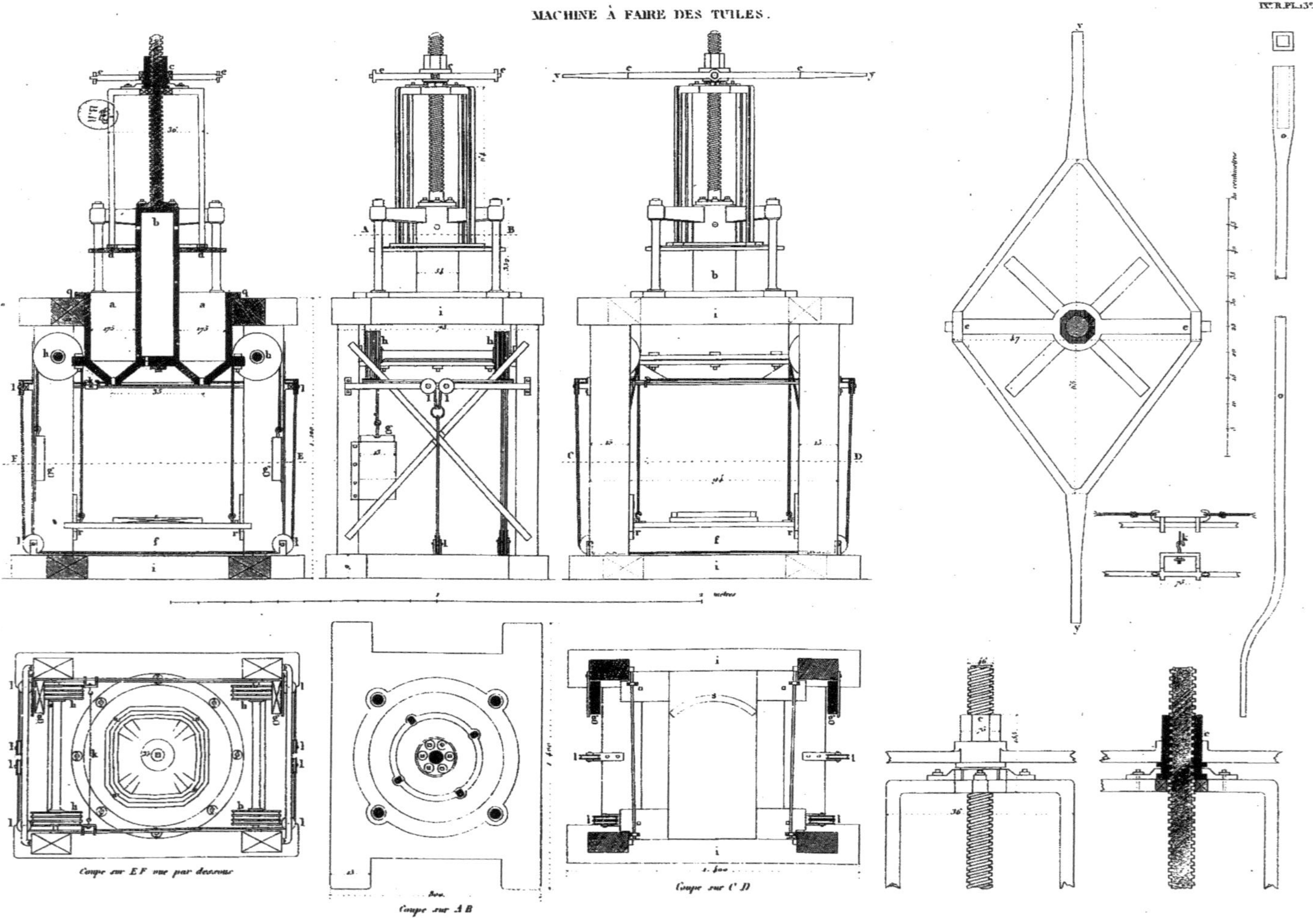

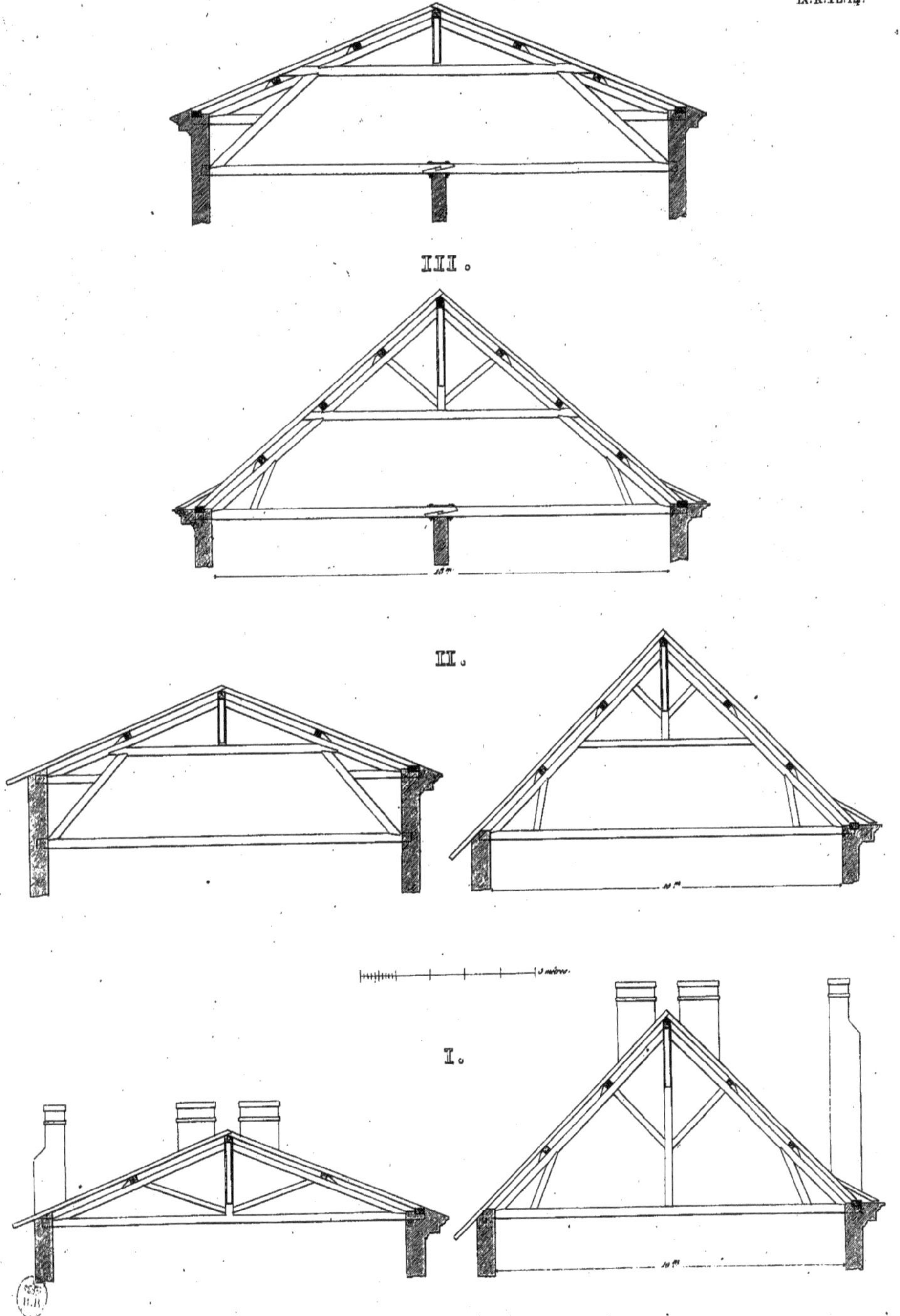
III.
10 m
II.
10 m
5 mètres
I.
10 m

ÉTUDES

RELATIVES

A L'ART DES CONSTRUCTIONS,

RECUEILLIES

PAR L. BRUYERE,

OFFICIER DE LA LÉGION D'HONNEUR, INSPECTEUR GÉNÉRAL DES PONTS ET CHAUSSÉES, MAÎTRE DES REQUÊTES, ET ANCIEN DIRECTEUR DES TRAVAUX DE PARIS.

L'Ouvrage sera divisé en douze Recueils, ainsi qu'il suit, SAVOIR :

I.er Recueil. Ponts en pierre.
II. —— Greniers publics et halles aux grains.
III. —— Ponts en fer.
IV. —— Foires et marchés.
V. —— Navigation.
VI. —— Abattoirs et boucheries.
VII. —— Détails relatifs aux portes d'écluses, ponts en bois et autres constructions.
VIII.e Recueil. Petites maisons de ville et de campagne.
IX. —— Des tuiles antiques et modernes, et en général des couvertures.
X. —— Esquisse d'une petite ville maritime, et essai sur les lazarets.
XI. —— Projet de diverses constructions indiquées sur le plan du village de ***.
XII. —— Mélanges.

10.me RECUEIL.

Chacun de ces Recueils, qui équivaudra à deux livraisons ordinaires, sera composé de douze à quinze planches, y compris le frontispice, et d'un texte explicatif.
Le premier Recueil a paru le 1.er décembre 1822, et les suivans de deux en deux mois.

A PARIS,
Chez BANCE aîné, Éditeur, rue Saint-Denis, n.° 214.

1823.

ÉTUDES

RELATIVES

A L'ART DES CONSTRUCTIONS,

RECUEILLIES

PAR L. BRUYÈRE,

OFFICIER DE LA LÉGION D'HONNEUR, INSPECTEUR GÉNÉRAL DES PONTS ET CHAUSSÉES, MAÎTRE DES REQUÊTES, ET ANCIEN DIRECTEUR DES TRAVAUX DE PARIS.

Nisi utile est quod facimus, stulta est gloria.
PHÈDRE, *fab. 17, liv. III.*

X.e RECUEIL.

ESQUISSE D'UNE PETITE VILLE MARITIME
ET ESSAI SUR LES LAZARETS.

TABLE DES PLANCHES DE CE RECUEIL.

MISSION EN ITALIE.

DANS les premiers jours d'avril 1805, nous reçûmes, M. Rolland et moi, l'ordre de nous rendre en Italie, pour suivre le cours du Pô jusqu'à la mer, examiner la rade de Goro, visiter les différens ports de l'Adriatique entre Goro et Catolica, et prendre enfin les renseignemens nécessaires à la rédaction d'un mémoire sur l'état de ces ports, ainsi que sur les améliorations dont ils étaient susceptibles.

Après une première reconnaissance, nous rendîmes un compte provisoire, et de nouveaux ordres, reçus à Milan, nous firent retourner sur les lieux pour continuer les opérations commencées.

De retour à Paris, nous nous occupâmes de rédiger le mémoire et les projets qui nous avaient été demandés.

Ce mémoire était divisé en quatre sections.

Dans la première, nous présentions quelques considérations générales sur la Lombardie; dans la seconde, celles qui étaient relatives à la partie de la côte de l'Adriatique comprise alors dans le royaume d'Italie, aux fleuves qui s'y rendent, aux ports qui y sont situés; dans la troisième, des observations sur différentes propositions faites pour établir de nouveaux ports ou perfectionner ceux qui existent.

Enfin, dans la quatrième partie, nous exposions les motifs du projet de port que nous proposions d'établir entre Volano et Comacchio, ses moyens de communication avec le reste de la Lombardie, &c., &c.

Je conserverai le même ordre dans l'extrait succinct qui va suivre.

La Lombardie, cette riche contrée de l'Italie, placée entre les Alpes, les Apennins et la mer Adriatique, doit entièrement sa formation aux sédimens des fleuves et des torrens qui ont leurs sources sur ces hautes montagnes. Son sol, l'un des plus fertiles de l'Europe, offre généralement, jusqu'à une très-grande profondeur, une terre argileuse mêlée de sable, très-propre à la végétation et en même temps à la fabrication des briques, avec lesquelles on a construit, à défaut de pierre, presque tous les édifices de cette contrée.

Le Pô, récipient principal de toutes les eaux, occupe le fond de cette superbe vallée, sur une longueur de près de cent lieues, en traversant les campagnes de Turin, Pavie, Plaisance, Crémone, Mantoue et Ferrare; il a son embouchure dans la mer Adriatique, où il forme un delta semblable à celui du Nil. Une navigation très-active est établie depuis Turin jusqu'à la mer. Malgré les difficultés que le fleuve présente dans son état actuel, il serait très-possible d'en abréger le cours au moyen de quelques canaux d'une facile exécution, et d'augmenter l'importance de cette navigation en rendant également navigables quelques-uns des principaux affluens (1).

Les neiges qui couvrent les Alpes et les Apennins, fournissent, sur-tout pendant une partie de l'été, des eaux abondantes, que les habitans du Piémont, principalement, ont utilisées depuis long-temps pour l'irrigation de leurs champs. Ce genre d'industrie, auquel se prête l'heureuse conformation du pays, possédé par de riches propriétaires, a donné lieu à des travaux très-multipliés, et il est difficile de se représenter le nombre infini de petits canaux ménagés à différentes hauteurs et qui se croisent dans tous les sens. Quoique la disposition de ces canaux ne soit pas, sans doute, la plus parfaite, et telle qu'elle pourrait être si elle avait été le résultat d'un système général bien médité à l'avance, on peut cependant affirmer que les irrigations, dans leur état actuel, produisent des effets admirables et sont la cause principale de la fertilité de la Lombardie supérieure.

Malheureusement, lorsqu'on arrive dans sa partie inférieure, sur-tout dans les belles plaines qui environnent Bologne, Ferrare, et s'étendent jusqu'à la mer, on trouve des terres basses, que les eaux qui les couvrent rendent incultes, et dont les malheureux habitans respirent l'air le plus malsain.

Ces marais infects doivent en partie leur existence à ce que les propriétaires, pressés de jouir paisiblement des terrains qui ont été exhaussés les premiers, ont construit prématurément des digues pour les garantir des inondations, et ont arrêté ainsi les effets progressifs dus aux sédimens laissés par les fleuves. Alors des parties de terrains encore couvertes d'eau sont restées en arrière, d'immenses dépôts se sont formés dans le lit même des fleuves qu'elles ont souvent élevé au-dessus du sol environnant, de manière à rendre impossible l'écoulement des eaux stagnantes à travers les digues, tandis que les parties les plus tenues des sédimens ont été transportées jusqu'à la mer, où elles ont formé sur la côte, par le concours des vents, des attérissemens qui ont eux-mêmes laissé derrière eux de nouveaux marais, tels que ceux de Comacchio (2).

Lorsqu'on s'approche de la mer, et sur-tout de l'embouchure du Pô, la richesse de la culture présente le plus beau spectacle, tandis que les visages livides et l'état misérable des habitans attestent la funeste influence de l'air. Si l'on a fait jusqu'à présent trop peu d'efforts pour améliorer cet état de choses, il faut sans doute l'attribuer aux guerres continuelles dont la Lombardie a été le théâtre, ainsi qu'à l'état politique de ces contrées, partagées entre plusieurs souverains, dont les intérêts, souvent opposés, n'ont pas permis d'adopter un système unique.

Espérons qu'un jour les avantages qui résulteraient de travaux sagement conçus, détermineront le gouvernement à s'en occuper.

Contenir dans leurs lits les fleuves et cours d'eau principaux, attérir les marais au moyen des eaux troubles dérivées

(1) On peut citer parmi les projets proposés, celui d'un canal qui joindrait l'Oglio aux lacs supérieurs de Mantoue, en rendant le Mincio navigable jusqu'à Peschiera.

(2) Arthur Yung, dans son Voyage en Italie, présente les observations suivantes: « Il est certain qu'il y a plusieurs marais en Italie qui demandent l'attention » du gouvernement. Il y a environ deux cents ans que les Vénitiens desséchèrent le » vaste marais de Moncelèse, et acquirent par-là un des plus beaux pays à blé qui » soient en leur possession; et il serait à desirer qu'on suivît le même plan sur la côte » de la mer Adriatique. Cependant, tout considéré, je ne crois pas que l'Italie soit, à » cet égard, dans une situation plus mauvaise que du temps des anciens Romains. » L'histoire nous apprend que lorsque Jules César alla de Bologne à Modène, il passa » sur une chaussée élevée au milieu des eaux, qui sont aujourd'hui terre ferme. Nous » sommes d'ailleurs informés qu'il y avait un marais d'une immense étendue, qui allait » de Plaisance à Ravenne; mais il n'en reste que peu ou point de traces.

» Le duché de Mirandole, qui en faisait autrefois partie, possède un sol très-fertile, » et rapporte dans les saisons sèches toutes sortes de grains. Diverses améliorations ont » été faites dans le Bolonais par la maison de Bentivoglio et d'autres familles; depuis » cent ans on en a fait beaucoup dans le duché de Ferrare; et si le Pô et le Reno étaient » resserrés dans des limites convenables, et le lac Comacchio desséché, nul doute » que cette partie de la Lombardie ne le disputât en fertilité à tous les pays de » l'Europe. »

On trouve dans un rapport de M. Cuvier, en date du 6 février 1808, sur les progrès des sciences naturelles, que « les eaux courantes sont une autre cause de changemens, moins violente, mais aujourd'hui plus générale que les volcans. Elles entraînent » les pierres, les sables et les terres des lieux élevés, et vont les déposer dans les » lieux les plus bas, lorsqu'elles perdent leur rapidité. De là les alluvions des bords » des rivières, et sur-tout de leur embouchure. C'est ainsi que le delta de l'Égypte » s'est formé et s'accroît encore; la basse Lombardie, une partie de la Zélande, » n'ont point d'autre origine. Les terres ainsi formées sont les plus fertiles du monde: » mais les inondations qui les créent, les dévastent aussi de temps en temps, et si on » les enceint trop tôt par des digues, on les expose à rester trop au-dessous du niveau » du fleuve. C'est le cas de la Hollande, qui, en beaucoup d'endroits, ne se dessèche » qu'à force de machines. L'intérêt le plus pressant était donc qu'on étudiât cette » branche de la géologie, pour trouver à-la-fois les moyens de profiter de ces terres » nouvelles et ceux d'en éviter les inconvéniens. »

de ces fleuves, et qu'on y ferait rentrer par des canaux particuliers, lorsque cela serait possible et qu'elles seraient devenues claires, comme on l'a pratiqué dans la Toscane et en France, sur les côtes de la Méditerranée ; enfin, rendre à la culture tous les terrains en friche, et planter ceux formés par les sables de la mer, tels sont les travaux à exécuter. Ce serait le sujet d'une des plus belles études qui aient jamais été faites par un ingénieur, et l'un des monumens les plus utiles à élever en faveur de l'humanité et de la propriété (3).

La côte de la mer Adriatique comprise dans le royaume d'Italie formait autrefois entre le mont Pesaro et le port de Brondolo une courbe très-concave ; mais les alluvions du Pô et des autres fleuves en ont successivement changé la forme.

Aujourd'hui, la direction principale de cette côte sablonneuse et extrêmement plate entre Catolica et Goro, sur une longueur d'environ 120,000 mètres, est du sud au nord, et elle n'offre aucun renfoncement assez sensible pour former une bonne rade.

L'embouchure du Pô de Goro et l'anse de Volano, que les habitans considèrent comme des rades, sont d'assez mauvais abris contre les vents du nord-est et du sud-est (sirocco), et les autres parties de la côte étant exposées à toute la violence de ces vents, qui soufflent sur-tout pendant l'hiver, les bâtimens ne peuvent s'y arrêter que dans le beau temps, quoique le sol, de sable mêlé de vase, soit très-propre au mouillage.

Les principaux fleuves qui débouchent sur cette côte, sont le Pô de Goro, l'ancien Pô de Primaro, dont le lit reçoit un grand nombre de torrens des Apennins; le Lamone, le Ronco, le Savio, l'Usa, la Marecchia, &c.

Ces fleuves et torrens, dont les eaux sont presque toujours troubles, prolongent constamment leurs rives, en déposant à leur embouchure une grande quantité de sédimens; une partie de ceux-ci, soulevée et transportée par l'agitation des flots, donne naissance à des bancs de sable, qui, par leur accroissement successif, parviennent à se réunir entre eux et à la terre ferme. Enfin, ces bancs s'élèvent avec le temps au-dessus des eaux et forment un nouveau rivage, derrière lequel il reste souvent de grandes lagunes, où les dépôts n'ont pu se former aussi promptement que sur les rives et aux embouchures des fleuves.

Parmi les points où ces effets sont le plus remarquables, nous citerons d'abord Ravenne. Cette cité, placée près de l'embouchure de l'ancien Pô de Primaro, de celles du Lamone, du Ronco et du Montone, fut bâtie, ainsi que Venise, au milieu des eaux, en profitant de quelques îles; et après un certain laps de temps, elle se trouva faire partie du continent. Cependant la mer baignait encore ses murs du temps des Romains, puisqu'on sait qu'ils y avaient formé de grands établissemens pour leur marine militaire. Maintenant elle est à 8,000 mètres de la mer, et il existe encore près de cette ville quelques marais, qui, probablement, ont fait partie des lagunes dont elle avait été environnée (4).

Les vallées ou lagunes de Comacchio (*Planche 1.re*), situées entre les anciens lits du Pô de Primaro et du Pô de Volano, présentont un exemple encore plus frappant de l'effet des alluvions. On ne peut douter que le rivage ne fût anciennement placé bien en-deçà de ces lagunes, qui faisaient alors partie de la mer, et qui n'en sont maintenant séparées que par une langue de terre ou banc de sable d'environ 2 à 3,000 mètres de largeur. L'époque ignorée de la formation de ce banc est certainement antérieure aux changemens survenus dans le cours du Pô, qui a abandonné, il y a environ deux cents ans, le lit de Primaro et celui de Volano.

Depuis ces changemens, il ne paraît pas que cette langue de terre, formée par les seules alluvions du Pô et par le concours des vents, ait pris d'accroissement sensible. On sait même qu'au sud de Volano, l'ancienne route pratiquée par les Vénitiens pour le courrier de Venise à Rimini a été détruite par la mer, et qu'une seconde route, établie pour remplacer la première, a eu le même sort, ce qui oblige les courriers à prendre une troisième route, plus avancée dans les terres, et qui passe à Pomposa. Des mémoires et des profils faits en 1765 prouvent que l'embouchure du canal de Volano dans l'ancien lit du Pô est encore dans l'état où elle se trouvait à cette époque.

L'inspection de la carte (*Planche 1.re*) suffit pour faire reconnaître que l'avancement de la plage est bien plus sensible à l'embouchure même des fleuves que sur tout autre point de la côte, malgré l'action des vents et des vagues, et que cet accroissement doit être dans un certain rapport avec le volume de leurs eaux, lorsqu'elles sont troubles, et la quantité de sédimens qu'elles tiennent en suspension.

Nous avons déjà cité Ravenne, éloignée aujourd'hui de 8,000 mètres de la mer, comme un repère des anciens rivages : les villes de Rimini et d'Adria, qui avaient des ports du temps des Romains, sont maintenant, la première à 1,500 mètres, et la seconde à 32,000 mètres de la mer (5).

Une différence aussi considérable dans le prolongement de la plage près de ces deux villes, cesse de paraître extraordinaire, lorsque l'on pense que les eaux du Pô sont presque toujours troubles, et présentent un volume incomparablement plus grand que celui de la Marecchia, qui a son embouchure à Rimini.

L'atterrissement qui s'est opéré sur 32,000 mètres, entre Adria et le rivage actuel, pendant la durée totale d'environ deux mille ans, n'était dû, dans l'origine, qu'aux alluvions de l'une des branches du Pô; mais depuis que le fleuve a abandonné ses anciens lits de Primaro et de Volano, ce prolongement a été bien plus rapide. La mer, qui baignait avant ce changement les murs de la Mezola, en est maintenant à 12,000 mètres; l'époque à laquelle il s'est opéré remonte à deux cents ans, ainsi qu'on l'a déjà dit : d'où l'on peut conjecturer que le Pô prolonge ses rives d'environ 60 mètres par an.

---

(3) Un peuple qui ne possédait pas les mêmes ressources pour attérir ses marais, et qui avait de plus à se garantir des hautes marées, les Hollandais, avec des digues et des machines à épuiser, que le vent faisait mouvoir, sont parvenus cependant à se créer une patrie, en donnant un grand exemple des miracles que peuvent opérer l'industrie, la constance et l'unité des vues.

(4) *Ravenne*, ville ancienne et célèbre, contenant environ quatorze mille ames, fut fondée, selon Strabon, par les Thessaliens. Cette ville, éloignée maintenant de plus de deux lieues de la mer, était à l'embouchure d'un vaste port, où l'empereur Auguste avait placé les flottes de la mer Adriatique. Les attérissemens ont comblé ce port et couvert les anciens édifices de la ville; on en retrouve encore sous terre des vestiges considérables.

Théodoric, roi des Ostrogoths, après la conquête de l'Italie, ayant fait sa résidence à Ravenne, se plut à embellir cette ville. Son tombeau se voit encore hors des murs. Ce tombeau, qu'on nomme aussi *la Rotonde*, fut élevé à la mémoire de Théodoric, par la célèbre Amalasonte, sa fille et nièce de Clovis. Cet édifice a deux étages : celui inférieur est en partie comblé et rempli d'eau; celui supérieur est couvert par un seul bloc de pierre d'Istrie de 34 pieds de diamètre et taillé en coupole. On estime que ce bloc, placé à 40 pieds de hauteur, devait peser au moins 940 milliers. Cet ouvrage des Goths est le dernier exemple des grands efforts de mécanique employés par les anciens. (Lalande, *Voyage en Italie.*)

(5) *Adria*, ville d'Italie, dans la Polésine de Rovigo. Les Latins l'appelaient *Atria.* Elle a donné son nom à tout le golfe, que l'on nomma d'abord *mer Atriatique.*

Il n'y a plus que quelques restes d'une si grande ville, et elle a été si ravagée par les inondations, qu'elle n'est plus guère habitée que par des pêcheurs. (*Dictionnaire de La Martinière, 1726.*)

Rimini, ville de quatorze mille ames, très-ancienne, et où se terminaient les deux voies Æmilia et Flaminia. On y remarque un arc de triomphe et un pont des Romains. Ces deux monumens portent également le nom d'Auguste, l'arc ayant été élevé en l'honneur de ce prince, et le pont exécuté par ses ordres.

Cette ville communique à la mer, dont elle n'est éloignée que d'une demi-lieue, par un canal qui est souvent à sec, et qui n'est autre chose que le torrent de la Marecchia, dont les attérissemens ont exhaussé le fond. Ce port ou canal ne peut donner entrée qu'aux bateaux de pêche, qui est très-abondante dans ces parages. Un grand nombre de mémoires ont été publiés par des savans distingués, sur les moyens de se garantir pour l'avenir de ces attérissemens. Le recueil de ces mémoires a été imprimé à Rome en 1760. (Lalande, *Voyage en Italie.*)

On a remarqué aussi que, sur cette côte, plusieurs fleuves, particulièrement le Pô de Goro, tournent leur embouchure au nord, et que ce dernier fleuve a constamment tendu à se jeter du même côté, en abandonnant les anciens lits de Primaro et de Volano.

Plusieurs savans ont prétendu expliquer cette déviation en l'attribuant au courant littoral, combiné avec celui des fleuves.

On regarde en effet comme constant, depuis l'ouvrage de Montanari, qu'il existe dans la mer Méditerranée et dans l'Adriatique un courant littoral, dont la vitesse serait d'environ 7 centimètres par seconde. Mais un courant aussi faible ne paraît pas capable de produire de grands effets. Les vents impétueux du sud-est (sirocco) peuvent être mis au nombre des causes principales de la direction des eaux à l'embouchure de ces fleuves, et de la marche de leurs alluvions. Mais comme on ne peut encore rendre raison d'une manière très-satisfaisante de ces différens phénomènes, il est convenable de se borner à rechercher les faits, afin de trouver dans le passé des probabilités pour l'avenir.

Les Vénitiens, pour empêcher le Pô de se répandre dans leurs lagunes, ont fait, en 1604, de grands travaux dans la vue de changer la direction de ce fleuve, qui occupait alors le lit dit *Levante*, et ils le rejetèrent dans la baie de Goro : à cette époque, la mer était encore au pied des murs de la Mezola. Malgré les efforts des Vénitiens, on a vu plusieurs fois, et notamment en 1801, le Pô sortir de son lit, détruire les digues de l'Adige, suivre le chemin de Brondolo, tomber dans les lagunes, et couler à la mer par le port de Chiozza.

On peut conclure des faits que nous venons de rapporter, et de beaucoup d'autres encore, que le Pô a une tendance à porter son embouchure au nord, qui amenera, dans un certain nombre d'années, sa réunion avec l'Adige et l'entier atterrissement des lagunes de Venise. Tous les efforts de l'art ne pourraient que retarder ou modifier cette grande opération de la nature, mais non l'empêcher.

Sur cette côte, on donne le nom de *ports* à quelques canaux ouverts dans les terres et prolongés à la mer par de mauvaises jetées en charpente. Ces ports, sans compter les embouchures du Pô de Goro et du Pô de Primaro, sont ceux de Rimini, Cesenatico, Cervia, Ravenne, Magnavacca et Volano. Leurs bords sont revêtus par de petits murs en pierres ou briques, et le chenal se prolonge au-delà du rivage par des jetées en bois et pierrailles sur une longueur d'environ 200 mètres. Elles sont toutes dirigées vers le nord, de manière à présenter le flanc aux vents périodiques de l'est et à ceux plus impétueux du sud-est. La jetée à droite, battue par ces derniers, est généralement plus forte que l'autre, et la dépasse d'environ 40 mètres. Cette direction constante des jetées paraît être le résultat de l'expérience, et conforme à l'avis des marins qui fréquentent ces parages. Leur construction est très-imparfaite, puisque celle de droite, sans parapet, ne peut garantir le chenal des vagues qui la surmontent dans les tempêtes, ni des sables qu'elles entraînent. Enfin, ces ports et embouchures ne peuvent donner asile qu'à des bâtimens tirant moins de 2 mètres d'eau, et l'on ne trouve à proximité aucune rade, si ce n'est près de l'embouchure du Pô de Goro ; encore cette espèce de rade foraine ne peut-elle être protégée par aucune fortification, et n'est-elle praticable que pour des bâtimens de commerce.

Le rapport dont je donne ici l'extrait, était accompagné des plans de chaque port, et contenait sur chacun d'eux des détails particuliers, qui seraient maintenant sans intérêt ; je passerai aussi sous silence les diverses propositions faites antérieurement pour établir de nouveaux ports ou perfectionner ceux existans, et je me bornerai à dire,

1.° Que les ports de Rimini, Cesenatico, Cervia, Ravenne, ne communiquant avec l'intérieur de la Lombardie, ni par des rivières navigables, ni par des canaux, et ne pouvant donner entrée qu'à de faibles embarcations, leur utilité serait toujours purement locale, quelque sacrifice qu'on fît pour les perfectionner, et qu'en conséquence on doit seulement chercher à les entretenir dans l'état où ils sont ;

2.° Que l'embouchure du Pô de Goro, par laquelle entrent toutes les barques destinées à remonter le fleuve, n'a aucune fixité ; que la nature du sol, *semi-fluide*, suivant l'expression des Italiens, ne peut permettre d'y établir aucune construction durable, et qu'enfin la nature ne présente sur cette côte rien de favorable à la création d'un véritable port, capable de recevoir des navires tirant 4 mètres d'eau, ainsi que cela était demandé.

Toutes les ressources de l'art ne pouvant suppléer qu'imparfaitement aux avantages refusés à cette côte et prodigués à celle qui lui est opposée, il était à-peu-près impossible de satisfaire à toutes les conditions qui nous avaient été imposées. Il fallait d'ailleurs improviser un projet qui aurait demandé beaucoup de temps. Nous nous en occupâmes cependant avec zèle, et je vais rappeler quelques dispositions de celui auquel nous nous étions arrêtés, sans nous dissimuler son insuffisance.

Un nouveau port ne peut être placé à l'embouchure variable du Pô de Goro, mais il doit communiquer le plus directement possible avec ce fleuve. Le canal actuel de Volano, placé dans un ancien lit du Pô, présente naturellement les moyens de satisfaire à cette première et importante condition ; mais comme on ne trouve pas une profondeur suffisante à son embouchure, trop voisine du Pô de Goro, il nous avait paru nécessaire de la changer et de la placer à environ 20,000 mètres de chacune des embouchures du Pô de Goro et de l'ancien Pô de Primaro. En effet, il passe pour constant parmi les hydrauliciens les plus renommés de l'Italie (entre autres, Zendrini), que les sables entraînés par les fleuves ou torrens ne sont pas transportés le long de la plage à 10,000 mètres. On pourrait donc espérer que cette nouvelle embouchure serait à l'abri de leurs alluvions pour un temps assez long, sur-tout si l'on considère,

1.° Que l'avancement de cette partie de la plage a cessé depuis que le Pô a abandonné ses anciens lits de Primaro et de Volano ;

2.° Que le fleuve tend constamment à porter son embouchure vers le nord ;

3.° Qu'il est prouvé que, depuis une époque assez éloignée, le rivage au sud de Volano, loin de s'avancer, a été rongé par la mer, qui, n'étant plus repoussée par de nouveaux dépôts, a cherché, pour ainsi dire, à reconquérir son ancien domaine, en affectant dans ces parages des profondeurs sensiblement plus grandes que par-tout ailleurs, à une même distance de la rive.

Cette position a l'avantage de n'être qu'à la distance de 7,500 mètres de la petite ville de Comacchio, avec laquelle on établirait facilement une communication navigable, d'offrir un sol cultivé où l'on trouve de l'eau douce, et enfin d'être très-saine, ce qui lui a fait donner le nom de *Bosco Eliseo*.

Ces motifs nous avaient fait penser que cette localité méritait la préférence à tous égards ; mais on ne peut se dissimuler qu'avec des marées qui ne s'élèvent pas à plus d'un mètre, il est impossible d'employer des écluses de chasse pour maintenir la profondeur nécessaire dans un chenal creusé au milieu des sables de la plage ; qu'il faudrait donc avoir recours à des draguages périodiques très-dispendieux, ce qui doit faire renoncer à recevoir les navires dans un port intérieur.

D'après les événemens politiques, ce projet n'est plus qu'un souvenir et un objet d'étude, et j'ai hasardé de substituer au chenal, qu'il faudrait prolonger fort avant dans la mer pour arrêter les sables, des embarcadères, en pratiquant cependant dans la côte des ouvertures pour des barques telles que celles du Pô, qui ne tirent qu'environ 2 mètres d'eau. Ces dispositions, que je vais tâcher d'expliquer, sont indiquées sur la *Planche 3.*

Les embarcadères, placés sur la ligne où la profondeur d'eau est de 5 mètres au moins, communiqueraient avec la rive par des espèces de ponts en charpente, dont les travées donneraient passage aux sables mis en mouvement par la mer. Les palées cependant offriraient dans les temps ordinaires un abri momentané aux navires, lorsqu'ils quitteraient les mouillages des rades foraines de Goro et de Volano, pour venir opérer leur chargement ou leur déchargement. Les barques qui, dans l'état actuel des choses, sortent du Pô et vont prendre les marchandises des navires stationnés dans les rades, pourraient, si le commerce, dans quelques circonstances, préférait ce moyen à celui des embarcadères, se rendre à la mer en suivant un canal creusé jusqu'au rivage et prolongé au-delà par un petit chenal en charpente soutenu par des pieux, comme les planchers de communication avec les embarcadères. Le mouvement alternatif des eaux produit par les marées, lorsque la mer peut se répandre à l'intérieur dans un espace assez étendu, suffirait, et au-delà, pour balayer le chenal et y entretenir constamment une profondeur d'eau de 2 mètres.

L'embouchure du canal de Volano étant destinée au commerce entier de la Lombardie, il s'y formerait bientôt une nouvelle ville dont nous avons tracé le projet, en indiquant les emplacemens à réserver pour les édifices publics qui deviendraient nécessaires lorsque la ville aurait pris un certain accroissement. Le premier et le plus indispensable serait un lazaret; car il n'en existe pas sur cette côte, ce qui rend le commerce tributaire des puissances voisines. Nous avions en conséquence proposé d'en placer un au nord, sous le vent de la ville, dont il serait entièrement séparé, et de le faire desservir par un embarcadère et un canal destinés exclusivement à son usage (6).

Le canal de Volano, que nous considérions comme la meilleure voie pour éviter les difficultés de l'embouchure du Pô, prend son origine à Ferrare, et n'est séparé des fossés de cette ville que par une lacune de 300 mètres; il est alimenté par des sources qu'on trouve près de la petite ville de Cento.

Il existe un autre petit canal, dit *Panfili,* ouvert depuis Ferrare jusqu'à Ponte-Lagoscuro, village situé sur la rive droite du Pô. Cet ancien ouvrage n'est plus qu'un fossé de 10,000 mètres de longueur, rempli d'une eau croupissante, qui s'étend jusque dans les fossés de la ville.

La première idée qui se présentait pour établir la communication entre le Pô et le canal de Volano, était de se servir du canal Panfili en l'élargissant, de pratiquer une ouverture dans la levée du Pô à Ponte-Lagoscuro, et d'y construire une écluse de variations, avec toutes les précautions nécessaires pour se garantir des inondations du fleuve.

Le projet de cette écluse et celui du pont tournant pour la traverser sont contenus dans la *Planche 2* (7).

Ce canal de dérivation serait alimenté par les eaux du Pô; et comme elles sont rarement claires, elles seraient reçues d'abord dans un grand bassin, facile à pratiquer au milieu des terrains bas et marécageux qui avoisinent le canal Panfili. Les dépôts qu'il faudrait enlever périodiquement par le curage, serviraient à exhausser le sol environnant et à lui donner une valeur qui dédommagerait un peu des frais de l'opération.

Les eaux du Pô, rendues claires par ce moyen, s'introduiraient dans les fossés de Ferrare, qui cesseraient d'infecter l'air et présenteraient un beau port où les principales rues de la ville et le canal de Volano viendraient aboutir. Ce port serait naturellement bordé de quais, dont les murs seraient ceux des fortifications, maintenant inutiles.

Par ces heureux changemens, cette ville, qui, depuis l'extinction de la maison d'Est, a cessé d'être le siége d'un gouvernement (8), et qui voit aujourd'hui sa population décroître à mesure que l'insalubrité augmente, pourrait reprendre une nouvelle vie en devenant commerçante, et recouvrer une partie de son ancienne splendeur, qu'attestent encore la beauté de ses rues et la magnificence de ses édifices.

Je terminerai cet extrait en ajoutant seulement que si nous avions eu à notre disposition le temps et les moyens nécessaires, nous aurions cherché à perfectionner notre projet, et sur-tout à le lier avec les grandes questions qui ont été l'objet d'une discussion célèbre entre les villes de Bologne et Ferrare, sur les moyens de défendre leurs territoires contre les invasions des torrens (9). Nous nous serions occupés également de la question non moins intéressante du desséchement des marais. Il y a une telle connexité entre tous ces projets, qu'on ne pourrait les juger isolément, et qu'il paraîtrait convenable de les réunir dans un même travail.

---

(6) J'ai fait à cette occasion quelques recherches sur les lazarets, et notamment sur celui de Marseille, l'un des plus parfaits, quoique fort irrégulier. On en trouvera l'extrait à la fin de ce Recueil, avec les plans de plusieurs lazarets d'Italie. J'y ai ajouté trois projets différens, dont l'un est celui tracé sur le plan de la ville projetée, *Planche 3.*

(7) On trouvera les détails du pont tournant dans le VII.e Recueil.

(8) *Ferrare,* ville de trente mille habitans, située à dix lieues de Bologne, vingt de Venise, à une lieue du Pô et à douze lieues de l'embouchure de ce fleuve. Elle a compté autrefois cent mille habitans. Après avoir fait partie de l'exarchat de Ravenne, elle a passé successivement sous la domination des rois lombards, de la maison d'Est et des papes. Cette ville fut autrefois l'une des plus florissantes de l'Italie. S'il faut en croire l'Arioste, elle les effaçait toutes à l'époque où vivait ce poète. Son nom et celui du Tasse, enfermé pendant sept ans dans un hôpital de cette ville, ont suffi pour lui donner de la célébrité.

(9) Lalande, dans son Voyage en Italie, a présenté une notice historique de cette fameuse discussion; je la transcris ici, quoiqu'elle soit un peu longue.

« On ne peut voyager dans cette partie de l'Italie sans entendre parler à tout instant des débordemens du Pô, des marécages de Bologne, de Ferrare et de la Romagne, et des remèdes qu'on propose d'y apporter: le voyageur s'intéresse naturellement aux travaux qu'exige une telle calamité.

» De Bologne, il y a seize lieues vers l'Orient, jusqu'à Ravenne, et dix lieues vers le nord, jusqu'à Ferrare. Cette surface de cent soixante lieues carrées est presque toute désolée par les eaux; mais les intérêts divers des pays voisins ont été cause que l'on a disputé pendant un siècle sur les moyens d'y remédier, tandis que la dépense et les difficultés de l'entreprise contribuaient à éloigner l'exécution.

» Le Pô, qui dans tous les temps a été redoutable par ses débordemens et ses ravages, passait, avant le XII.e siècle, près de Ferrare, du côté du midi. Il se forma, vers l'an 1155, un nouveau lit au nord de Ferrare; dès-lors la branche droite s'appauvrit peu à peu, et devint continuellement plus petite. Les habitans de Ferrare craignirent, vers l'an 1600, que, le Panaro et le Reno continuant de couler dans l'ancien lit, appelé *Pô di Primaro,* et d'y former des attérissemens, il n'en résultât des inondations dans le Polesino de Saint-George et dans les vallées de Comacchio; ils recoururent au pape, et demandèrent que le Reno fût détourné, pour ne plus entrer dans le Pô de Ferrare; à l'égard du Panaro, il s'était déjà fait une route pour se réunir aux eaux du Pô, dans un lit abandonné qui était entre le Bondeno et la Stellata.

» Le pape voulut favoriser ses nouveaux sujets, qui, de leur côté, pour rendre leur demande plus favorable, paraissaient vouloir entreprendre l'excavation générale de l'ancien lit du Pô, et procurer le retour des eaux. Il fallait pour cela que tous les fleuves d'eau trouble, depuis le Reno jusqu'à la mer, qui tombaient dans le Pô de Ferrare et dans la branche du Primaro, fussent détournés et se répandissent pour quelque temps dans les vallées. Le pape, par un bref du 12 août 1604, l'ordonna ainsi par intérim, pour faciliter les travaux projetés, qui cependant étaient visiblement au-dessus des forces de l'état de Ferrare, et qui d'ailleurs, avec le temps, seraient devenus inutiles.

» Le Reno fut d'abord conduit dans les vallées de Santa-Martina; mais comme il y avait peu de fond, les sables et les terres s'y répandirent et formèrent un terrain qui devint susceptible de bonification. Alors les Ferrarais firent tous leurs efforts pour écarter de leur territoire les eaux du Reno; les Bolonais furent forcés d'élever de plus en plus les digues: mais les accidens et les ruptures qui arrivaient de temps à autre, rendaient les travaux inutiles; le Reno continua de se répandre dans les vallées et de submerger le terrain, sans qu'on ait pu y apporter de remède.

» La dernière rupture, arrivée en 1740, s'appelle *Rotta Panfili;* c'est par là que sortent actuellement toutes les eaux, qui se rendent ensuite dans les vallées de Poggio et de Malalbergo, entre Cento et Ferrare. A l'égard des autres fleuves qui furent aussi détournés du Primaro en 1604, comme le Santerno et le Senio, ils y rentrèrent quelques années après, et le Lamone, qui tombait dans le Primaro, fut conduit directement à la mer.

ESSAI SUR LES LAZARETS.

Il est dans la nature de l'homme de vivre en société. La civilisation, résultat nécessaire de cette faculté, en produisant des biens et des maux, a donné lieu en même temps au développement des connaissances humaines, qui fournissent les moyens de se procurer les uns et d'éviter les autres. Parmi ces derniers, les plus redoutables sont les maladies réputées contagieuses, et notamment la peste, qui désole les rivages de la Méditerranée soumis à la domination musulmane.

« Les Bolonais comprirent les suites funestes du bref de Clément VIII ; ils se plaignirent vivement de l'injustice qu'on leur faisait : pour les calmer, on ordonna en 1605 une visite, à la suite de laquelle il fut décidé que le Reno serait mené dans le Pô de Lombardie ; mais cette décision n'eut aucune suite, non plus que les brefs de Grégoire XV et d'Urbain VIII, qui l'ordonnèrent également, et depuis long-temps les Bolonais n'osent plus espérer ce remède.

» Cependant, on n'a point cessé de faire depuis ce temps-là des visites, des projets et des mémoires. Le célèbre Benoît Castelli fut choisi pour la visite des eaux de Bologne et de Ferrare, faite sous Urbain VIII, en 1623 ; Dominique Cassini assista à une autre visite, faite sous Alexandre VII, en 1658. Il y en eut une des cardinaux d'Adda et Barberini, assistés par Guglielmini, en 1693 ; c'est la plus célèbre de toutes. Lorsque l'avis des cardinaux eut été dressé, le pape Innocent XII voulut encore avoir celui de Cassini, qui était alors établi en France, mais qui se transporta en Italie en 1695, pour examiner l'état des lieux : son avis fut encore de rétablir le Reno dans le Pô de Lombardie ; mais on tint ce résultat caché, et il n'eut point d'exécution.

» Le remède le plus complet et le plus juste de tous, serait véritablement de faire rentrer le Reno dans le Pô, au-dessus de Ferrare. Les Bolonais insistaient encore à la fin du dernier siècle sur ce moyen, sans vouloir s'en départir ; mais les oppositions des Vénitiens et de la ville de Ferrare ont été si fortes, qu'on y a, pour ainsi dire, renoncé. Lorsque le prince Lobkovitz, à la tête de son armée, offrit aux Bolonais de faire exécuter ce projet par ses troupes, moyennant une somme de quatre à cinq cent mille livres, ils n'osèrent l'accepter, de peur qu'une autre voie de fait ne vînt ensuite rendre cette dépense inutile.

» Le pape Benoît XIV, qui desirait beaucoup de soulager sa patrie, fit faire un canal, qu'on appelle *Cavo Benedettino*, pour recevoir les eaux de l'Idice, que les ducs de Ferrare avaient détourné du Primaro dans le XVI.e siècle, en le conduisant dans les vallées de Marmorta, et qui depuis 1731 se répandait dans les campagnes et inondait les vallées de Dugliolo.

» Benoît XIV espérait de réunir dans le même canal toutes les eaux du Reno et de la Savena, et de les conduire par le Primaro jusqu'à la mer, malgré l'opposition des Ferrarois ; c'est ce qu'on appelle *la Ligne du Primaro*. Ce canal coûta plus d'un million ; mais il n'eut pas tout le succès qu'on en espérait : l'Idice, dont la pente était très-forte, et dont les eaux sont très-limoneuses, combla une partie du Cavo Benedettino ; le Reno s'ouvrit une autre route, et le pape Benoît XIV fut découragé. C'est cependant le parti auquel on revient actuellement. Les habitans de Ferrare, qui se sont toujours opposés à l'introduction du Reno dans le Pô, ont proposé en divers temps jusqu'à sept routes ou sept lignes différentes pour le desséchement. M. Ximenès, de Florence, également habile et célèbre en matière d'hydraulique, a fait plusieurs mémoires sur ce sujet ; son avis est que toutes les lignes proposées pour la conduite des eaux sont fondées sur des principes douteux ou décidément faux, et qu'elles pourraient rendre la situation du pays pire qu'elle n'est actuellement : il a jugé que la dépense de la ligne supérieure irait à plus de 4 millions d'écus romains, ce qui rend l'exécution impossible ; mais il pense que l'on pourrait laisser le Reno tel qu'il est, et faire tomber les eaux du Bolonais dans le Primaro, par le Cavo Benedettino, ou par un autre canal qui aboutirait également au Primaro. Les fleuves troubles et limoneux du Bolonais et de la Romagne serviraient à combler les vallis et les marécages voisins, et les eaux clarifiées se rendraient dans le Primaro.

» Mais un remède encore plus sûr, suivant le P. Ximenez, serait de conduire toutes ces eaux dans les vallées de Comacchio, qui sont au nord de Ravenne et qui communiquent à la mer ; la dépense n'irait pas, selon lui, à 100,000 écus romains.

» Le P. Hippolyte Sivieri, jésuite, le plus habile ingénieur de Ferrare, voulait aussi que l'on fît déboucher toutes les eaux dans les vallées de Comacchio, en tirant une ligne depuis Argenta jusqu'à la mer, vers l'embouchure du Primaro, au travers de ces marais : il m'assurait qu'avec 1 million d'écus romains on gagnerait un espace de terrain qui a huit lieues de long sur une de large au moins, tandis que la ligne supérieure coûterait, selon lui, 4 millions d'écus. D'ailleurs, il est persuadé que dix-huit torrens et quarante-cinq ruisseaux, dont les directions et la qualité des eaux sont très-différentes, ne pourront se réunir et se contenir pour aller ensemble dans un même lit : il assure que le Reno, qui a des eaux claires avec peu de pente, et l'Idice, qui a des eaux troubles avec une pente extraordinaire de près de cinq pieds et demi sur mille toises, n'ont pu s'allier ensemble dans le Cavo Benedettino ; à plus forte raison tous les autres.

» Mais il y a dans le projet de Comacchio un obstacle invincible, c'est le grand intérêt de la camera à ne pas se priver d'un revenu considérable que produit la pêche de ces vallées. Ce revenu monte à plus de 300,000 livres de France.

» Ces vallées sont d'immenses marécages, terminés par des étangs qui ont trois issues dans la mer ; on les ouvre le 2 février ; le poisson y vient frayer en abondance, et on les ferme au mois de mars pour les retenir. Dans les mois de septembre, d'octobre et de novembre, lorsque la lune commence à éclairer la nuit, que le vent vient de terre, et que la fraîcheur de la mer invite le poisson à y aller, on ouvre les issues et on place de grandes claies de roseaux, faites en forme de prisme : tout le poisson s'y rend, et l'on fait une pêche immense en peu de temps. Aussi la cour de Rome ne voulait pas même qu'on proposât les projets qui tendaient à dessécher le pays aux dépens des vallées de Commacchio. J'ai ouï dire d'ailleurs à M. Boscovich, qui est un excellent juge dans ces matières, que ce remède ne durerait pas long-temps, et que les canaux seraient bientôt remplis par les dépôts bourbeux et limoneux des torrens qu'on serait obligé d'y conduire.

» Ainsi, la ligne supérieure serait la plus certaine ; mais elle est extrêmement coûteuse : la route des vallées de Comacchio ôterait à la cour de Rome un revenu trop considérable.

» Le rétablissement du Reno dans le Pô ne convient ni à Venise, ni à Ferrare, ni aux autres pays intéressés ; les autres moyens proposés sont peu certains : tel est le sommaire des difficultés qui ont retenu long-temps sous les eaux cette belle partie de l'Italie.

» Enfin, la congrégation des eaux décida, au mois de mars 1765, qu'on n'exécuterait aucune des lignes proposées, et qu'on ferait encore examiner les choses par des experts tirés des pays où il n'y aurait aucune relation d'intérêt qui pût les rendre suspects : on choisit le P. Lecchi, de Milan, M. Tomanza, de Venise, et M. Veracci, de Florence qui firent une nouvelle visite au mois de novembre 1766 ; après quoi, le P. Lecchi ayant été chargé de l'exécution des travaux, il y eut deux mille quatre cents travailleurs pendant l'été de 1768. La ligne supérieure, passant à deux lieues seulement de Bologne, avait toujours été préférée (excepté par Manfredi, vers 1760) ; mais le P. Lecchi adopta la ligne du Primaro. Il reconnut, dans cette visite de 1766, que le Pô de Primaro avait un lit suffisant pour l'union du Reno, de la Savena, de l'Idice, du Santerno, du Senio et du Lamone ; que cette réunion semblait même indiquée par la nature à l'aspect des excavations et des courans qui s'étaient formés depuis quelques années sans le secours de l'art ; et il jugea qu'il serait dangereux de tenter d'autres lignes. En conséquence, il se proposa de conduire le Reno depuis la Rotta Panfili jusqu'à Poggio ; de là, par le Cavo Benedettino, jusqu'au Primaro, vers Morgone, un peu au-dessous du Traghetto, en faisant rétablir ce canal, et y construisant des digues dans la vallée de Gandazolo pour le mieux contenir. Ainsi la ligne du Primaro lui parut préférable à celle du Pô Grande, que les principaux mathématiciens du dernier siècle paraissaient avoir adoptée. Mais, en expliquant ses projets dans le livre qu'il publia en 1767, il fit voir les exceptions que l'on devait apporter à l'ancien projet : il ne pensait pas que plusieurs ruisseaux troubles, comme le Zeno et le Fiumicello, dussent être conduits en droiture dans le Cavo Benedettino ; mais il voulait les conduire dans des canaux séparés du Reno, et pour cela il proposait un nouveau canal, presque parallèle au premier, qui recevrait le Scorsuro, une lieue à l'orient de Cento et une demi-lieue au midi de Rotta Panfili ; ce canal devait se rendre dans celui de la Beccara, une demi-lieue au-dessus d'Argenta, dans la vallée de Marmorta. Le P. Lecchi promit que dans six ans il terminerait ses travaux, en desséchant complétement les trois provinces de Bologne, de Ferrare et de la Romagne. Il prit le Reno deux lieues au-dessous de Cento, pour le porter dans le Cavo Benedettino, et de là vers Argenta, pour aller jusqu'à la mer, au midi des vallées de Comacchio, avec le Primaro. Il commença par mettre le Reno dans l'ancien lit du Pô di Primaro, abandonné par le Pô Grande, avec des digues pour empêcher ses débordemens et l'obliger de creuser son propre lit. Il fit creuser le lit depuis Traghetto jusqu'au Cavo Benedettino, sur une longueur de six milles, et il y conduisit les canaux d'écoulement des vallées voisines ; il conduisit le Silaro dans le Primaro vers la Bastia ; il fit creuser sur plusieurs milles le lit du Gardo et du Menata, pour dessécher le vaste territoire de Medicina ; l'Idice fut détourné vers les parties les plus basses de la vallée de Diolo, pour y déposer ses sables, afin que ses eaux claires fussent portées dans le Cavo Benedettino.

» En 1771, le Reno fut garni de digues sur 12 milles, à partir de la Rotta Panfili, où l'on travaillait à lui faciliter le chemin peu à peu, en faisant les ouvertures nécessaires pour donner à ses eaux le moyen de se creuser un lit. Le P. Lecchi m'écrivait alors que le desséchement des marais qui pouvaient verser leurs eaux dans le réservoir commun du Primaro, s'étendait déjà sur 15 milles de longueur et 6 de largeur, et qu'il se proposait de continuer ainsi jusqu'à la Rotta Panfili, pour achever le desséchement des plaines de Bologne et de Ferrare.

» En 1780, l'on reconnut qu'il y avait 84,000 arpens rendus à la culture depuis 1772 (chaque arpent de 900 toises). En 1782, on en comptait 4,500 de plus.

» Un voyageur m'assurait, en 1781, qu'il n'y avait pas la moitié du total de l'ouvrage de fait, quoiqu'on eût dépensé 10 millions de France, tant au Cavo Benedettino qu'au reste des travaux ; et cette somme eût été suffisante peut-être pour la totalité de l'ouvrage de la ligne supérieure. Alors le P. Lecchi était mort ; le Primaro et les autres rivières, qui, dans cette partie, ont peu de pente, continuaient à franchir les digues, tantôt dans un endroit, tantôt dans l'autre, et les plaintes recommençaient comme auparavant, malgré tant de dépenses et tant de soins pour les faire cesser.

» En 1783, on acheva les digues du Reno ; mais il survint ensuite une crue des plus extraordinaires, qui fit voir que ces digues n'étaient pas assez hautes en certains endroits.

» On se propose donc de les élever encore, et l'on espère qu'alors le Reno se portera, sans aucun débordement, jusque dans le Cavo Benedettino, qui n'est plus qu'un prolongement de cette rivière, comme le Primaro actuel est un prolongement du Cavo. On craignit en 1783 une rupture dans le Primaro, et pour préserver les vallées de Comacchio, on en fit une exprès sur la rive droite du Reno, à sa partie supérieure, et l'on inonda une partie du Bolonais.

» La Savena, près de Bologne, a été détournée de son ancien cours, pour être portée dans l'Idice, qui tombe dans le Primaro au-dessus du Cavo. On a redressé le Primaro, qui faisait de grandes sinuosités, et l'on a diminué par là l'étendue de son cours, pour augmenter la pente le long des vallées de Marmorta, qui sont à droite ; mais il est douteux que cette pente puisse suffire. Comme le fond est peu solide, on doute aussi qu'il puisse supporter des digues assez hautes pour suppléer aux dépôts et aux attérissemens que ces eaux troubles produiront dans le lit du Primaro. On a déjà élevé les digues de 21 pieds de France en certains endroits, et les eaux troubles du Reno, de l'Idice, &c. continuent d'en élever le fond. Il reste à faire aussi beaucoup de petits canaux qui doivent servir à l'écoulement des eaux de pluie qui inondent les campagnes.

» Il y a toujours deux mille hommes, quelquefois quatre mille, employés à ces travaux, sous les ordres du cardinal Boncompagni, et sous la direction de M. Attilio Arnolfini, dont j'ai déjà parlé page 261 : il a succédé à M. Boldrini, de Plaisance, mort l'année dernière, et qui en avait la direction depuis 1772. M. Canterzani m'assure que la dépense ne monte jusqu'ici qu'à 1,200,000 écus romains ; d'autres disent 2,000,000, qui font 10,670,000 livres de France. Cependant on se plaint à Rome de ce que l'État est ruiné par ces travaux, et par ceux des marais Pontins, (*page 458*). Mais le pape a ceux-ci fort à cœur. Le cardinal Boncompagni, qui est à la tête des premiers, a beaucoup de crédit à la cour de Rome, et il le mérite. Ainsi l'on continuera peut-être encore long-temps ces dépenses, malgré l'incertitude du succès. »

Sous des lois plus douces et une civilisation plus parfaite, cette affreuse maladie s'est éloignée de l'Europe (10).

Les gouvernemens des états chrétiens qui bordent la Méditerranée, n'ayant pas voulu cependant renoncer au commerce avantageux existant depuis long-temps avec les contrées souvent infectées, ont établi chez eux des administrations centrales de santé qui correspondent, d'un pays à l'autre, sans interruption, même en cas de guerre, pour tout ce qui intéresse la santé publique. Des bureaux de santé secondaires correspondent avec l'administration centrale de l'état auquel ils appartiennent; enfin, de vastes établissemens, connus sous le nom de *lazarets*, ont été construits près des ports désignés pour recevoir les navires qui font le commerce de l'Orient (11). C'est dans ces lazarets que l'on renferme, pendant un temps plus ou moins long, les équipages et les cargaisons venant d'un lieu suspect, avant de leur permettre de communiquer librement avec le continent. Tels sont les divers élémens du système général de police sanitaire établi pour s'opposer à l'introduction de la peste.

L'utilité de ces précautions dispendieuses, et très-gênantes pour le commerce, a été contestée à différentes époques, et notamment de nos jours, par d'habiles médecins qui ne considèrent point la peste et la fièvre jaune comme des maladies véritablement contagieuses. Ils demandent, en conséquence, que les gouvernemens s'entendent pour ordonner des expériences directes, et s'assurer principalement si les marchandises venant des lieux infectés, ainsi que les vêtemens portés par des pestiférés, peuvent communiquer la peste.

Ceux qui croient à la contagion de cette maladie, et qui ont pour auxiliaire la terreur qu'elle inspire, sont les plus nombreux. Une question de cette importance ne pouvant être résolue par des raisonnemens, quelque savans et quelque spécieux qu'ils puissent être, la prudence exige qu'en attendant le résultat des expériences demandées, et qui devront être répétées pendant un temps suffisant, on continue d'employer les précautions d'usage (12).

Nous pensâmes donc, M. Rolland et moi, que nous devions joindre au projet qui précède, celui d'un lazaret. Je profitai de cette occasion pour faire différentes études d'édifices de ce genre. On en trouvera trois, *Planches 7, 8, 9, 10 et 11*. Mon premier soin avait été de rassembler quelques données pour former un programme, sans lequel on ne peut projeter convenablement aucun édifice, mais qui est d'une nécessité encore plus absolue pour la disposition d'un lazaret. Mon camarade et mon ami, M. Desfougères, chargé alors de l'inspection de celui de Marseille, voulut bien m'envoyer un plan de cet établissement, avec une notice sur les principales conditions à remplir. Je me procurai plus tard les plans de ceux d'Ancone, de Livourne, de Gênes, de la Spezia; on les trouvera *Planches 5 et 6*.

Le lazaret de Marseille étant celui dont la disposition et l'heureuse situation satisfont le plus complètement aux conditions essentielles, et sur lequel il m'a été plus facile d'obtenir des renseignemens exacts, je vais en donner une description que j'accompagnerai d'un extrait des réglemens de l'administration de santé de France, qui diffèrent peu de ceux adoptés en Italie.

En France, l'administration centrale réside et a résidé de tout temps à Marseille, et c'est près de ce port qu'est établi le lazaret, où tous les bâtimens de commerce qui ont fait leur chargement ou qui ont relâché dans un pays suspect, doivent faire leur quarantaine (13).

Il existe encore un autre lazaret à Toulon, mais il est particulièrement destiné à la marine royale.

Lorsque des bâtimens venus de lieux non suspects, et qui ne doivent faire que des quarantaines d'observation, se sont trouvés dans la nécessité de s'arrêter dans un autre port, l'administration centrale, après avoir reçu la déposition du capitaine, qui lui est transmise par le bureau secondaire établi sur les lieux, peut permettre, dans les cas forcés, que la quarantaine s'effectue dans ce port; mais elle règle alors sa durée, et prescrit les mesures sanitaires à observer.

L'administration centrale exerce la police relative aux établissemens de santé de Marseille et des autres ports du royaume. Elle inflige les peines correctionnelles encourues par des infractions aux règles sanitaires, et trouve toujours, lorsqu'il est nécessaire, de l'appui dans les autorités supérieures pour faire exécuter ses arrêts.

Elle est informée par les employés des bureaux secondaires, de tous les événemens maritimes, tels que naufrages, débarquemens clandestins, &c., qui peuvent intéresser la santé publique. Elle exerce une inspection rigoureuse sur ces préposés, les mande près d'elle, lorsqu'elle le juge nécessaire, pour rendre compte de leur conduite, les destitue s'il y a lieu, et provoque leur remplacement par l'autorité locale, dont les choix doivent toujours être revêtus de son approbation.

Les administrateurs enfin, recevant la déclaration des capitaines avant toute autre communication avec la terre, deviennent souvent dépositaires d'avis qui intéressent le gouvernement.

De si importantes fonctions n'ont point été confiées à des agens salariés; c'est parmi les citoyens de Marseille, exposés à devenir les premières victimes d'une négligence qui laisserait le mal s'échapper hors des enceintes où l'on prétend l'enfermer, c'est parmi les négocians que leurs richesses mettent à l'abri de toute séduction, et que leur séjour dans le Levant a éclairés sur les effets et les dangers de la peste, que les seize membres composant le *bureau de santé*, et qui portent le titre de *conservateurs de santé*, ont été choisis par le ministre de l'intérieur, sur une liste dressée par le conseil municipal de la ville.

Les conservateurs restent en fonctions pendant quatre ans, et sont renouvelés par quart tous les ans, suivant le même mode.

Ils se divisent en comités chargés de la surveillance des diverses parties de l'administration, se rassemblent deux fois par semaine pour délibérer en assemblée générale sur toutes les affaires courantes, et peuvent être convoqués extraordinairement par leur président, qui change chaque semaine, suivant l'ordre de la liste.

Le président du bureau, qui porte le titre de *conservateur semainier*, est chargé des fonctions exécutives; il reçoit les

(10) Le desséchement des marais, les défrichemens, l'usage du linge, l'instruction et l'aisance devenues plus générales, ont fait disparaître plusieurs maladies connues des anciens, telles que la lèpre, &c.

(11) On trouve des lazarets à Marseille, Toulon, Trieste, Venise, Zante, Corfou, Ancone, Gênes, la Spezia, Livourne, Naples, Messine, Malte.

(12) Ce qui résulte de plus positif des discussions sur la contagion, c'est que, pour éloigner les épidémies, il faut qu'une population nombreuse ne soit pas accumulée dans un local trop resserré, sombre et humide; qu'elle puisse, par un travail modéré, se procurer des alimens suffisans et de bonne qualité; qu'on cherche à éclairer la classe pauvre, et à lui inspirer des idées d'ordre et de propreté; qu'on s'occupe de détruire toutes les causes d'infection, telles que des eaux stagnantes et des dépôts de matières animales en putréfaction. Ces avantages s'obtiennent par le perfectionnement de la civilisation et la sollicitude des bons gouvernemens, et c'est ainsi qu'on a vu disparaître presqu'entièrement de l'Europe les épidémies autrefois si fréquentes, et qui se renouvelleraient bientôt si les causes qui les produisaient pouvaient renaître, comme cela arrive accidentellement à la suite de la guerre et de la disette.

(13) On appelle *quarantaine* le temps nécessaire pour s'assurer de l'état de la santé de l'équipage et pour *purger la contumace* du navire.

Contumace est la partie de la cargaison composée d'objets du genre suceptible, c'est-à-dire, qui peuvent conserver des germes pestilentiels.

La purge, ou l'opération de purger, comprend l'ensemble des opérations mises en pratique dans le lazaret pour y purifier un objet quelconque reconnu susceptible.

déclarations des capitaines et commande le service, en se conformant aux réglemens et aux délibérations du bureau.

Passant à l'examen des moyens mis à Marseille à la disposition du bureau de santé pour atteindre le but de son institution, je m'arrêterai principalement à la description du lazaret et des opérations qui y sont pratiquées, afin d'en conclure un programme raisonné d'après lequel on puisse projeter tout autre établissement du même genre.

Ile de Pomègue.

Par une circonstance particulière à cette localité et qu'il est rare de rencontrer ailleurs, il existe, à environ 6,000 toises à l'ouest-sud-ouest du port de Marseille, un rocher stérile et inhabitable, appelé *l'île de Pomègue,* qui présente à l'est un port capable de contenir soixante bâtimens, et à l'entrée duquel on trouve un renfoncement dit *l'Anse de la Grande-Prise,* où quinze bâtimens peuvent mouiller *séparés les uns des autres.* (Voir *Planche 5.*)

C'est à cette île que tous les navires venus de lieux suspects, et dans le cas de faire quarantaine, doivent aborder directement. C'est dans ce lieu, parfaitement isolé du continent, qu'ils sont soumis à de premières épreuves, dont les résultats puissent mettre les conservateurs à portée de régler les précautions à prendre, soit pour la purge des marchandises et des passagers dans le lazaret, soit pour la purification de l'équipage et du bâtiment à l'île de Pomègue.

Les conservateurs entretiennent à Pomègue un agent principal salarié, sous le nom de *capitaine du bureau,* qui doit y faire exécuter les ordres du semainier et commander les mouvemens du port. Cet officier alterne de mois en mois avec un autre *capitaine du bureau,* placé à Marseille, et chargé, pendant qu'il y réside, de la surveillance du mouillage dit *de la Chaîne du Port,* près de l'entrée du port de Marseille; ce dernier emplacement est réservé aux bâtimens qui viennent de Pomègue, pour passer les derniers jours de leur quarantaine, et recevoir, sous les yeux des conservateurs, les fumigations qui doivent précéder immédiatement leur libre entrée.

Le capitaine du bureau résidant à Pomègue hèle chaque navire à son arrivée, lorsqu'il est à portée de son logement.

Celui qui le commande doit alors faire une première déclaration sur le lieu de son chargement, sur la nature de sa cargaison, sur la santé de son équipage, &c. Il annonce de quelle espèce est la patente de santé qui lui a été délivrée par l'agent national résidant sur l'échelle d'où il est parti, et qui a dû être visée dans tous les ports où il a été obligé de relâcher (14).

Lorsque la patente est nette, et qu'aucune circonstance particulière ne donne lieu à des soupçons, le bâtiment va mouiller dans le port, au rang qui lui est indiqué; mais si la patente est brute, s'il est mort quelqu'un dans la traversée ou s'il y a des malades à bord, le capitaine du bureau fait arrêter le bâtiment à la *Grande-Prise,* où il mouille séparé des autres.

Immédiatement après l'amarrage, le capitaine du bâtiment doit partir de suite dans sa chaloupe pour aller présenter sa patente au capitaine du bureau, qui lui indique le lieu où il doit aller faire sa déclaration aux conservateurs. C'est dans le port de Marseille, à l'hôtel de la Consigne, lorsque la patente est nette, et qu'aucun accident particulier n'a donné lieu à des soupçons; mais si la patente est brute, la déclaration doit être faite à la porte du petit enclos du lazaret.

L'hôtel de la Consigne est situé près de l'entrée du port de Marseille, à l'extrémité de la fausse baie du fort Saint-Jean. Cet édifice, fondé sur pilotis, est en saillie sur le quai. Sa façade au sud donne sur le port, et la porte qui répond à l'est est précédée d'une avant-cour entourée d'une grille en fer.

On entre d'abord dans un couloir, à droite duquel on trouve un appartement pour le dépôt d'agrès des bateaux de service et d'ustensiles qui servent aux procédés manuels de précaution, et, plus loin, l'escalier du concierge.

A gauche du même couloir, du côté de la mer, est l'appartement du préposé percepteur, et une fontaine pouvant ouvrir extérieurement, pour fournir de l'eau aux chaloupes des bâtimens mouillés à la chaîne du port.

On trouve au fond la grande salle publique, où sont exposées les déclarations des capitaines qui intéressent le commerce.

Elle est éclairée, au sud, par deux portes vitrées, défendues par des grilles qu'on ouvre pour distribuer, sur un balcon, les vivres des équipages de la chaîne. Près de là est le bureau de l'expéditionnaire des patentes de santé, qui sont délivrées au capitaine et passagers par une fenêtre ouvrant dans cette salle.

En poursuivant, on arrive au salon où le conservateur semainier se tient journellement pour expédier les affaires et recevoir, sur un balcon, les déclarations des capitaines. Cette pièce communique immédiatement avec les bureaux où se tiennent le secrétaire-archiviste, son adjoint et deux commis. Les archives sont dans l'étage supérieur.

Enfin, la dernière pièce, à l'ouest, est la salle où les conservateurs se réunissent pour tenir leurs assemblées.

Lorsqu'un capitaine porteur d'une patente nette aborde avec sa chaloupe (15) au balcon de la salle des déclarations, le conservateur semainier (16) fait retirer les étrangers: puis, se tenant à une distance convenable de la croisée, il lit la patente, qui a été plongée dans un bassin rempli de vinaigre, et il interroge le capitaine sur les circonstances de son voyage, après lui avoir fait prêter serment sur l'évangile de répondre à tout avec vérité. La déclaration étant achevée, on en donne lecture au déclarant, afin qu'il puisse rectifier la rédaction ou ajouter ce qu'il aurait pu avoir oublié. Celui-ci jette alors dans le bassin les lettres qu'il a apportées, et aux enveloppes desquelles il a fait des incisions. Elles sont visitées avec soin par les préposés, et celles qui contiennent des échantillons de draps ou autres matières susceptibles sont mises de côté pour être portées au lazaret.

Avant de retourner à Pomègue, le capitaine embarque avec lui des provisions et un garde de santé. Cet agent temporaire du bureau doit faire quarantaine avec l'équipage, et surveiller l'exécution des réglemens sanitaires, ainsi que toutes les épreuves et opérations qui doivent être effectuées à bord pour la purge des marchandises ou leur transport au lazaret (17).

---

(14) On distingue quatre espèces de patentes; savoir:

1.° *Les patentes nettes*, portent « que la santé est bonne, sans aucun soupçon de » peste ni de maladie contagieuse;

2.° *Les patentes touchées,* « que la santé est bonne, sans aucun soupçon de peste ni » de maladie contagieuse; mais qu'il arrive des bâtimens partis d'un lieu infecté, dont » les équipages jouissent cependant d'une bonne santé.

3.° *Les patentes soupçonnées,* « qu'il règne une maladie avec des caractères de mali- » gnité, qui se communique dans les familles et que l'on soupçonne pestilentielle; »

Ou bien, « qu'il y a libre communication avec les caravanes et les marchandises ve- » nant de lieux infectés. »

4.° *Les patentes brutes,* « que la peste a été reconnue dans le pays, et qu'il y a jour- » nellement des accidens; » ou bien, « que la peste est dans un lieu du voisinage, avec » lequel il y a communication réciproque et journalière, et d'où l'on expédie des mar- » chandises qui font partie de la cargaison du bâtiment. »

(15) Les chaloupes des bâtimens en quarantaine doivent, dans le trajet de Pomègue à Marseille ou au lazaret, éviter avec soin les abordages et porter une flamme de couleur au bout de la vergue.

(16) Si le semainier est absent, la chaloupe s'éloigne et va s'amarrer aux pilons de la chaîne, près desquels on a bâti sur pilotis deux cabanes où le capitaine peut se mettre à l'abri avec son équipage. Ces cabanes sont aussi destinées à leur servir d'asile dans le cas où le mauvais temps les empêcherait de retourner à Pomègue après la déclaration.

(17) Le nombre des individus que le bureau emploie en qualité de *gardes de santé,* est de soixante. Ils sont choisis parmi des hommes de bonnes mœurs, et le plus souvent de la classe des matelots. Ils sont mis en activité à tour de rôle, suivant l'ordre de leur liste, et ne reçoivent de salaire que dans cette circonstance. Ils sont porteurs d'une instruction très-détaillée sur les devoirs qu'ils ont à remplir.

Dans le cas de patente brute ou de soupçons sur la santé de l'équipage, la déclaration doit, ainsi qu'on l'a déjà dit, être faite au lazaret, avec des précautions qu'on indiquera ci-après, en décrivant cet établissement, et là on embarque, comme à Marseille, des vivres et le garde de santé.

Au retour de la chaloupe, le capitaine du bureau résidant à Pomègue reçoit par le garde les ordres des conservateurs (18).

Quelles que soient l'espèce de la patente et la nature des précautions ordonnées, on doit, avant d'ouvrir les écoutilles, débarquer les passagers qui veulent passer leur quarantaine au lazaret : autrement, celle-ci ne commencerait qu'à dater du jour de l'entrée de la dernière balle de coton dans ce même lazaret.

Les passagers qui ne restent point à bord, sont mis, à leur arrivée, sous la surveillance d'un garde de santé, qui ne les quitte pas pendant toute la quarantaine, et qu'ils entretiennent à leurs frais.

Ce premier soin rempli, si la patente est nette et que le bâtiment contienne des marchandises du genre susceptible, on procède immédiatement au déchargement de la partie de la cargaison qui doit être mise en purge au lazaret.

Mais si la patente est brute ou soupçonnée, le transport doit être précédé d'une opération appelée *sereine sur fer*, qui consiste à mettre successivement toutes les balles de coton sur le pont du navire, où elles sont ouvertes et exposées à l'air, dans tous les sens, pendant le nombre de jours déterminé par le genre de sereine auquel elles sont assujetties (19).

Les balles, exposées et décousues sur le tillac, sont recouvertes d'un filet d'espart, qui empêche que les flocons ne soient emportés par le vent.

On conçoit aisément de quelle importance doit être cette première opération, et combien ses résultats peuvent éclairer le bureau sur la nature des précautions à prendre par la suite; car il est évident que l'équipage, maniant les balles pour la première fois, et recevant les exhalaisons qui sortent de la cale au moment de l'ouverture des écoutilles, a subi la plus dangereuse de toutes les épreuves.

On diminue toutefois le danger, lorsque le bâtiment est fort suspecté, en faisant précéder la sereine de quelques jours d'observation, pendant lesquels on aère l'estive à l'aide de ventilateurs.

Le transport des balles au lazaret s'effectue par des bateaux de louage, dont les manœuvres sont faites avec des cordes de jonc ou d'espart, et dont les voiles sont seules du genre susceptible.

Lorsque le déchargement est terminé, on porte les rames au lazaret; les bateaux sont bien nettoyés par l'équipage, les voiles suspendues au mât, après avoir été trempées dans la mer; et le tout est abandonné dans l'un des ports de l'établissement, où les propriétaires viennent les reprendre avec un permis, au bout de vingt-quatre heures si la patente du navire était nette, et après trois jours de purge, si elle était brute ou soupçonnée.

Avant de quitter Pomègue, je ferai observer qu'il n'existe dans cette île que trois édifices peu considérables, appartenant à l'administration de santé; savoir : l'ancienne chapelle, servant aujourd'hui de dépôt pour les poudres pendant les sereines sur fer; la chapelle actuelle, vitrée, placée au fond du port sur un lieu élevé, de manière que les équipages puissent, de leurs bords, voir le prêtre à l'autel; enfin, la maison qui sert de logement au capitaine du bureau ainsi qu'aux deux préposés (20).

Cet officier, qui reste constamment à terre, sans communication immédiate avec les équipages en quarantaine, surveille cependant toutes les opérations, s'assure que ces équipages ne communiquent entre eux d'aucune manière, sur-tout à l'époque des déchargemens et distributions, et fait brûler à terre tous les débris de marchandises susceptibles qui sont ramassés sur les quais ou dans la cale des navires, lors du nettoyage qui s'exécute immédiatement après le déchargement. Il observe d'ailleurs avec soin la manière dont on met les balles en sereine, se place à cet effet sur les points élevés qui environnent le port, &c.

Les marchandises débarquées sur les ports du lazaret sont enlevées par des porte-faix choisis par l'armateur et agréés par le conservateur semainier. A leur entrée dans le lazaret, le concierge les visite à nud, pour s'assurer s'ils sont parfaitement sains, et il dresse l'inventaire de leurs effets, afin de les reconnaître à l'époque de leur sortie.

Ces porte-faix font quarantaine avec la cargaison et doivent exécuter toutes les opérations de purge auxquelles les diverses marchandises sont soumises. Ils sont commandés et dirigés dans leur travail par l'écrivain du bâtiment.

Celui-ci est l'homme de confiance du propriétaire; en faisant mettre les marchandises en purge d'après les ordres qu'il reçoit, il veille à ce qu'elles ne soient pas maltraitées et à ce que les diverses consignations ne soient pas confondues.

Il dresse l'état de tous les articles de la cargaison, en remet une copie au capitaine du lazaret, fait contradictoirement avec les préposés de l'établissement l'inventaire des pacotilles; enfin il ne quitte point les porte-faix et habite la même chambre qu'eux (21).

Description du Lazaret.

Le lazaret est situé au nord de Marseille, à environ 300 mètres de distance.

L'irrégularité de son plan tient à ce qu'il a été construit par parties et à diverses époques; mais cette irrégularité, motivée d'ailleurs par la forme du terrain, favorise sa division en enclos indépendans, dont plusieurs ont un port particulier, ce qui procure le précieux avantage de pouvoir isoler et classer les cargaisons suivant l'espèce de leur patente.

Le lazaret de Marseille est environné, du côté de la terre, par un double rang de murailles de 7 mètres 80 centimètres de hauteur, laissant entre elles un espace de 11 mètres de largeur, qui sert de cimetière.

Cette garantie a encore été jugée insuffisante, car on a exécuté en partie du côté de l'est, et à une distance beaucoup plus grande, une troisième muraille, aussi élevée que les deux autres, et qui doit être séparée des propriétés environnantes par une voie publique, ce qui facilitera les moyens de faire cerner le lazaret par un cordon de troupes, lorsque les circonstances l'exigeront.

(18) Il correspond d'ailleurs avec eux par le moyen d'un bateau de service qui va tous les jours au lazaret chercher des provisions pour les équipages. Ceux-ci vont successivement les prendre sur le quai de Pomègue, où l'on a soin de séparer par des intervalles convenables les vivres destinés à chaque bâtiment.

(19) Dans la *grande sereine*, pour les bâtimens de patente brute, les premières balles sorties de la cale restent exposées six jours sur le pont avant d'être transportées au lazaret; le deuxième rang de balles, qui, pendant ce temps, a reçu de l'air par les écoutilles, ne reste que quatre jours, et tous les autres rangs successifs deux jours seulement. Le plus souvent trois expositions suffisent pour la totalité de la cargaison.

Dans la petite sereine, pour les bâtimens de patente soupçonnée, les nombres de jours d'exposition sont trois, deux et un.

Diverses circonstances, telles que la mort de quelque individu de l'équipage, font quelquefois prolonger la sereine.

(20) La maison du capitaine du bureau est précédée d'une terrasse sur laquelle se rendent les quarantenaires pour y recevoir les ordres relatifs au service, lorsqu'ils y ont été appelés par le nombre de coups de cloche convenu.

(21) La chambrée composée de l'écrivain et de ses porte-faix porte le nom de *voile*.

Des clôtures intérieures divisent l'établissement en neuf parties distinctes, savoir (22) :

Trois enclos principalement destinés à la purge des marchandises.

Ils portent les noms de *petit enclos*, *partie inférieure du grand enclos*, et *nouvel enclos*.

Un enclos pour les poudres.

Quatre enclos pour les malades.

Ce sont, à compter de la partie supérieure, les enclos dits *de Saint-Roch*, *du Cassadou*, *du Puits* et *du Belvédère*.

Enfin la neuvième partie est le vaste emplacement nommé la *partie supérieure du grand enclos;* elle enveloppe le petit enclos, contient les avenues de tous les autres, et comprend les barrières ou parloirs, le logement du capitaine, l'auberge, les écuries et la prison. Elle offre en outre un espace libre pouvant servir de promenade aux quarantenaires.

Il existe encore un établissement particulier attenant au lazaret, mais non compris dans la double enceinte; c'est l'enclos où les cuirs, venus du Levant dans leur saumure, et qui servent ordinairement de lest aux bâtimens, sont déposés pour y être séchés (23).

Quant au mouvement général du terrain, on fera remarquer que l'emplacement des quatre enclos des malades forme un promontoire séparé par son élévation de toutes les autres parties, sans cesse purifié par le vent du nord, et accessible du côté du sud seulement; et que, d'un autre côté, la prairie du grand enclos, s'élevant en colline, arrête tous les flocons que le vent pourrait enlever du petit enclos.

Pour la description particulière des divers enclos, nous adopterons l'ordre suivant :

1.° La partie supérieure du grand enclos;

2.° Les quatre enclos des malades;

3.° Les trois enclos pour la purge des marchandises;

4.° L'enclos des poudres.

1.° *Partie supérieure du grand Enclos.*

La partie supérieure du grand enclos a deux entrées du côté de terre. L'une, pratiquée dans le mur de l'est, est fermée par trois portes correspondant aux trois clôtures qui existent de ce côté : elles ne s'ouvrent que pour l'introduction des matériaux destinés aux constructions.

L'entrée principale est au sud, et sa garde est confiée à un concierge secondé par deux aides. Les clefs en sont remises, chaque soir, au capitaine du lazaret, en présence duquel on ferme les portes : celles-ci restent ouvertes pendant le jour, à l'exception de celle intérieure; et c'est par un guichet qu'on reçoit les provisions destinées aux quarantenaires, ou qu'on laisse entrer et sortir, après les visites convenables, les individus porteurs de permis du bureau.

On entre d'abord dans un vestibule garni de bancs, qui forme le rez-de-chaussée du pavillon du concierge, et d'où l'on ne pourrait pénétrer dans l'intérieur du lazaret qu'après avoir franchi une petite cour entourée de grilles, qui tient les quarantenaires écartés. Cette cour renferme un bassin en pierre, dans lequel ceux-ci, lorsqu'ils sont appelés, viennent verser, en présence du concierge, les marchandises non susceptibles dont la livraison a été autorisée pendant le cours de la purge, et qui sont enlevées ensuite par les externes, lorsque la place est devenue libre.

Le vestibule communique avec les *parloirs* ou *barrières* qui se trouvent de chaque côté du pavillon, et où les amis des quarantenaires peuvent s'entretenir avec eux, lorsqu'ils ont obtenu des permissions du bureau. Ces édifices sont divisés, dans le sens de leur longueur, en deux parties laissant entre elles un intervalle de 3 mètres, non couvert, et chaque partie est fermée intérieurement par une haie ou barrière en bois, formée de barreaux distans de 13 centimètres.

Dans le milieu de l'espace libre s'élève un grillage en fil de laiton, à mailles très-serrées, qui se recourbe en berceau du côté des externes. Le but de toutes ces dispositions est de séparer ceux-ci des quarantenaires par un courant d'air toujours renouvelé, et d'empêcher qu'aucun objet ne puisse passer d'un côté à l'autre (24).

A côté du pavillon du concierge, on a disposé un local pour la purification des lettres et papiers, qui se fait dans une boîte de plomb, en présence des personnes à qui ils doivent être remis; et comme cette opération exige que les enveloppes soient enlevées, le capitaine de navire ou le passager qui était porteur des paquets, doit également y assister. Lorsqu'il s'agit de dépêches du gouvernement, le capitaine du lazaret dresse un procès-verbal de leur remise, qu'il fait signer par l'agent des relations extérieures.

Si l'on est introduit dans le lazaret, on suit, entre la prairie et le mur du petit enclos, une avenue dont la largeur (11 mètres) est assez grande pour que les écrivains, porte-faix, gardes et passagers attachés aux diverses quarantaines puissent y circuler facilement, à une distance convenable les uns des autres.

De là, le premier objet qui se présente à la vue est la maison du capitaine, située au pied de la hauteur occupée par les enclos des malades, et qui, par sa position près la rencontre des chemins qui conduisent aux divers enclos, favorise la surveillance que ce commandant en chef doit exercer sur toutes les parties du service.

Les fonctions de ce premier officier du lazaret sont très-étendues : car rien ne se fait sans son ordre dans l'établissement. Il reçoit lui-même celui du bureau qui a proposé sa nomination au ministre de l'intérieur, et il le tient continuellement informé de tout ce qui se passe. Il surveille les employés de tous les enclos, et s'assure par ses propres yeux de la manière dont on procède aux opérations de purge. Il assigne la place que chaque cargaison doit occuper, reçoit les passagers, et les installe dans leur logement. Il fait administrer à tous les quarantenaires les parfums et fumigations, et en exige le prix, ainsi que le salaire des gardes de santé établis près des passagers. Toutes les clefs sont déposées chez lui chaque soir. Il ne confie jamais à personne celle d'un enclos qui renferme un pestiféré, et il assiste, par conséquent, dans ce cas, à la distribution des vivres et aux visites des médecin et chirurgien. Il fait ensevelir les décédés avec les précautions convenables. Il s'assure, la nuit, par des rondes, de la vigilance de la garde nocturne, faite, à tour de rôle, par les *onze* employés du lazaret (surveillans ou portiers). Enfin,

(22) Le plan du lazaret de Marseille *(Planche 5)*, tel qu'il m'a été communiqué, contenant des dénominations un peu différentes de celles indiquées dans la description de cet édifice, je crois devoir ajouter ici une explication. Ce lazaret doit être considéré d'abord comme divisé en deux parties principales : la première est l'ancien lazaret ou *grand enclos*, qui se divise lui-même en plusieurs enclos particuliers, savoir : partie inférieure ou *enclos Saint-Roch*, *partie supérieure*, qui comprend, savoir : *le petit enclos*, au midi les grilles ou parloir, au nord le logement du capitaine, l'auberge, les écuries, la prison et enfin la promenade des quarantenaires; la seconde partie se compose du *nouvel enclos*, dit *Saint-Lazare*, et du *plan de Belle-Étoile*.

(23) Ce dépôt a lieu immédiatement après le déchargement des marchandises susceptibles, si la patente est nette; à la demi-quarantaine lorsqu'elle est brute. Le débarquement des cuirs s'effectue sur une partie du quai du port du nord entièrement séparée par un mur de celle affectée aux autres marchandises; il s'exécute sous la surveillance du garde de santé attaché au bâtiment d'où ils proviennent, et toujours en présence d'un des portiers du nouvel enclos. Ces deux employés examinent les cuirs pour s'assurer qu'aucun objet du genre susceptible n'y est adhérent; ils font remettre dans le bateau ce qui est étranger à ces peaux, ainsi que les cuirs déjà secs, afin de les porter au lazaret pour être *purgés* avec le reste de la cargaison. Du reste, cet enclos, sur la description duquel on ne reviendra plus, contient un logement pour l'employé du bureau, qui y demeure avec sa famille, et un hangar pour déposer les cuirs à mesure qu'ils deviennent secs, et d'où ils sont enlevés librement par les propriétaires.

(24) Les quarantenaires ne peuvent se présenter aux parloirs que lorsqu'ils sont appelés par un certain nombre de coups de la cloche placée au-dessus du pavillon du concierge.

comme chef de la police, il punit les contraventions légères par des arrêts; mais il en réfère aux conservateurs lorsqu'il s'agit de délits graves.

Pour bien remplir des fonctions si nombreuses et si délicates, il faut n'être jamais distrait par des soins étrangers : aussi le capitaine est-il ordinairement choisi parmi les célibataires; et s'il est marié, l'entrée du lazaret est interdite à sa famille, comme à toute autre personne étrangère au service. Mais, afin de n'être pas absolument seul, il loge avec lui un des employés du lazaret. Il ne peut d'ailleurs s'absenter que pendant quelques heures, et seulement lorsqu'il n'y a pas de maladie suspecte (25).

On a dû chercher à adoucir, autant que possible, l'espèce d'exil d'un homme consacré à un dévouement de tous les instans, et cette considération, jointe à celle du rôle qu'il joue dans l'établissement, lui ont fait assigner une habitation commode, agréablement située sous le rapport de la vue, et environnée de jardins.

On a eu soin, en distribuant le bâtiment, d'y ménager un salon indépendant, où les externes admis, tels que les conservateurs et officiers de santé, pussent conférer ensemble sans communiquer avec le capitaine, lorsque celui-ci se trouve en état de quarantaine, comme il arrive toutes les fois qu'il y a des pestiférés au lazaret.

A quarante pas de la maison du capitaine, on trouve l'auberge, qu'il était indispensable de placer ainsi sous sa surveillance immédiate, afin qu'il ne se commît aucune infraction aux règles dans les rassemblemens journaliers et fréquens qui peuvent s'y former lors de la distribution des vivres aux gardes et autres quarantenaires.

L'auberge est entourée d'une barrière que les quarantenaires ne peuvent franchir, et au travers de laquelle on leur fait passer ce qu'ils ont demandé, en usant des précautions convenables. L'aubergiste, ses cuisiniers et ses garçons, qui doivent être agréés par le conservateur semainier, ne peuvent pénétrer dans aucun enclos, sans la permission expresse du capitaine, qui les fait alors accompagner par un des surveillans.

L'aubergiste, qui n'est pas salarié, mais qui est logé gratuitement, fournit la nourriture des gardes à un taux fixé, et compte pour cet objet avec le bureau. Dans le cas de non-paiement des dépenses faites par les quarantenaires, il demande au capitaine que les bagages du débiteur soient arrêtés en nantissement. Les quarantenaires peuvent, d'ailleurs, se procurer les alimens par toute autre voie.

L'enclos des écuries est en face du logement du capitaine et attenant au petit enclos. On y trouve un bâtiment contenant deux écuries distinctes, ayant chacune au-dessus un grenier à foin et un logement de palefrenier. L'abreuvoir, placé dans la cour, est commun. C'est en ce lieu qu'on amène les chevaux ou autres quadrupèdes débarqués au port du petit enclos, et qu'on les fait passer entre les deux murs de l'ouest, sans aucune communication avec les hommes ou marchandises en purge.

La prison, située à peu de distance des écuries et en vue du logement du capitaine, contient cinq chambres ou cachots.

2.° *Les quatre Enclos des Malades.*

On les appelle ainsi parce qu'ils sont destinés aux passagers ou autres quarantenaires malades. On y loge cependant quelquefois des passagers en bonne santé, lorsqu'il n'y a plus de place à la galerie de la partie inférieure du grand enclos. (*Voyez* ci-après.)

L'enclos de Saint-Roch, qui est le plus reculé et en même temps le plus élevé, est particulièrement réservé pour les pestiférés, et les enclos du Cassadou et du Puits pour les personnes attaquées de maladies ordinaires. On a établi au devant de l'entrée de chacun de ces trois enclos une barrière intérieure en fer, distante de six mètres de la muraille, et fermée par une porte; c'est à travers ces barreaux qu'on fait passer tous les objets nécessaires aux malades.

L'enclos de Saint-Roch contient onze chambres contiguës exposées à l'ouest. La dernière ouvre à l'extérieur, et ses fenêtres, percées du côté de l'enclos, sont garnies de grilles en fer et de réseaux de laiton.

Ces ouvertures donnent les moyens de surveiller l'intérieur de l'enclos, sans être obligé d'y pénétrer, et établissent une communication exempte de dangers entre les gardes extérieurs placés dans cette chambre et ceux consignés dans l'enclos.

Les enclos du Puits et du Cassadou ont chacun une chambre semblable attenante à l'enclos voisin, et de laquelle on peut voir ce qui se passe dans les deux enclos.

L'enclos du Cassadou contient six chambres, celui du Puits cinq, et celui du Belvédère cinq, toutes exposées au midi. Enfin on trouve dans chacun des quatre enclos une fontaine, un lavoir et une issue dans un cimetière.

3.° *Les trois Enclos pour la Purge des marchandises.*

On décrira ces enclos dans l'ordre suivant :

La partie inférieure du grand enclos, dit *enclos Saint-Roch,* destinée à la purge des cargaisons de patente nette, et qui renferme dans son enceinte la galerie des passagers;

Le petit enclos, principalement réservé pour les marchandises provenant des bâtimens pestiférés ou porteurs de patentes brutes;

Enfin, le nouvel enclos ou *enclos Saint-Lazare.*

Partie inférieure du grand Enclos, désignée sur le plan gravé sous le nom de Saint-Roch.

Cette partie de l'établissement, située sur une langue de terre qui s'avance dans la mer, est accessible par le port du midi, et par celui du nord, où l'on a ménagé un bassin uniquement destiné au service de cet enclos. Cette disposition est extrêmement avantageuse, parce qu'elle permet de décharger à-la-fois deux bateaux provenant de cargaisons différentes, ou bien d'amener par l'un des ports les marchandises à mettre en purge, tandis qu'on enlève en même temps par l'autre celles dont la quarantaine est terminée.

Le bâtiment qui sert de logement aux passagers en bonne santé, et qu'on appelle *galerie des passagers,* est adossé à la clôture nord de l'enclos. Cet édifice n'a d'autre ouverture à l'extérieur que la porte du milieu, par laquelle on communique avec le port.

Sa façade, agréablement exposée au midi, avec la vue de la mer, présente au rez-de-chaussée un portique de vingt arceaux, et à l'étage supérieur une galerie soutenue par des colonnes et d'où l'on entre dans les appartemens. Ceux-ci sont au nombre de neuf, et peuvent contenir chacun trois passagers d'un même navire, avec leur garde. Un dixième appartement est destiné à l'employé chargé particulièrement de la surveillance de la galerie, dont il ferme la porte tous les soirs (26).

---

(25) Il ne s'absente jamais la nuit sans une permission du bureau; et, dans ce cas, il faut qu'un des conservateurs ait consenti à surveiller lui-même le service.

Lors de ces absences momentanées, il prévient toujours son lieutenant, qui habite dans le nouvel enclos, et dont on parlera ci-après.

(26) Cet employé veille à ce que les passagers des diverses voiles ne communiquent point entre eux; il s'assure que les hardes qui leur ont été laissées pour leur usage journalier sont exactement mises à l'évent sur des cordes, &c.; il concourt aussi avec les portiers à faire observer les réglemens pour la purge des marchandises déposées dans l'enclos.

Le rez-de-chaussée est distribué de la même manière que la galerie, et un seul de ces derniers appartemens est réservé pour le dépôt des pacotilles cousues, ainsi qu'on le dira ci-après.

La chapelle est à l'est des bâtimens.

Les passagers assistent à l'office divin dans une tribune de plain pied avec la galerie; les autres quarantenaires (écrivains et porte-faix), rangés par *voiles* ou *chambrées*, se tiennent sous le portique séparé de la chapelle par un vitrage. D'après ces dispositions, aucun individu en cours de quarantaine ne pénètre dans l'intérieur de la chapelle.

Tous les autres établissemens de la partie inférieure du grand enclos sont destinés au dépôt des marchandises.

Les balles de coton en laine restent exposées en plein air et sont placées sur des files de banquettes en pierre de taille, élevées d'un pied au-dessus du sol; là elles sont disposées sur un seul rang et ouvertes tantôt d'un côté, tantôt de l'autre (27). Deux emplacemens sont garnis de ces banquettes: l'un, à l'est, est traversé par le chemin qui conduit de la porte intérieure à celle du port du nord; l'autre, appelé *plan de Saint-Roch*, se trouve placé de manière à recevoir les balles débarquées sur l'un ou l'autre port; il est limité par deux grands corps de halle où l'on met en purge les pacotilles et les marchandises qui ne pourraient rester à l'air sans se détériorer.

Une partie des divisions intérieures de ces halles forme des magasins fermés, et la halle de l'ouest présente en outre un étage supérieur dit *surhaussement*, auquel on parvient par des rampes aboutissant aux extrémités nord et sud. D'un côté est le magasin des hardes des morts (28), fermé par des grilles et exposé à toute l'impétuosité des vents d'ouest; et de l'autre on trouve le magasin des pacotilles.

Le lecteur trouvera dans les réglemens de santé de l'administration de Marseille, dont ce travail n'est à proprement parler que l'extrait, tous les renseignemens qu'il peut desirer sur les opérations de purge suivant l'espèce des marchandises et la nature des patentes: nous nous bornerons à faire remarquer ici, 1.° que ces opérations ont toutes pour but d'aérer les marchandises, et sur-tout les enveloppes ou emballages, qui sont d'un genre susceptible; 2.° que les magasins doivent être partagés en cases isolées, afin de pouvoir bien séparer les diverses cargaisons et procéder à la purge de chacune sans communications avec celle d'une autre quarantaine.

L'observance exacte de cette condition essentielle doit être l'objet de toute la sollicitude des employés du lazaret, dont le premier soin est de faire placer les divers articles d'une même cargaison dans des lieux contigus, dépendans d'un même quai de débarquement et d'une même route pour le transport. C'est aussi dans la crainte des communications qu'on défend de pénétrer dans aucun magasin fermé, sans être accompagné du lieutenant chargé de tenir, contradictoirement avec les écrivains, l'état des pacotilles, et qui a seul la clef de l'une des serrures de ces magasins, tandis que la clef de la seconde serrure est entre les mains d'un des écrivains de l'enclos.

Enfin, c'est dans la même vue que les pacotilles, recousues cinq jours avant l'expiration de la quarantaine, sont immédiatement transportées dans un magasin de dépôt situé près la porte du port, sous le portique des passagers; car on évite, par cette précaution, que les porte-faix, le dernier jour de leur quarantaine, ne soient dans l'obligation de pénétrer dans des magasins remplis de marchandises mises récemment en purge.

En prolongeant du côté de l'est l'alignement de la galerie des passagers, on trouve un bâtiment situé sur une élevation, et comprenant huit cases destinées aux porte-faix et écrivains d'un pareil nombre de cargaisons. Ces voiles ou chambrées sont sous la surveillance de l'employé de la galerie, qui a soin d'ouvrir et de fermer les portes aux heures fixées.

Avant de quitter cette partie du lazaret, on ajoutera que les deux portiers des portes de la marine, qui doivent surveiller sans cesse les embarquement, débarquement et transport des marchandises, sont obligés de passer la nuit sur le quai, dans des loges construites à cet effet, toutes les fois qu'un bateau venant de Pomègue n'a pu être entièrement déchargé pendant le jour. Ces portiers sont d'ailleurs chargés du soin d'entretenir les quais parfaitement nets, et s'opposent à ce que tout bateau venant de Marseille pour enlever les objets purgés, s'approche d'un quai encore embarrassé par ceux en état de quarantaine.

Petit Enclos.

Le petit enclos est toujours tenu en réserve pour la purge des marchandises provenant d'un bâtiment auquel il serait survenu des accidens de peste pendant le voyage, ou qui serait fortement soupçonné de receler des germes pestilentiels; et le capitaine du lazaret ne peut assigner aucune place dans cet enclos, sans y avoir été autorisé par le bureau.

D'après cette destination, on a dû prendre toutes les précautions possibles pour éviter les communications, non-seulement avec les autres enclos, mais encore entre les diverses cargaisons qui font quarantaine dans cet emplacement. C'est pourquoi, d'une part, le port est séparé du reste de la côte par une haute muraille, et l'enclos est ceint de doubles murs, même du côté de terre; tandis que, dans l'intérieur, les chambres destinées aux écrivain et porte-faix de chaque voile sont construites isolément, et séparées par un mur du lieu de dépôt des marchandises. L'enclos lui-même est divisé en deux parties indépendantes, dont les portes intérieures sont diamétralement opposées. Ces deux parties ont, en outre, chacune une autre porte dans le tambour de celle de la marine, destinée à l'entrée et à la sortie des marchandises.

Les halles qui n'ont pas de surhaussement, et les banquettes servant à la purge, n'offrent d'ailleurs rien de particulier.

C'est dans le port du petit enclos, qui est parfaitement isolé et peu fréquenté, qu'on envoie les capitaines porteurs de patentes brutes, pour y faire leurs déclarations. Le bureau destiné à cet usage est établi dans le vide de la double enceinte, près le tambour des portes: il consiste en deux chambres séparées par un espace libre de douze pieds; celle où se place le capitaine est adossée au mur du tambour, et n'est fermée, au nord et à l'est, que par un grillage en barreaux de bois.

Le conservateur se rend dans l'autre, et reçoit la déclaration par une fenêtre qui s'ouvre au sud.

Cette déclaration doit contenir toutes les circonstances du voyage; et lorsqu'il est mort pendant son cours une personne de l'équipage, il doit en être fait une déclaration spéciale, avec tous les renseignemens possibles sur les symptômes de la maladie, sa durée, l'emploi des hardes du mort, &c. On prend d'ailleurs toutes les précautions convenables pour la purification des papiers dans le vinaigre et l'examen des paquets qui pourraient renfermer des échantillons.

Les employés du petit enclos sont le surveillant, logé dans la maison du capitaine du lazaret, et le portier des portes de la marine. Au reste, la partie nord de cet enclos se trouve sous les yeux du capitaine, et le concierge de la grande porte est, ainsi que ses aides, chargé de surveiller en tout temps

(27) Quelquefois même les cotons sont mis en gerbier, c'est-à-dire, entièrement déballés; dans ce cas, ils sont recouverts par un filet d'espart.

(28) Ces hardes restent suspendues sur des cordes trente jours après l'expiration de la quarantaine de l'équipage dont le décédé faisait partie. Elles sont alors rendues à qui de droit, et les effets non réclamés sont transportés dans un bâtiment situé près de la halle de l'ouest, qui sert en outre de lieu de dépôt pour les ustensiles des maçons.

la partie du sud, ce qu'ils peuvent faire sans quitter leur logement.

Nouvel enclos Saint-Lazare.

Son nom indique qu'il est d'une construction plus récente que les autres, et ce n'est en effet qu'en 1757 qu'il a reçu tout son agrandissement. Il renferme, comme les premiers, des *plans* garnis de banquettes, des magasins couverts et des logemens pour les porte-faix et les écrivains; mais il est remarquable par la régularité de sa disposition, par la beauté de ses halles à deux rangs d'arceaux, et par sa vaste étendue, qui a mis dans la nécessité d'en confier la surveillance immédiate à un officier particulier ayant le titre de *lieutenant du lazaret* (29).

Pour faciliter le débarquement ou l'embarquement simultané de plusieurs cargaisons, les quais du nouvel enclos sont séparés en deux parties, par un mur à hauteur d'appui, qui n'empêche pas la surveillance générale, et chaque partie correspond à une porte particulière.

La porte principale dessert les quais du nord et de l'est, et c'est par la seconde qu'on introduit les marchandises débarquées sur le quai du sud.

En entrant par la première, on trouve de chaque côté des chambres pour les porte-faix; à droite, sur le même alignement et près de la seconde porte, un magasin pour les pacotilles recousues qui ont subi, dans les magasins fermés, toutes les opérations de purge; enfin, plus loin encore du même côté, la maison du lieutenant, bien exposée, accompagnée de jardins, et sous les fenêtres de laquelle on est obligé de passer en arrivant par le grand enclos.

En face de la porte se présentent d'abord deux halles de trente-neuf mètres sur dix-neuf mètres, dites *les petites halles du sud et du nord*. Si l'on suit l'avenue qui les sépare, on rencontre derrière elles des files de banquettes, puis deux autres halles de cinquante-quatre mètres sur trente-cinq mètres, dites *les grandes halles du sud et du nord*, et l'on parvient enfin au vaste emplacement appelé *le plan de Saint-Lazare*, garni d'un grand nombre de banquettes et environné de chambres pour les diverses voiles.

On arrive aux surhaussemens des halles du sud par le plan de Belle-Étoile, dont le sol est au niveau de leur plancher, et la communication est établie par des ponts.

Des ponts semblables sont jetés entre les halles du nord et une avenue en terrasse, dite le *trottoir des Malons*.

Une partie de la surface du plan de Belle-Étoile est occupée par des banquettes, et l'on trouve à l'extrémité un rang de chambres qui limite au sud le plan de Saint-Lazare, mais sans aucune communication avec lui.

Du reste, le classement des voiles, dans le nouvel enclos, est établi de la manière suivante :

1.° Les sept chambres attenantes aux portes du port sont occupées, l'une par un des portiers, et les six autres par autant de voiles, dont les marchandises sont déposées dans les petites halles et sur les banquettes qui sont au devant.

2.° Les cargaisons déposées sur les banquettes du plan de Belle-Étoile, et dans le surhaussement de la grande halle du sud, sont desservies par des porte-faix logés dans les chambres situées à l'extrémité du plan. Celles-ci sont au nombre de neuf, et l'une d'elles est réservée pour le logement d'un surveillant.

3.° Enfin, les quinze chambres du plan de Saint-Lazare (neuf à l'est et six au nord) sont destinées aux voiles attachées aux cargaisons mises en purge sur ce plan, dans le rez-de-chaussée de la grande halle du sud, et dans la totalité de la grande halle du nord. Une seule de ces chambres est habitée par un des portiers de la marine.

Ce détail indique les logemens de deux portiers et d'un surveillant. Il y a en outre dans cet enclos un quatrième employé portant aussi le titre de surveillant, et qui loge dans la maison du lieutenant, auquel il sert de compagnie.

4.° *L'Enclos des Poudres.*

L'enclos des poudres a une porte extérieure particulière. Il est divisé en deux parties : la plus petite est le magasin de purge (30) des poudres appartenant aux bâtimens en quarantaine; la deuxième sert de dépôt pour celles des bâtimens ancrés dans le port de Marseille. A l'angle de cette dernière enceinte est une ancienne tour qui sert de logement au préposé surveillant du dépôt; cet employé s'absente pendant la nuit, parce qu'il ne lui est pas permis d'avoir du feu.

Le concierge de la grande porte est chargé de faire mettre en purge les poudres, et d'en délivrer les reçus aux propriétaires.

La porte de communication avec le dépôt ne s'ouvre qu'en sa présence, et seulement lorsqu'il s'agit d'y faire passer des poudres dont la quarantaine est finie.

L'enclos des poudres est gardé, jour et nuit, par des troupes dont le corps-de-garde est adossé au mur extérieur.

En parcourant les divers enclos du lazaret, nous n'avons pas toujours eu soin d'indiquer la distribution des eaux, qui doivent être, pour ainsi dire, prodiguées dans un pareil établissement.

On compte en effet, dans le lazaret de Marseille, trente-quatre fontaines jaillissantes, treize lavoirs, deux réservoirs et une grande citerne près l'enclos Saint-Roch, contenant 5328 hectolitres. Les eaux du nouvel enclos sont fournies par les sources trouvées dans l'enclos même, et les autres proviennent d'une prise faite près la porte d'Aix au grand aqueduc de la ville.

La description sommaire qu'on vient de terminer, ne ferait connaître qu'imparfaitement toutes les convenances de l'établissement, si l'on n'y ajoutait quelques détails sur les précautions usitées dans le cas, heureusement assez rare, où l'on y reçoit quelque individu atteint de mal contagieux.

Si le malade suspecté est à bord du bâtiment mouillé à Pomègue, on le transporte au lazaret dans une chaloupe qui aborde au port du petit enclos, et qui, pendant la traversée et le retour, est constamment observé et suivi par un bateau de garde.

Le malade est d'abord déposé dans un appartement construit pour cet usage à l'angle de l'enceinte près l'enclos des écuries, et là il reçoit la première visite des médecins et chirurgiens, qui l'interrogent et l'examinent à travers un grillage en bois, en présence du conservateur semainier. Si la maladie est reconnue ou soupçonnée pestilentielle, le conservateur déclare aussitôt que le capitaine et tous les employés du lazaret sont consignés dès ce moment, et en état de quarantaine.

Les externes se retirent en même temps pour qu'on procède à la translation du malade à l'enclos Saint-Roch : celle-ci s'exécute par le chemin le plus court, en entrant par le tambour de la marine, passant entre les murs de la double enceinte, traversant l'enclos des écuries ainsi que la grande avenue, et montant enfin le chemin de la colline qui conduit à la porte de l'enclos.

---

(29) Le lieutenant nommé par le bureau est sous les ordres du capitaine et le supplée en cas d'absence ou de maladie. Il fait fermer tous les soirs en sa présence la porte d'entrée du côté du grand enclos; mais le capitaine en conserve une clef de son côté, en sorte que ces deux officiers peuvent communiquer et faire des rondes à toute heure de la nuit. Le lieutenant tient d'ailleurs, contradictoirement avec les écrivains des bâtimens, l'état des marchandises déposées dans les magasins fermés de tous les enclos.

(30) Les opérations de purge des poudres consistent à enlever toutes les matières susceptibles qui se trouveraient à l'extérieur des barils ou caisses, et à faire ouvrir ceux-ci lorsqu'ils contiennent des sacs.

Pendant la durée de l'opération, les parloirs sont fermés, les lieux de passage et la grande avenue sont interdits, et la circulation n'est rétablie qu'après que le capitaine, étant retourné sur la route déjà parcourue par le pestiféré, s'est assuré qu'il n'y reste aucun débris du genre susceptible.

On fait entrer dans l'enclos la personne de l'équipage qui veut bien servir le malade, et lorsque par la suite il devient nécessaire de faire à celui-ci quelque incision qu'il ne voudrait ou ne pourrait exécuter lui-même, on cherche un élève chirurgien qui consente à se dévouer, et on l'enferme aussi dans l'enclos. On assigne une chambre particulière à chacun de ces deux individus, auxquels on donne des sabots de bois, une tunique, des pantalons et des gants de toile cirée, dont ils se revêtent pour entrer dans la chambre infectée, où ils entretiennent, pendant tout le temps qu'ils sont obligés d'y rester, des fumigations muriatiques continuelles.

Ils se servent d'une planche pour présenter au malade ce qui lui est nécessaire, emploient pour les incisions des instrumens à longs manches, et évitent soigneusement tout contact.

Deux gardes de santé établis dans l'intérieur de l'enclos pour surveiller le malade, le servant et l'élève chirurgien, sans communiquer avec eux, instruisent à chaque instant le capitaine de tout ce qui se passe, par l'intermédiaire de deux autres gardes placés dans la chambre grillée ouvrant à l'extérieur et dont on a parlé ci-dessus.

Lors des visites fréquentes des officiers de santé, ceux-ci, accompagnés du conservateur chargé d'y assister, et précédés à une distance convenable par le capitaine, s'arrêtent à trois toises de la porte de l'enclos; le capitaine se place sur le seuil, et le malade se présente à la barrière de fer, les plaies découvertes et lavées (31); s'il ne peut s'y transporter, ceux qui l'assistent viennent y rendre compte de son état. Pendant toute la visite, le capitaine veille sans relâche à ce que le vent ne porte hors de l'enclos aucun objet du genre susceptible; et si, malgré ses soins, il venait à être atteint, il devrait s'enfermer lui-même dans un des enclos du lazaret, où il resterait tout le temps que le bureau jugerait nécessaire pour s'assurer des suites du contact.

Les alimens destinés aux individus logés dans l'enclos infecté, sont déposés par l'aubergiste au pied de la colline, et repris, après son départ, par l'un des gardes de la chambre extérieure.

La porte de l'enclos étant ensuite ouverte par le capitaine, le garde verse les portions dans les ustensiles à l'usage de chacun, qui sont rangés sur le socle de la barrière intérieure. Pendant cette opération, que le capitaine surveille particulièrement, le distributeur évite avec soin tout contact de ces ustensiles avec les vases qu'il tient : dans le cas d'accident, il laisserait le vase touché, et il serait obligé de s'enfermer lui-même dans l'enclos s'il était atteint en sa personne. Les vases vides sont ensuite reportés dans une cuve pleine d'eau, à l'endroit où ils avaient été déposés, et d'où ils sont enlevés par l'aubergiste.

Lorsque le pestiféré succombe, il est porté dans le cimetière attenant à l'enclos, et enterré dans la chaux vive.

La quarantaine pour la purification des personnes qui ont été renfermées dans l'enclos, doit durer quatre-vingts jours et commence le lendemain du jour de la désinfection de l'enclos, qui s'opère elle-même immédiatement après la guérison (32) ou le décès du malade.

La désinfection de l'enclos, surveillée du dehors par un conservateur, consiste à jeter dans un grand feu allumé en plein air tous les vêtemens et autres objets susceptibles qui étaient à l'usage du pestiféré et de ceux qui l'avaient approché, auxquels on délivre ensuite des vêtemens et des lits nouveaux. Ils brûlent au même instant toutes les balayures des anciennes chambres, qu'ils ne doivent plus habiter, dont le pavé est soigneusement lavé avec du vinaigre, et qui, après des fumigations fréquemment répétées dans le cours de la purge, sont enfin blanchies par eux avec de la chaux. Ces individus subissent, ainsi que les gardes de santé, qui ne changent pas de chambre, diverses fumigations dont le nombre et les époques sont fixés pour chacun d'eux en raison de la nature de leur service. Enfin, toutes les purifications doivent être terminées au bout de quarante jours : alors seulement les mesures extraordinaires cessent, la consigne des employés du lazaret est levée, la porte de l'enclos reste ouverte pendant le jour, et le pestiféré ainsi que ses compagnons rentrent dans la classe des autres quarantenaires.

La purge de la cargaison d'un bâtiment pestiféré exige aussi un temps beaucoup plus long et des précautions particulières, pour le détail desquelles on renverra encore aux réglemens du bureau de santé. Il suffira de dire ici,

1.° Qu'on fait subir à ces bâtimens, avant les sereines, une quarantaine d'observation de vingt jours, qui recommence toutes les fois qu'une personne de l'équipage tombe malade, et que, pendant ce temps, l'estive est aérée par des ventilateurs et par l'enlèvement de plusieurs bordages;

2.° Que les divisions de la sereine sur fer, qui s'exécute sur des alléges sans agrès, sont de vingt, quinze et douze jours;

3.° Que les balles sont transbordées à l'aide de crocs, afin d'éviter leur contact;

4.° Qu'après la sereine, on lave le pont du navire, on introduit dans la cale trois ou quatre pieds d'eau qu'on y laisse pendant quatre jours, après quoi on la purifie par des fumigations souvent répétées;

5.° Qu'on tient submergés pendant quelque temps les alléges qui ont servi aux transports, après les avoir nettoyés et avoir brûlé les balayures dans le petit enclos;

6.° Enfin, que la quarantaine de purge, qui date du jour de l'entrée de la dernière balle au lazaret, est de quatre-vingts jours pour les marchandises, que, pendant ce temps, on s'attache sur-tout à bien purifier les hardes, &c. &c.

Nous ne devons pas quitter le lazaret de Marseille sans donner quelques détails sur la manière dont cet établissement, disposé pour contenir une grande quantité de marchandises, et un petit nombre de passagers, fut rendu tout-à-coup propre à recevoir les armées d'Orient, lors du retour de l'expédition d'Égypte.

La grande halle de la partie inférieure du grand enclos fut d'abord transformée en hôpital : le rez-de-chaussée pour les blessés et convalescens, et l'étage supérieur pour les individus atteints de maladies graves.

A cet effet, on plaça des rideaux en toile de voile aux arceaux de la façade de l'est; ceux de l'ouest furent fermés en planches, de manière à pouvoir cependant établir à volonté la circulation de l'air, et l'on construisit aux extrémités des latrines séparées des salles par des cloisons. Le magasin des pacotilles, compris dans le surhaussement, présentait des cases commodes où les chirurgiens et médecins pouvaient ranger chaque jour les médicamens préparés et les appareils de pansement; le magasin isolé situé près de cette halle, à l'angle du cimetière, devint la cuisine de l'hôpital; une des chambres de la galerie des passagers reçut la pharmacie; une autre, sous le portique, servit de dépôt pour le linge sale; enfin, on emmagasina dans la chapelle les lits et autres effets à l'usage des malades.

(31) Il doit avoir préalablement brûlé dans sa chambre tous les appareils et bandages qui couvraient ses plaies.

(32) Cette guérison est constatée lorsque les plaies sont tout-à-fait cicatrisées et bien consolidées.

Un second hôpital fut disposé dans le surhaussement de la petite halle du nord du nouvel enclos, et l'on construisit des fourneaux pour sa cuisine entre le trottoir des Malons et le mur extérieur.

Le dépôt général des approvisionnemens et subsistances qui étaient apportés de la ville, fut convenablement placé dans les barrières ou parloirs. Les quarantenaires ne purent dès ce moment s'entretenir avec les externes qu'à travers les doubles grilles qu'on adapta aux fenêtres du concierge, et pour éviter toute communication entre les individus des diverses quarantaines, la jouissance de ces croisées fut accordée successivement à chaque quarantaine pendant une journée, et le nombre des permissions fut limité.

On fit construire des écuries additionnelles en bois dans l'enclos destiné à cet usage, ainsi que le long du mur des enclos de Saint-Roch et du Cassadou. Un corps-de-garde fut élevé sur la terrasse du capitaine.

Lors de l'arrivée des bâtimens à Pomègue, la garde de la tour, qui n'est ordinairement chargée que de la défense de l'île, et ne communique jamais avec les quarantenaires, fut renforcée, et reçut l'ordre de prêter main-forte, en cas de besoin, au capitaine du bureau. Quelques parlementaires qui tiraient trop d'eau, ne pouvant entrer dans ce port, on leur assigna le mouillage de Doûmes, où ils furent surveillés par un bateau de garde, et des préposés furent envoyés sur la côte, à diverses époques, pour recueillir les débris et vieux effets du genre susceptible, qui, malgré les défenses, auraient été jetés à la mer.

Lorsque les troupes eurent passé à bord des bâtimens le temps de la sereine, qui avait été fixé à quinze jours, elles furent reçues dans le lazaret, pour y faire une quarantaine de trente jours; et, dès l'arrivée de la première division, il fut réglé,

1.° que les plus anciens généraux de même grade auraient successivement, pendant leur séjour au lazaret, le commandement en chef de toutes les quarantaines qui s'y trouveraient ensemble;

2.° Que chaque enclos aurait, en outre, un commandant particulier sous les ordres du commandant en chef;

3.° Que la distribution des logemens dans les enclos assignés par l'administration de santé serait faite par un officier choisi par le commandant en chef;

4.° Qu'il serait établi une correspondance active entre les commandans et le capitaine du lazaret, pour tous les objets relatifs aux quarantenaires;

5.° Que toutes les opérations de purge et mesures de santé prescrites par le bureau seraient notifiées par écrit au commandant en chef par le capitaine du lazaret, et que l'ordre du jour enjoindrait leur exécution aux troupes;

6.° Que le commandant en chef et le capitaine du lazaret se concerteraient ensemble pour la pose des corps-de-garde et factionnaires sur tous les points ou le maintien de l'ordre l'exigerait.

On affecta aux troupes de chaque quarantaine un enclos particulier, dont l'état-major et les principaux officiers occupèrent les chambres, tandis que les autres individus furent placés dans les halles, ou campèrent sous des tentes, ou se construisirent des baraques. Une fois, il arriva que le nouvel enclos, ne pouvant, malgré son étendue, recevoir six mille six cents hommes, formant une même quarantaine, on fut obligé d'établir une communication avec l'enclos de Saint-Roch.

Plus souvent, le nouvel enclos fut subdivisé par des cloisons provisoires en planches, confectionnées par les ouvriers de la troupe.

A l'intérieur, l'ordre était maintenu et les approches défendues par des détachemens de la garnison, établis dans la cour de la grande porte et dans l'enclos des cuirs. Des sentinelles étaient placées sur les hauteurs qui environnent le lazaret, afin d'éloigner les curieux et de surveiller la porte extérieure du nouvel enclos.

Toutes les portes étaient fermées à clef, chaque soir. Pendant le jour, la grande porte était gardée intérieurement par un détachement de cinquante hommes envoyés du quartier-général, et des sentinelles, ainsi que des gardes de santé, se tenaient à celles des différens enclos, pour ne laisser sortir que les individus porteurs de permis délivrés par le capitaine du lazaret ou par le commandant.

Depuis le commencement du débarquement, tous les employés du lazaret, ne pouvant éviter de communiquer avec les quarantenaires, furent mis eux-mêmes en état de quarantaine, aussi bien que l'aubergiste et tous les marchands traiteurs, restaurateurs, limonadiers et autres (33), qui, avec des autorisations du bureau, s'établirent, au nombre de soixante-trois, dans les divers enclos.

Le capitaine du lazaret, auquel on donna un aide (34), parce que la place de lieutenant était alors vacante, resta seul *en libre pratique,* afin de faciliter les conférences avec les conservateurs, et deux officiers de marine marchande furent placés, en qualité de capitaines des gardes de santé, l'un dans le grand et l'autre dans le nouvel enclos, avec la commission spéciale d'assister à l'ouverture des bagages et de faire mettre les hardes à l'évent.

Les malades, dont aucun ne manifesta des symptômes du mal contagieux, étaient soignés par les officiers de santé de l'armée, qui faisaient paser leurs rapports à ceux de l'établissement rassemblés dans la maison du capitaine. Toutes les semaines, ces derniers visitaient les hôpitaux, escortés par les gardes de santé et par deux détachemens placés en avant et en arrière, et ils examinaient les malades, en évitant toute communication avec eux. Ils usaient des mêmes précautions lors de l'ouverture des cadavres, à laquelle on procédait toujours en leur présence.

La veille du jour de sortie, les troupes recevaient successivement des fumigations, soit dans leurs logemens, lorsqu'ils étaient clos, soit dans le plus grand local fermé qui se trouvât dans l'enceinte qu'elles occupaient.

La quarantaine des divers convois dura trente mois, pendant lesquels plus de quarante-deux mille hommes purgèrent leur contumace au lazaret, qui contint jusqu'à dix mille hommes et sept quarantaines à-la-fois, sans que jamais aucun désordre, aucune infraction aux règles ait mis dans la nécessité de faire prolonger la durée de ces quarantaines.

Un aussi grand succès fait honneur, sans doute, aux membres du bureau de santé, et l'on doit rendre justice à la sagesse qui a présidé aux mesures prises pour approprier tout-à-coup ce vaste établissement à une destination qui lui avait été jusque alors étrangère : mais, en même temps, on ne saurait nier que la meilleure garantie de l'observance des règles sanitaires ne se soit trouvée dans la volonté même des quarantenaires; et l'on ne peut s'empêcher d'admirer un pareil exemple de longanimité, donné par des hommes dont le courage et la constance auraient pu être épuisés par les fatigues d'une longue guerre et par les rigueurs d'un âpre climat.

(33) On permit même l'établissement de deux billards et d'un changeur de monnaies; mais on eut soin d'afficher dans chaque enclos le cours du change, ainsi que celui des comestibles, et l'on établit en outre des balances de vérification pour la commodité des quarantenaires.

(34) Cet aide fut logé avec le capitaine.

Lazarets d'Italie. Planche 6.

Le lazaret d'Ancone, entouré par la mer, consiste dans une seule cour pentagonale, au centre de laquelle est une chapelle de même forme, et qui est enceinte par des bâtimens continus d'une belle ordonnance. Cette disposition, plus architecturale que convenable, ne satisfait pas aux conditions essentielles. L'élévation des bâtimens, leur continuité, et le peu d'étendue de la cour, s'opposent au renouvellement de l'air; aucun service n'est isolé, les quarantenaires sont placés trop près des marchandises et sous le même toit; enfin cet édifice paraîtrait plutôt convenir à un établissement militaire qu'à un lazaret.

Le lazaret de Gênes, situé sur le bord de la mer et très-près de la ville, offre deux cours carrées séparées par un corps de bâtiment et limitées sur deux autres côtés par des bâtimens en ailes continus. Certaines marchandises sont placées dans les rez-de-chaussées, d'autres au second étage: le premier étage est réservé pour les quarantenaires. De vastes galeries à l'extérieur servent à la purification des marchandises. Enfin, une source très-abondante, qui sort des montagnes, fournit une grande quantité d'eau distribuée par de nombreux tuyaux de conduite, et qui contribue beaucoup à la salubrité. Au centre de chaque cour s'élève une chapelle ouverte de trois côtés (35).

Le lazaret de Varignano, construit par les Génois, dans le golfe de la Spezia, est placé dans une presqu'île baignée par la mer, qui offre dans cette localité une profondeur suffisante pour les bâtimens de commerce. La situation est avantageuse, sur-tout pour le débarquement des marchandises; et son plan, bien adapté à la forme du terrain, offre un bel ensemble sous le rapport de l'art. Les constructions sont plus isolées que dans les lazarets précédens; mais les passagers y sont logés trop près des marchandises, et l'on n'y trouve pas tous les édifices nécessaires.

Lazarets de Livourne. Cette ville en a trois. On voit le plan des deux principaux sur la *Planche 6*; savoir: *San-Rocco* et *San-Leopoldo.* Ils passent pour les meilleurs de l'Italie, et c'est probablement à cause des soins et des commodités qu'y trouvent les passagers. Ils renferment des halles très-vastes; mais elles ont l'inconvénient d'être adossées aux murs de clôture, ce qui nuit à la ventilation des marchandises. On y trouve des docks pour les navires, des bâtimens séparés pour le gouverneur, les passagers et les malades. Enfin, des citernes contiennent l'eau nécessaire.

PROGRAMME *d'un Lazaret destiné à prévenir l'introduction de la Peste.*

Un lazaret pour les vaisseaux de commerce qui viennent du Levant, exige une grande étendue de terrain, qui permette d'isoler toutes les constructions et d'y placer les marchandises d'un grand volume, qui forment l'objet principal de ce commerce. Les lazarets placés près des ports militaires et qui ne seraient destinés qu'à recevoir des troupes, n'exigeraient pas la même étendue, et pourraient être considérés comme de grands hôpitaux, qu'il faudrait disposer de manière à isoler les individus autant qu'il serait possible.

Des lazarets peuvent encore être destinés à prévenir l'introduction de maladies réputées contagieuses, et autres que la peste, telles que la fièvre jaune: le programme de ceux-ci peut différer du premier dans quelques dispositions, en raison des opinions reçues sur le degré de contagion des différentes maladies, de la qualité et de la nature des marchandises plus ou moins volumineuses et plus ou moins susceptibles (36).

C'est d'un lazaret de la première espèce que je me propose de présenter le programme.

En continuant d'admettre, ainsi que cela paraît prudent, l'hypothèse de la contagion, je chercherai les bases de ce programme dans les dispositions adoptées pour les édifices de ce genre, et notamment pour celui de Marseille, dispositions justifiées par une longue pratique.

Le premier et le plus important objet est le choix d'une situation convenable.

Un lazaret doit être placé sur le bord de la mer, sous le vent et à quelque distance de la ville. Il est à desirer que le sol soit un peu élevé et éloigné de toutes les causes d'insalubrité. Mais ce qu'il est sur-tout heureux de rencontrer à proximité, c'est un port isolé, dans la dépendance unique du lazaret, et où l'on puisse, comme à Pomègue, faire subir aux navires une première épreuve et les y laisser en quarantaine après avoir transporté les passagers et les cargaisons dans le lazaret. Il suffirait alors que celui-ci fût desservi par plusieurs petits ports capables de recevoir seulement les embarcations qui transportent les marchandises.

A cet égard, la plupart des lazarets, tels que ceux d'Ancône, de Livourne, de Gênes, &c., ne jouissent pas des avantages que présente la localité de Marseille. Mais à défaut de port isolé du lazaret, celui-ci doit en offrir un assez profond pour recevoir les navires de commerce, et assez vaste pour qu'il soit facile de séparer ceux en patente nette d'avec ceux en patente brute.

L'emplacement du lazaret (dont l'étendue se détermine par celle du commerce) doit être circonscrit par une clôture générale, formée de deux murs parallèles, de 4 à 5 mètres de

---

(35) Lorsque j'ai visité Gênes, en 1805, ce lazaret paraissait totalement abandonné.

(36) Une commission sanitaire centrale formée près du ministre de l'intérieur à l'occasion de la fièvre jaune qui a désolé récemment Barcelone, adopta, le 14 février 1822, un rapport sur l'établissement de nouveaux lazarets près les ports de France. Ce travail, dont je n'ai eu connaissance que trop tard, ayant été imprimé, je crois pouvoir me permettre d'en extraire les articles relatifs au programme dont il s'agit, et d'y joindre, *Planche 12*, quelques-uns des projets de dispositions proposés dans le rapport dont il s'agit.

La première question était de savoir si les nouveaux établissemens destinés à préserver le territoire français de la fièvre jaune devaient être semblables à ceux exécutés pour prévenir l'introduction de la peste. L'auteur du rapport pense que, sans entrer dans une discussion médicale, on ne peut s'empêcher de reconnaître qu'il y a entre les deux maladies une différence essentielle quant à leur mode de propagation, et qui doit être prise en considération dans les mesures à adopter. Il regarde comme généralement reconnu que la peste ne se communique presque jamais sans un contact avec des animaux ou des substances renfermant le germe de la maladie: que la fièvre jaune, au contraire, peut se transmettre sans le contact, et qu'il suffit de respirer l'air de la chambre d'un malade atteint de cette fièvre, ou de se placer sous le vent d'un édifice renfermant des malades, et à une distance moindre que 25 pieds du foyer de la maladie; d'où résulte la nécessité de l'isolement des édifices, et même des individus.

En examinant les plans des différens lazarets existans, il trouve que leur ordonnance et leurs distributions ne peuvent être prises pour modèles, ni dans leur ensemble, ni dans leurs détails; et il est conduit à penser que la chose la plus utile serait d'arrêter une sorte de programme raisonné des dispositions d'un lazaret pour la fièvre jaune, et d'y joindre quelques esquisses pour en faciliter l'intelligence.

Il discute les différentes questions relatives au choix de l'emplacement, à l'étendue, à la forme et au nombre des enceintes, à la manière dont les masses de bâtimens doivent être disposées et orientées, à la forme et à la disposition de chaque espèce de bâtiment, et enfin il donne une description des esquisses tracées par MM. les architectes Alavoine et Godde, suivant les principes arrêtés par la commission sanitaire, et dont je vais présenter un extrait.

Emplacement. Le concours d'un certain degré de chaleur et d'humidité favorisant le développement de la maladie, les bords de la mer et des grands cours d'eau devraient être évités; mais comme le transport des marchandises et même des individus deviendrait alors trop difficile, il faut au moins choisir le terrain le plus sec et le plus élevé, à portée cependant de la ville où réside la commission sanitaire chargée de la surveillance. Son exposition devra être telle qu'elle puisse être habituellement battue par les vents dominans. Il est nécessaire qu'il soit pourvu d'eaux vives de bonne qualité; et lorsque des motifs puissans forceront à choisir un emplacement privé d'eau, on devra en amener par des conduites ou aqueducs; enfin, si cela n'est pas possible, on y suppléera par des citernes.

Cet emplacement doit être éloigné des marais et des dépôts de vase: si l'on ne pouvait éviter ce fâcheux voisinage, il faudrait diviser le lazaret en deux parties, dont l'une, placée au bord de la mer, servirait à recevoir les marchandises, tandis que l'autre, destinée aux quarantenaires, serait établie loin des foyers insalubres, sur un sol plus élevé.

hauteur, distans entre eux de 10 à 12 mètres, et séparés des propriétés particulières par un chemin de ronde extérieur.

L'espace total compris dans la clôture générale doit être divisé en un certain nombre de parties closes par d'autres murs, isolées les unes des autres par des chemins de communication. Le nombre et l'étendue de ces enclos particuliers varieront suivant l'importance de l'établissement : on peut les désigner ainsi qu'il suit :

1.° *Entrée du lazaret du côté de terre.* Elle doit être précédée d'une cour et d'un vestibule à droite duquel sera le logement du portier, et à gauche un corps-de-garde : ces deux logemens seront au dedans du lazaret et n'auront de communication avec le vestibule que par une petite croisée garnie d'un double grillage. Au-dessus de ce vestibule, qu'on isolera au moyen de grilles en fer formant une seconde cour intérieure, on élevera un petit pavillon contenant une cloche et une horloge assez forte pour être entendue de tous les enclos. Ce même pavillon sera surmonté par un mât servant aux signaux. A droite et à gauche de l'édifice, on trouvera des galeries formées par des parloirs doubles, dont l'un sera entièrement ouvert du côté du lazaret et l'autre du côté de la cour d'entrée. Les deux parloirs de chaque galerie seront grillés et séparés par un intervalle ou cour de 4 à 5 mètres de largeur, divisée au milieu par une autre grille longitudinale maillée de fil de fer; enfin la cour elle-même sera entièrement couverte par un semblable grillage, en sorte qu'on puisse se voir et se parler, sans qu'il soit possible de rien faire passer;

2.° *Auberge.* Placée près de l'entrée, elle sera assez grande pour contenir, outre la cuisine et le logement de l'aubergiste, plusieurs salles destinées aux quarantenaires de différentes durées, et disposées de manière qu'ils ne puissent communiquer, ni entre eux, ni avec l'aubergiste.

3.° *Prison.* Elle sera construite non loin de l'auberge, sera distribuée en petits cabinets et contiendra un logement de geôlier.

4.° *Fumigations.* Il sera utile d'établir, à peu de distance de la porte, des salles pour soumettre aux fumigations les quarantenaires immédiatement avant leur sortie de l'établissement. Cet édifice, enclos comme chacun des précédens, pourrait aussi servir de dépôt pour les vêtemens.

5.° *Gouvernement ou maison du capitaine.* Elle doit être à portée des différens services, et disposée de la manière la plus favorable à l'exercice de la surveillance. Elle sera ainsi composée : au rez-de-chaussée, salon, salle à manger, cuisine, cabinet, bureau ; et au premier étage, chambre à coucher, salle d'assemblée pour les administrateurs, archives, &c.

6.° *Maison du lieutenant.* Cet officier, destiné à remplacer quelquefois le capitaine, aura un logement moins considérable. Sa maison pourra contenir ceux de l'aumônier, du médecin, &c. Elle devra, comme celle du capitaine, n'être pas trop éloignée des différens services.

7.° *Passagers ou quarantenaires en patente nette.* Les quarantenaires, lorsqu'ils sont en bonne santé, peuvent être logés dans un édifice simple en profondeur et dont chaque étage sera divisé en un grand nombre de chambres particulières, ayant toutes leur entrée sur une galerie ouverte, et les croisées du côté opposé. On pratiquera dans l'étage principal quelques appartemens pour les personnes de distinction. Plusieurs escaliers conduiront dans les divers étages, afin de séparer les quarantenaires de dates différentes. Enfin, une chapelle sera placée de manière que l'autel puisse être aperçu des galeries ou des chambres.

8.° *Quarantenaires malades ou suspects.* Des enclos séparés seront affectés à ces deux espèces de quarantenaires. Ils consis-

---

Étendue. Comme elle doit varier en raison d'une foule de circonstances, on ne peut la déterminer, dans chaque cas particulier, que par une connaissance exacte des besoins et de la nature du commerce, ce qui a conduit à indiquer seulement par des esquisses les aperçus des distributions qui ont paru les plus convenables pour des lazarets dont les superficies varient depuis 1 jusqu'à 9 hectares.

Forme et nombre des enceintes. Les personnes en quarantaine doivent être traitées de manière à rendre leur situation le plus supportable qu'il se pourra, mais sans leur permettre de communiquer avec les personnes du dehors autrement qu'avec les conditions imposées par les réglemens, et au moyen de parloirs construits avec des précautions particulières. Un chemin de ronde, formé par deux murs espacés d'environ 20 mètres, paraît indispensable à la commission pour obtenir un entier isolement. Un tiers de cette largeur serait réservé pour la voie ; le reste serait mis en culture, en proscrivant cependant les arbres et les espaliers. Le mur extérieur aura 5 à 6 mètres de hauteur ; et tous ceux intérieurs, 4 mètres seulement. Autant que le terrain le permettra, les enceintes devront être carrées, pour rendre la surveillance plus facile et diminuer le développement des murs. Les quatre angles rentrans seront occupés par les logemens des surveillans. En dehors, à quelque distance de l'enceinte extérieure et sous le vent dominant, on établira un cimetière, clos de murs, et contenant un hangar pour les dissections.

Manière dont les masses de bâtimens devront être disposées et orientées. L'enceinte du lazaret devant avoir une forme carrée, la commission demande qu'elle soit orientée de manière que le vent dominant la traverse diagonalement.

Le bâtiment construit à l'entrée sera divisé en plusieurs sections et devra contenir un logement de concierge, un corps de garde, un logement pour la garnison, un parloir, un bureau de poste aux lettres, une salle de fumigations et deux salles de bains pour les deux sexes, afin de faire baigner les quarantenaires avant leur admission, et de soumettre leurs hardes à une fumigation efficace.

Après avoir franchi la clôture intérieure de l'établissement, on trouvera à droite et à gauche de l'entrée, et près du logement de la garde, deux petits pavillons isolés du mur de l'enceinte, destinés à servir de prison pour les quarantenaires, en patente nette et en patente brute, qui se rendraient coupables de quelque délit.

Un peu plus loin, deux pavillons, également isolés, seront consacrés, l'un au logement du médecin, du chirurgien, du pharmacien, de l'élève en médecine et de l'aumônier ; l'autre, au logement des gens de service et des gardes de santé.

Une vaste cour, occupant à-peu-près le tiers de l'emplacement du lazaret, offrira, vers le centre, une petite chapelle suffisamment élevée pour que le prêtre puisse être aperçu des divers pavillons habités par les quarantenaires.

Derrière la chapelle, un pavillon particulier, destiné à l'administration et au logement du capitaine, du commandant du lazaret, de sa famille, du commis aux écritures, d'un garde-magasin, d'une lingère, &c. ; plus loin, et tout-à-fait au-dessus du vent le plus habituellement dominant, seront disposés des pavillons isolés, affectés au logement des équipages et passagers en patente nette.

A droite et à gauche de la cour commune seront réservées des enceintes, avec un pavillon au milieu de chacune, pour le logement des personnes en patente brute ou suspecte. On orientera ces enceintes de manière qu'elles se trouvent, autant que possible, sous le vent des pavillons habités par les quarantenaires en patente nette.

Les cours destinées au dépôt et à la purification des marchandises seront tellement placées, que les habitations soient exposées le moins possible au vent qui aurait passé sur ces cours.

L'hôpital ou infirmerie, et la buanderie, seront toujours et nécessairement placés à l'extrémité et sous le vent de l'enceinte générale.

Je terminerai ici l'extrait de la partie du rapport qui est relative au programme ; et quoique la question de la meilleure disposition d'un lazaret ne m'y paraisse pas encore résolue, ce qu'on ne peut attendre que du temps et de nouvelles recherches, les sages observations qu'il renferme, et le talent avec lequel elles sont présentées, le rendent précieux pour les personnes qui pourraient être chargées de la construction de semblables édifices ou de leur surveillance. J'oserai cependant faire une remarque qui me paraît essentielle.

L'hôpital ou infirmerie a été l'objet d'une discussion importante entre les membres de la commission. Il s'agissait de savoir s'il ne serait pas préférable de traiter dans les pavillons mêmes qu'elles habiteraient, les personnes qui viendraient à être atteintes par une maladie grave. Un des membres, intendant de la santé de Marseille, était fortement d'avis de prendre ce dernier parti ; mais l'opinion du rapporteur en faveur de l'hôpital prévalut, ainsi qu'il nous l'apprend. J'avoue que je ne puis partager ni l'une ni l'autre opinion. Premièrement, les pavillons isolés destinés aux quarantenaires non malades, sont projetés pour contenir chacun plusieurs individus : or, si l'on se rappelle ce que l'auteur dit, au commencement de son rapport, sur le mode de propagation de la fièvre jaune comparé à celui de la peste, et d'où il résulte que pour être atteint de la première, il suffit de respirer l'air de la chambre d'un malade, il paraîtra évident que la réunion de plusieurs quarantenaires, suspects ou même bien portans, dans une seule salle, présenterait quelques dangers, et serait, dans tous les cas, peu agréable pour les passagers, qui préféreront toujours loger seuls dans une chambre particulière. A plus forte raison, dès qu'un individu présenterait quelques symptômes de maladie contagieuse, on ne pourrait le laisser avec les quarantenaires de la même chambrée, sans les exposer à la contagion. Enfin, l'inconvénient ne serait pas moins grave en accumulant les malades dans les salles d'un hôpital, quelque bien aérées qu'elles puissent être. On ne peut donc, à mon avis, se dispenser d'isoler entièrement les individus suspects ou attaqués par le mal contagieux, et de les placer dans des chambres séparées, ainsi qu'on le pratique dans le lazaret de Marseille. Il résulte sans doute quelques inconvéniens de cette disposition pour la facilité du service ; mais ils ne peuvent être mis en balance avec le danger imminent que présente la réunion de plusieurs individus.

Dans les enclos des malades du lazaret de Marseille, les chambres sont contiguës. On pourrait les isoler entièrement et les disséminer en quinconce dans un grand espace circonscrit par une clôture. Le principe de la contagion, et d'une contagion aussi active, étant admis, l'isolement absolu des individus malades en est une conséquence forcée ; il est même peu de malades pour lesquels cet isolement ne soit très-salutaire, et l'auteur du rapport en fournit lui-même plusieurs preuves.

teront chacun en une cour ou jardin terminé par un bâtiment simple en profondeur, exposé au levant ou au midi, n'ayant qu'un rez-de-chaussée élevé de plusieurs marches et divisé en chambres égales de cinq mètres en carré, sans communication entre elles, et ayant leur entrée sur la cour commune. Chaque chambre aura une cheminée, deux lits de camp, posés sur quatre pierres de taille, et dont un est destiné au garde qui sert le malade, une fenêtre grillée, et une porte sur la façade, fermant en dehors.

9.° *Enclos pour les marchandises.* Chacun de ces enclos, beaucoup plus vastes que les précédens, sera divisé en deux parties, à-peu-près d'égale étendue, et sans aucune séparation. L'une doit être occupée par de grands magasins ou halles voûtées, avec étage au-dessus, auquel on parviendra par des rampes. Ces halles, soutenues par des piliers, doivent être très-aérées, et par conséquent isolées. L'autre partie sera garnie de banquettes en pierre de taille, espacées d'un mètre de milieu en milieu, élevées de 5 décimètres, et devant servir au dépôt des balles de laine et de coton, ou d'autres marchandises qui peuvent rester à découvert. Ces enclos seront assez nombreux et assez étendus pour qu'on ne soit pas obligé de placer des objets dont la quarantaine commence avec ceux dont la quarantaine est près de finir. Les écrivains des navires et les porte-faix seront logés dans ces mêmes enclos, et occuperont de petits bâtimens à rez-de-chaussée, adossés à l'un des murs de clôture, et divisés en chambres séparées ayant chacune une entrée indépendante.

10.° L'*enclos des animaux* doit contenir des écuries pour les chevaux et autres animaux amenés par les passagers.

11.° L'*enclos des cuirs* consistera dans une cour close de murs, et peut ne présenter d'autre bâtiment que la chambre du gardien.

12.° L'*enclos des poudres* sera placé dans le point le plus éloigné des habitations et le plus rapproché du lieu de débarquement. Une construction solidement voûtée en occupera le milieu.

Il est d'usage d'enterrer les morts dans la partie de l'espace compris entre les murs d'enceinte, qui se trouve derrière les enclos des malades; mais il paraît plus convenable de former, pour le cimetière, un enclos séparé, auquel on parviendrait par le chemin d'enceinte, de manière à cacher au malade la vue de ce spectacle affligeant. Un hangar destiné aux dissections sera construit dans cet enclos.

En général, la plupart des enclos dont il vient d'être parlé doivent être abondamment pourvus d'eau, et contenir de petits logemens pour les portiers et les gardiens.

On construira des guérites aux angles saillans de la clôture extérieure pour les sentinelles employées à la surveillance du chemin de ronde.

Pour faciliter l'intelligence de ce programme, j'en ai fait l'application à trois projets différens, *Planches 7, 8, 9, 10 et 11,* et, plus particulièrement, à celui n.° 3. J'ai supposé, pour ce dernier, que le terrain s'élevait sensiblement, à partir du bord de la mer, et qu'on trouvait une profondeur suffisante pour les navires dans trois petits ports dont celui du milieu pourrait être divisé par une chaîne, ce qui permettrait de débarquer à-la-fois quatre navires, et d'en transporter les marchandises dans les magasins, sans que les porte-faix et autres agens fussent exposés à se rencontrer.

Je suis loin de regarder ces projets comme des modèles à suivre. Je pense même que ce genre d'établissemens, qui, dans l'hypothèse de la contagion par le contact des hommes et des matières réputées susceptibles, exige impérieusement une grande étendue de terrain et d'immenses constructions, ne peut être perfectionné que lorsqu'on sera parvenu, par de nouvelles recherches et des expériences bien authentiques, à fixer avec précision les limites de la contagion, que la crainte a peut-être trop étendues. C'est là qu'on pourra trouver les véritables moyens de diminuer à-la-fois les dépenses énormes des lazarets et les entraves du commerce.

ESQUISSE D'UNE PETITE VILLE MARITIME
ET
ESSAI SUR LES LAZARETHS.

Xe. RECUEIL.

FRAGONARD DEL. ET SC.

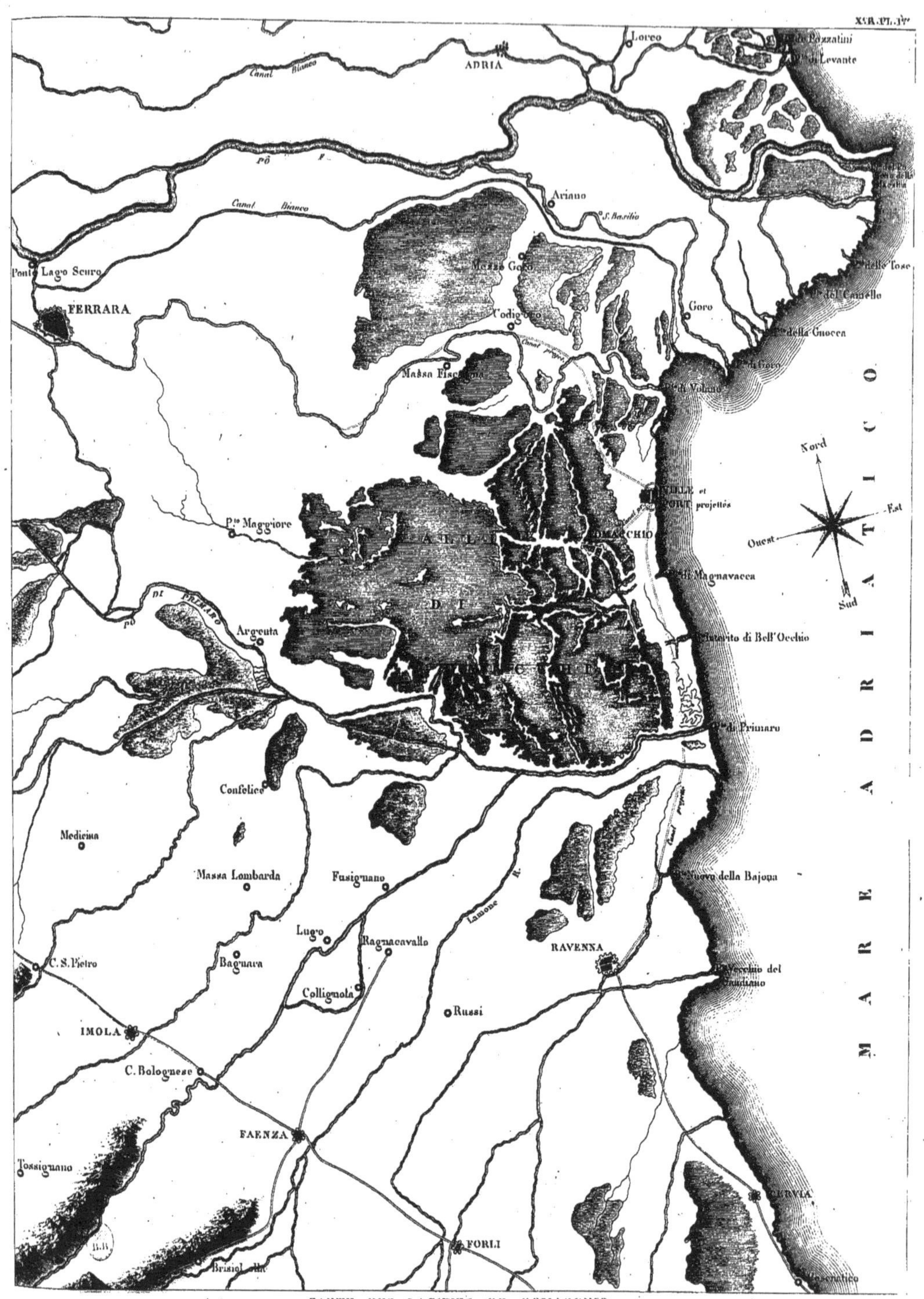

CARTE DES LAGUNES DE COMACCHIO

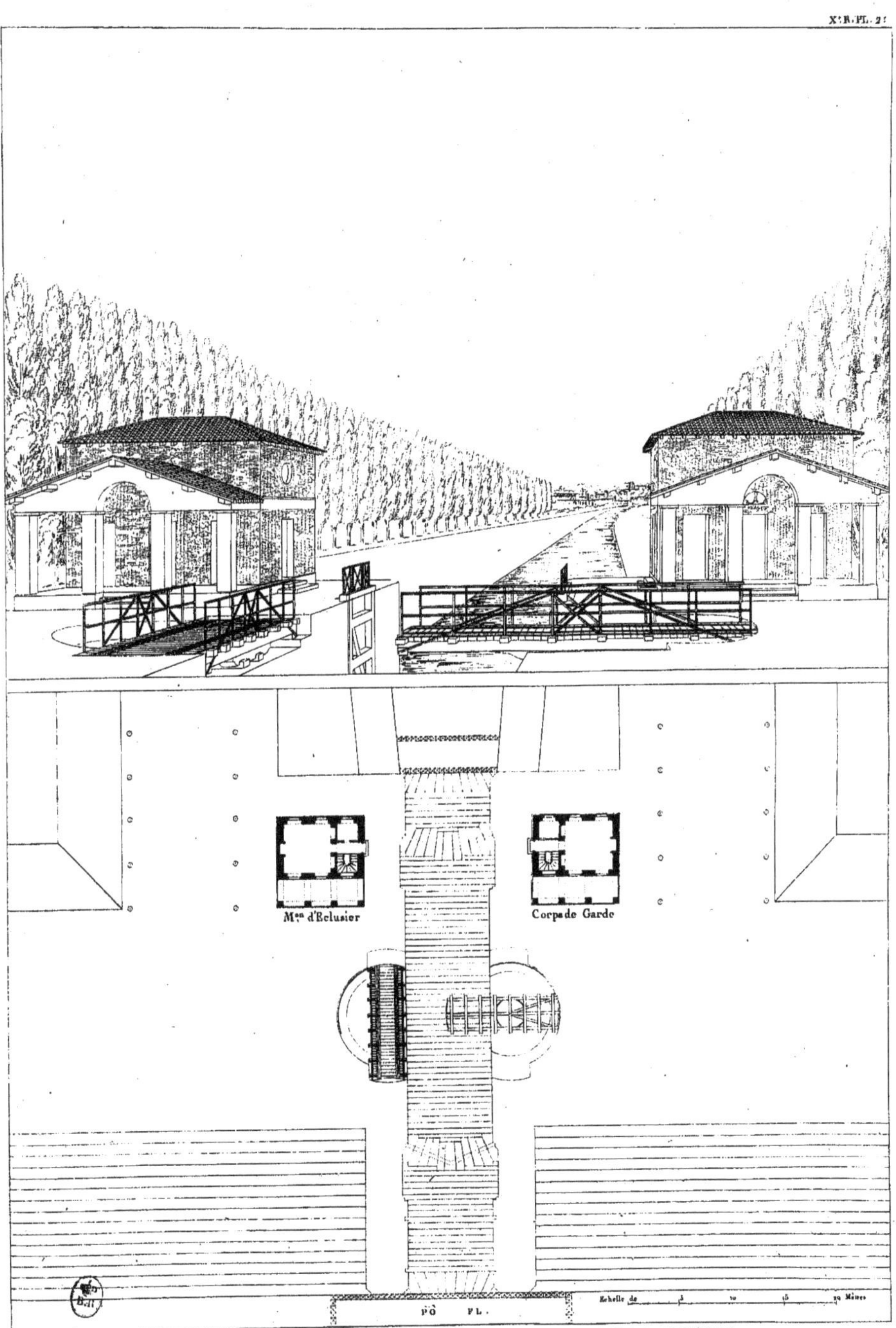

PROJET D'UNE ÉCLUSE DE PRISE D'EAU A PONTE LAGOSCURO

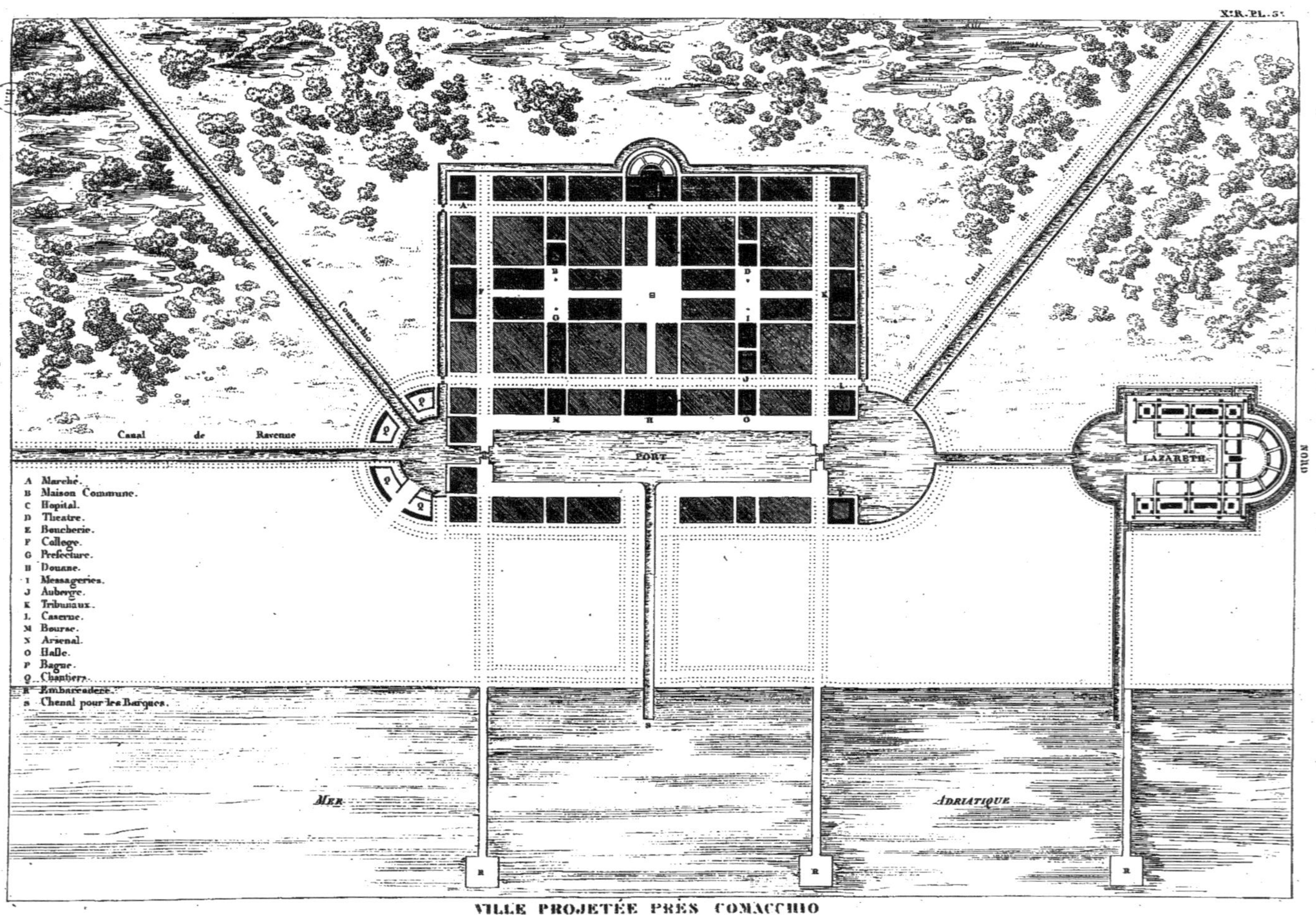

VILLE PROJETÉE PRÈS COMACCHIO

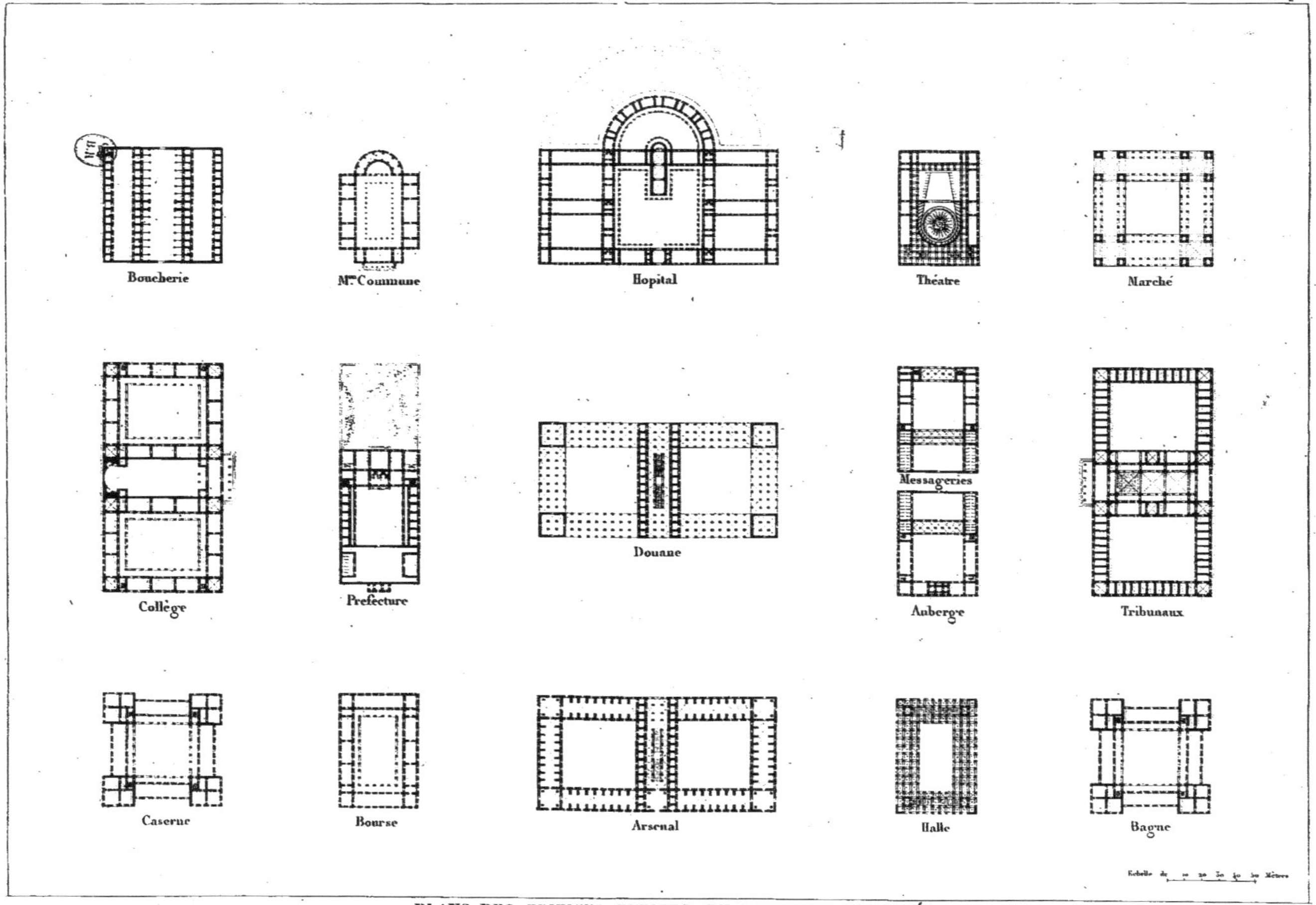

X.e R. Pl. 4.e

PLANS DES EDIFICES PUBLICS DE LA VILLE PROJETÉE

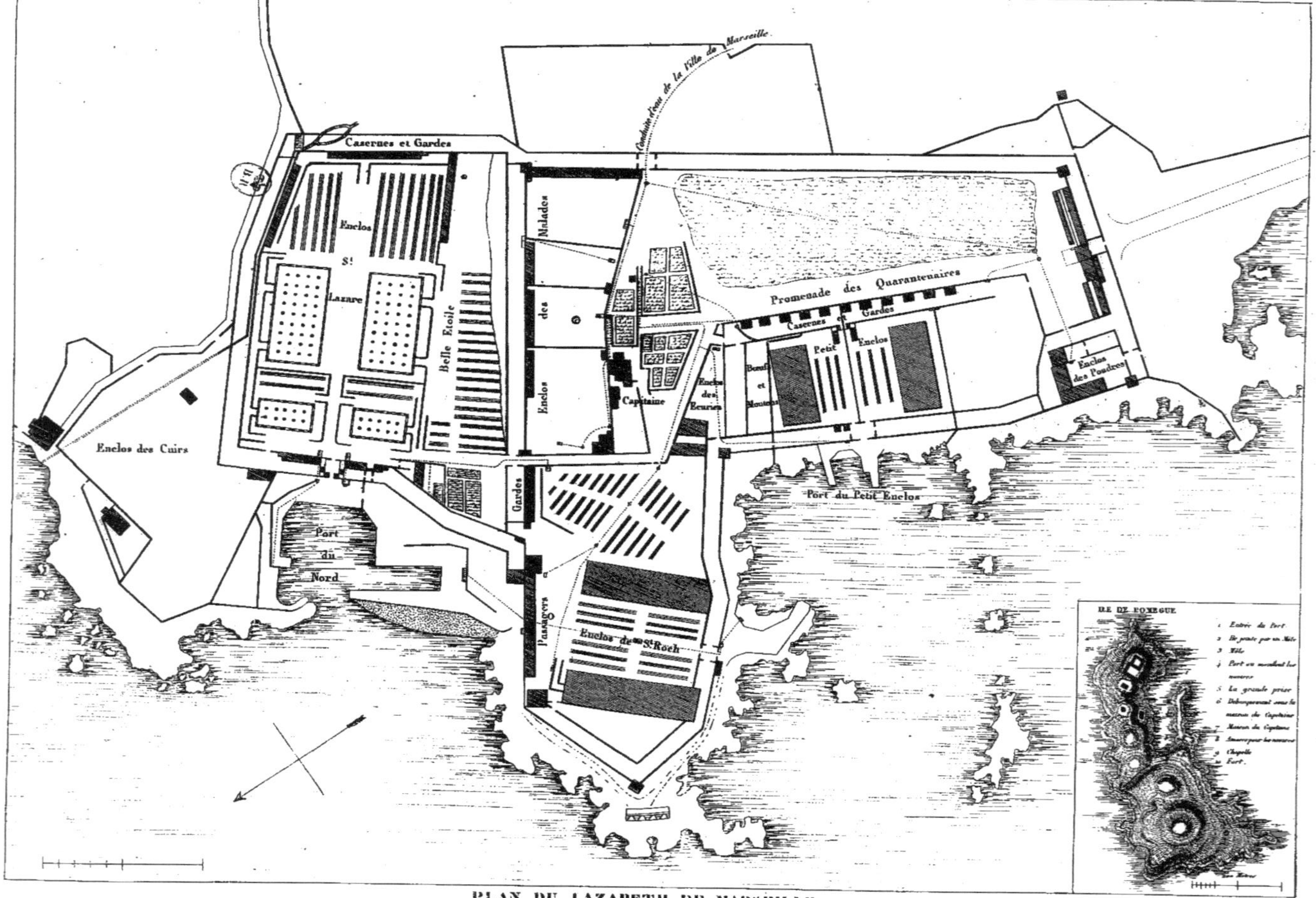

N° R. Pl. 5.

PLAN DU LAZARETH DE MARSEILLE

Casernes et Gardes
Enclos St Lazare
Belle Etoile
Enclos des Cuirs
Port du Nord
Enclos des Malades
Conduite d'eau de la Ville de Marseille
Capitaine
Gardes
Passagers
Enclos de St Roch
Enclos des Ecuries
Boeufs et Moutons
Promenade des Quarantenaires
Casernes et Gardes
Petit Enclos
Enclos des Poudres
Port du Petit Enclos

ILE DE POMEGUE
1 Entrée du Port
3 Môle
5 La grande prise
7 Maison du Capitaine
9 Chapelle
10 Fort.

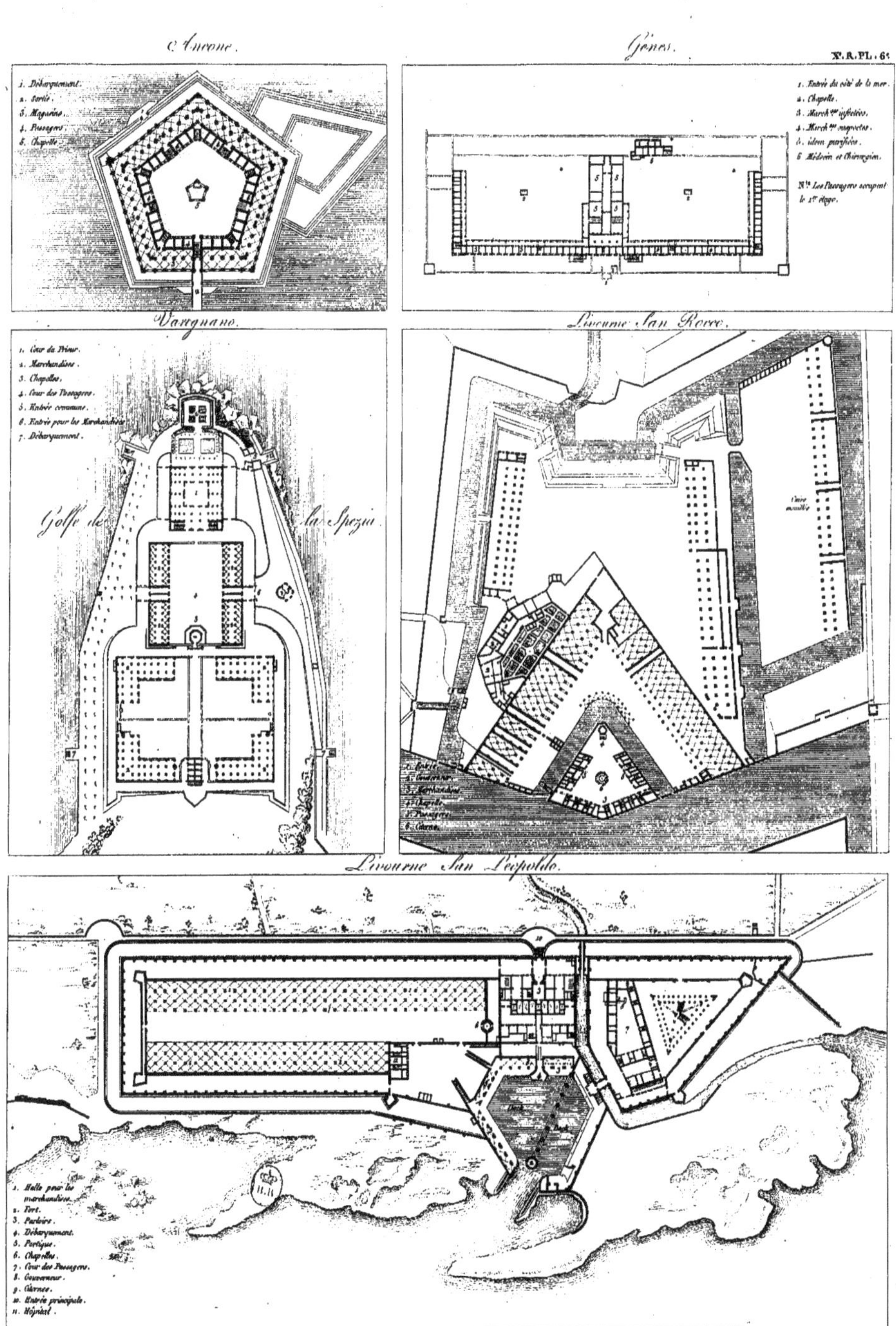

Lazareths d'Italie.

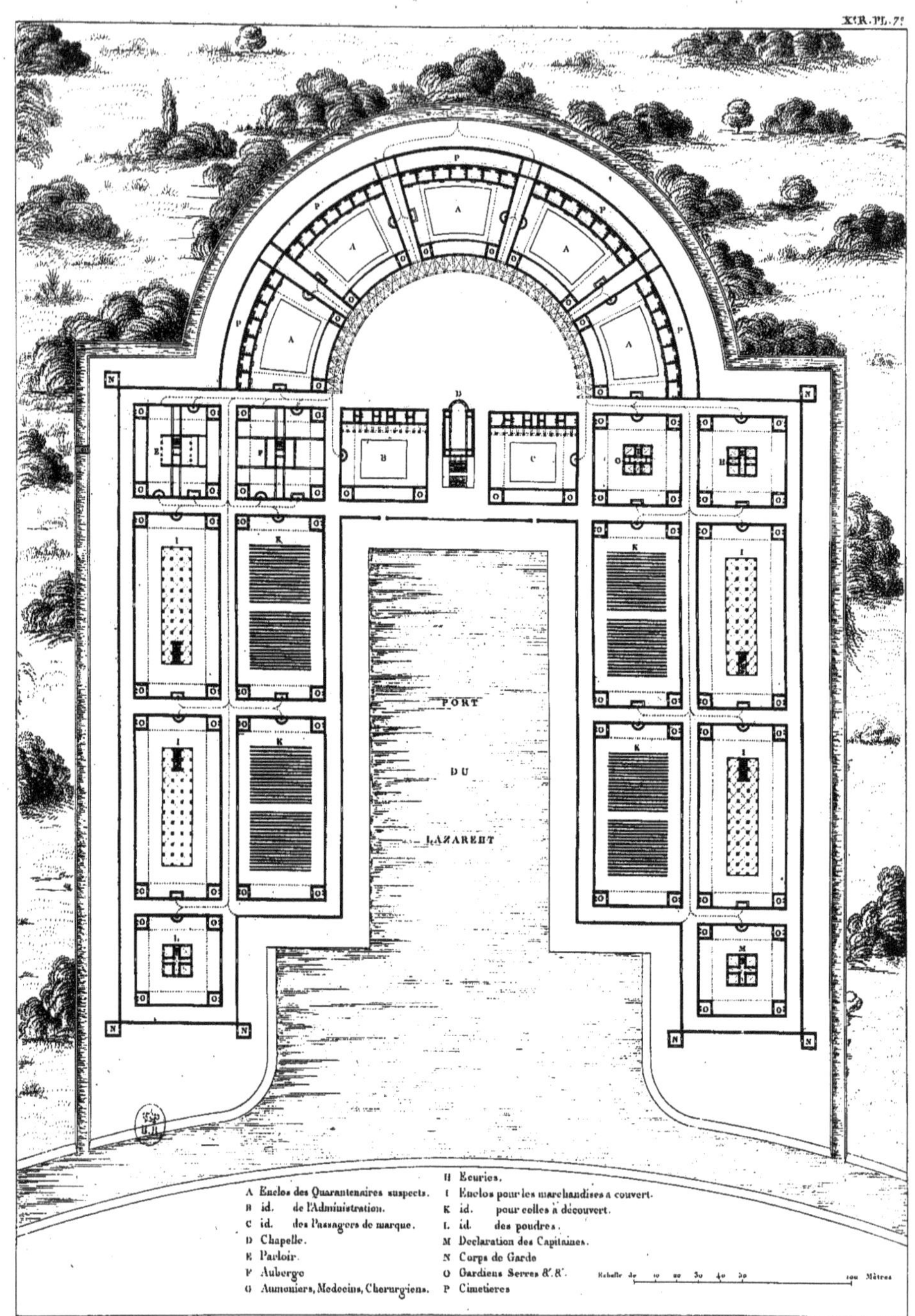

PROJET DE LAZARETH N.° 1.er

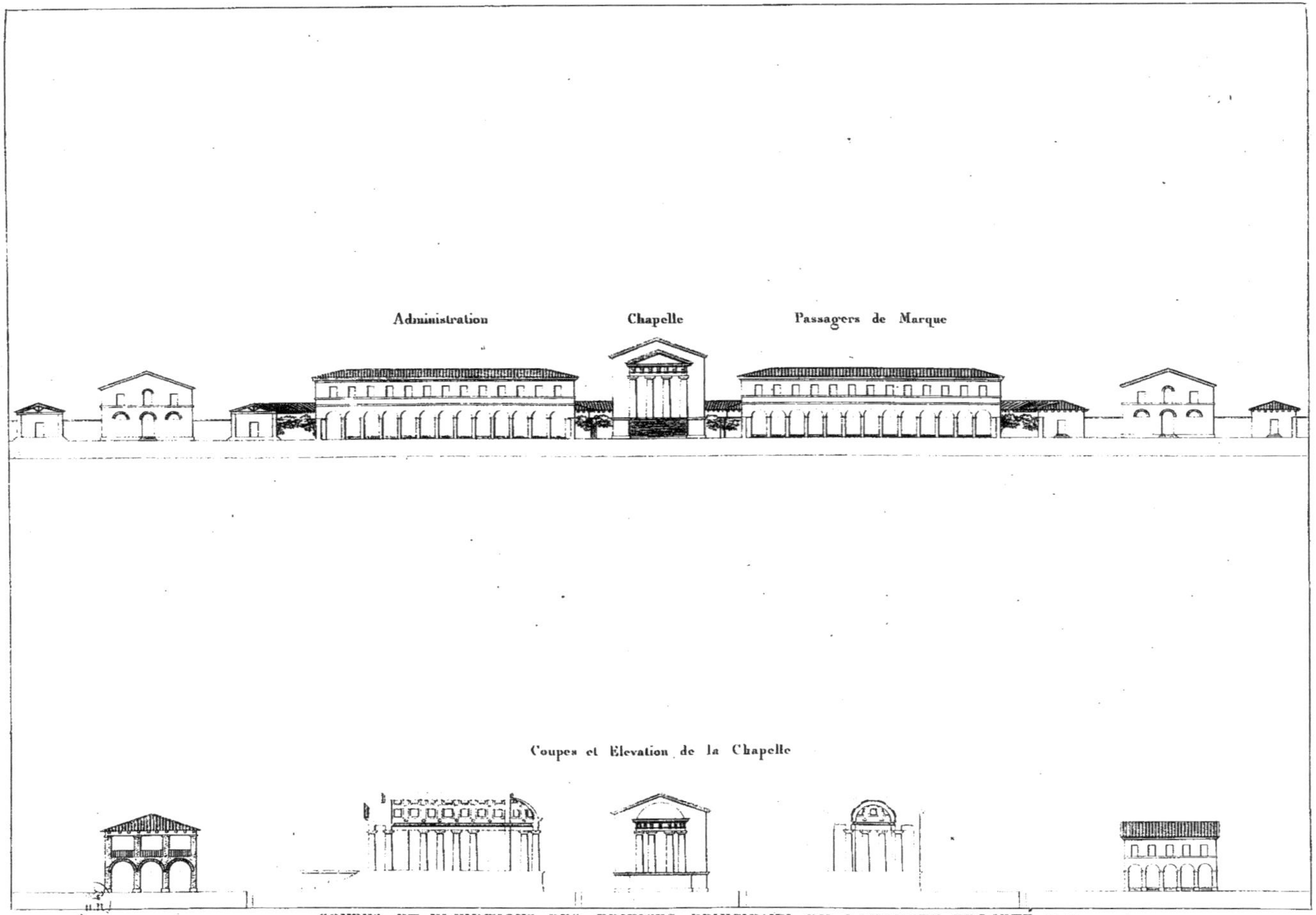

Administration

Chapelle

Passagers de Marque

Coupes et Elevation de la Chapelle

COUPES ET ELEVATIONS DES EDIFICES PRINCIPAUX DU LAZARETH PROJETÉ N°1er

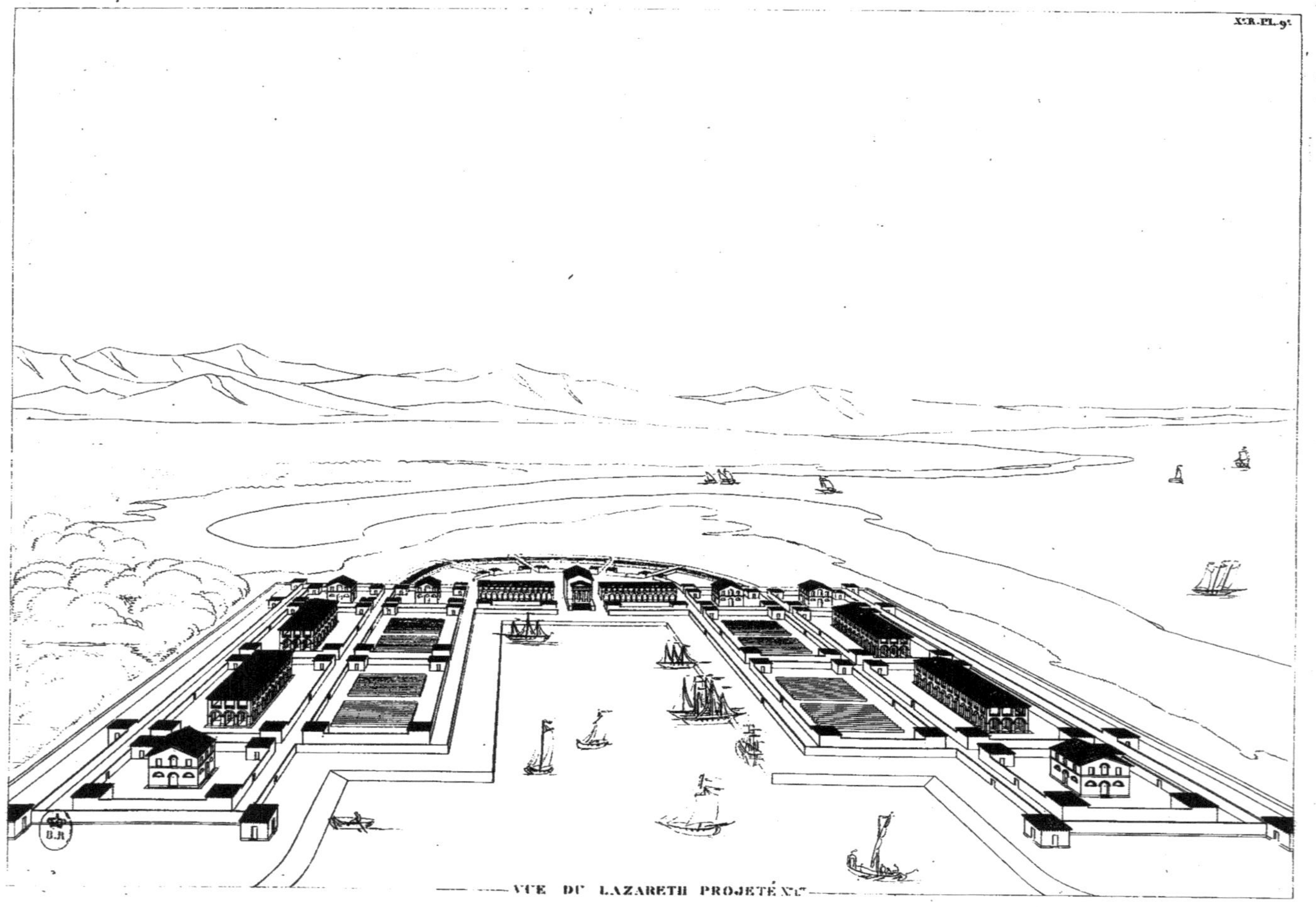

VUE DU LAZARETH PROJETÉ N.° 1.

Projet d'un Lazareth. N.° 2.

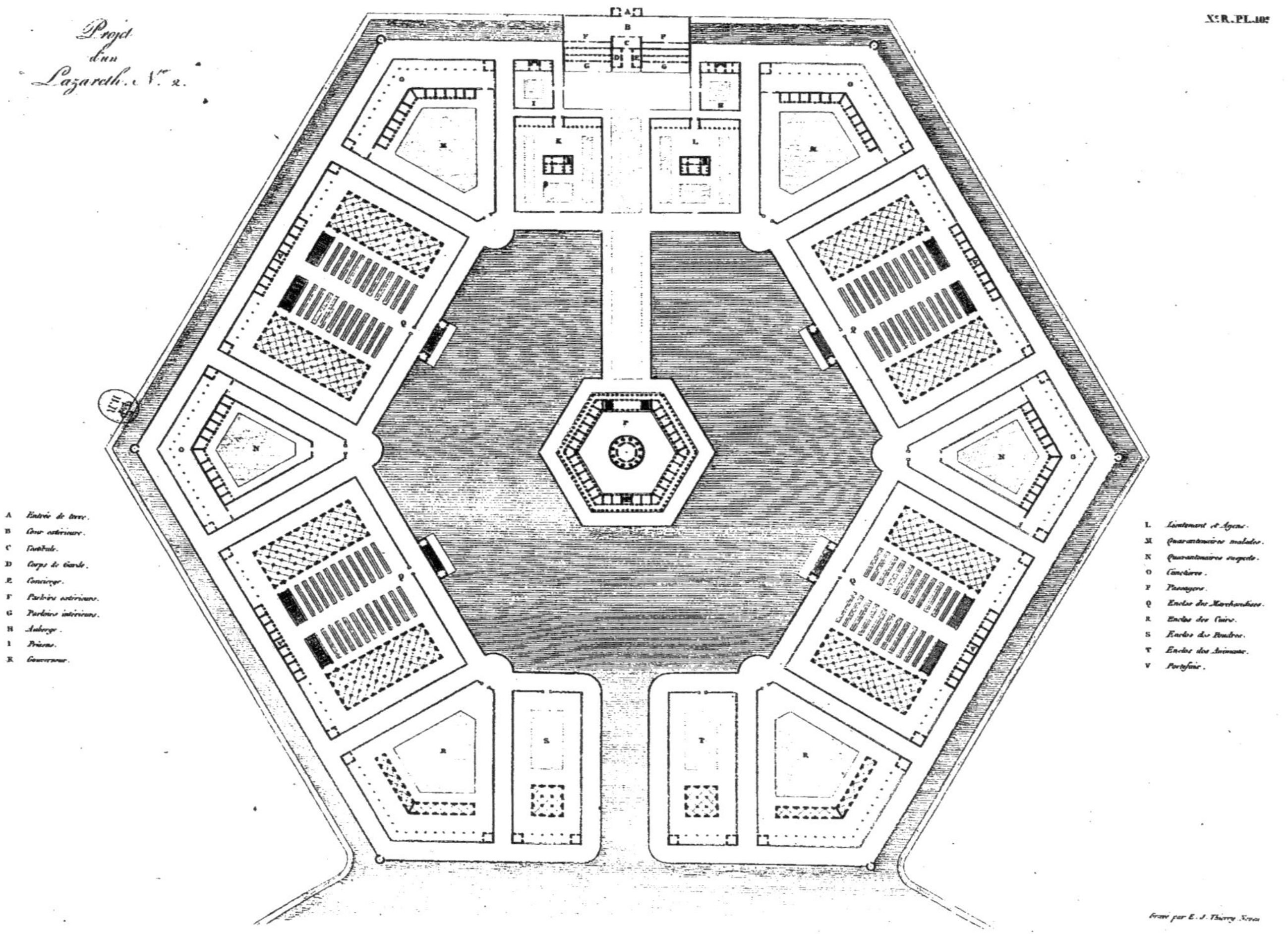

A Entrée de terre.
B Cour extérieure.
C Vestibule.
D Corps de Garde.
E Concierge.
F Parloirs extérieurs.
G Parloirs intérieurs.
H Auberge.
I Prisons.
K Gouverneur.

L Lieutenant et Agens.
M Quarantenaires malades.
N Quarantenaires suspects.
O Cimetières.
P Passagers.
Q Enclos des Marchandises.
R Enclos des Cuirs.
S Enclos des Poudres.
T Enclos des Animaux.
V Portefaix.

Gravé par E. J. Thierry

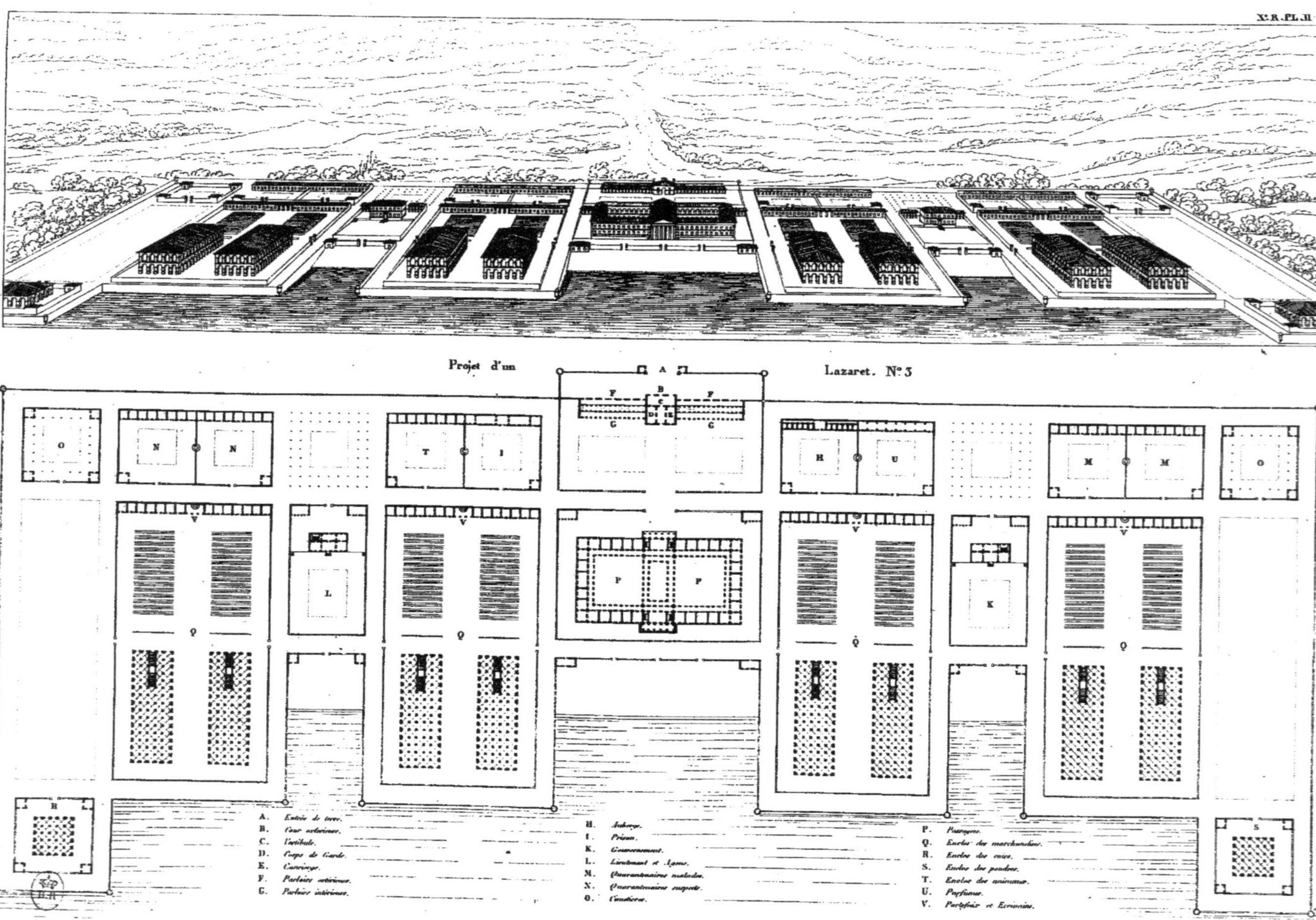
Projet d'un Lazaret. N° 3
A. Entrée de terre.
B. Cour extérieure.
C. Vestibule.
D. Corps de Garde.
E. Concierge.
F. Parloirs extérieurs.
G. Parloirs intérieurs.
H. Auberge.
I. Prison.
K. Gouvernement.
L. Lieutenant et Agens.
M. Quarantenaires malades.
N. Quarantenaires suspects.
O. Cimetière.
P. Passagers.
Q. Enclos des marchandises.
R. Enclos des cuirs.
S. Enclos des poudres.
T. Enclos des animaux.
U. Parfumer.
V. Parlefoir et Ecrivains.

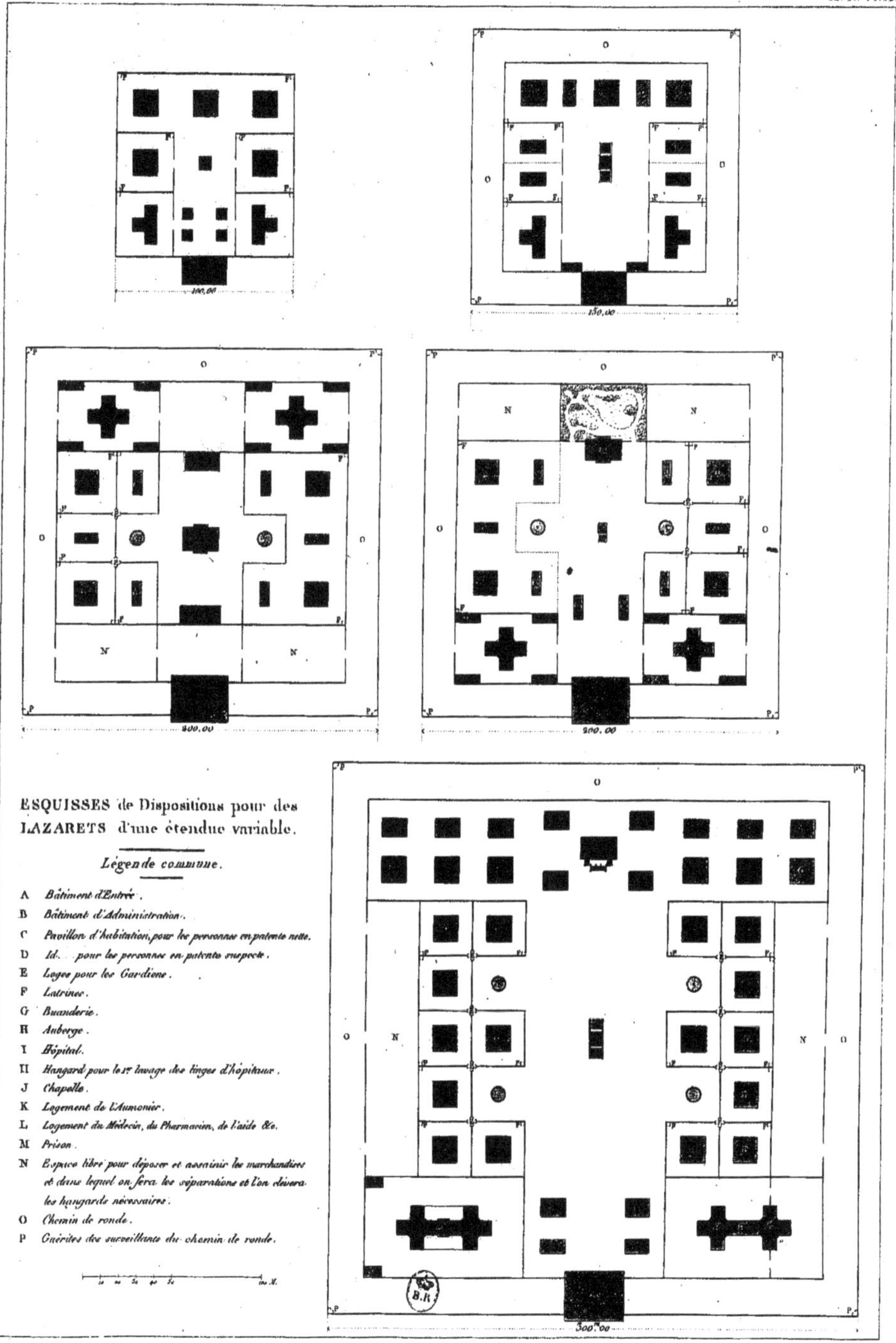
O
N
100,00
150,00
200,00
200,00
300m,00
ESQUISSES de Dispositions pour des LAZARETS d'une étendue variable.
Légende commune.
A Bâtiment d'Entrée.
B Bâtiment d'Administration.
C Pavillon d'habitation, pour les personnes en patente nette.
D Id. pour les personnes en patente suspecte.
E Loges pour les Gardiens.
F Latrines.
G Buanderie.
H Auberge.
I Hôpital.
II Hangard pour le 1er lavage des linges d'hôpitaux.
J Chapelle.
K Logement de l'Aumonier.
L Logement du Médecin, du Pharmacien, de l'aide &c.
M Prison.
N Espace libre pour déposer et assainir les marchandises et dans lequel on fera les séparations et l'on élevera les hangards nécessaires.
O Chemin de ronde.
P Guérites des surveillants du chemin de ronde.
100 M.

ÉTUDES

RELATIVES

A L'ART DES CONSTRUCTIONS,

RECUEILLIES

PAR L. BRUYÈRE,

[illegible]

L'Ouvrage sera divisé en douze Recueils, ainsi qu'il suit, savoir :

I.er Recueil. [illegible]
II. —— [illegible]
III. —— [illegible]
IV. —— [illegible]
V. —— [illegible]
VI. —— [illegible]
VII. —— [illegible]
[illegible]

VIII.e Recueil. Petites maisons de ville et de campagne.
IX. —— [illegible] antiques et modernes, et en [illegible] des couvertures.
X. —— [illegible] d'une petite ville maritime, et essai sur les lazarets.
XI. —— [illegible] de diverses constructions indi-[illegible] sur le plan du village de [illegible]
XII. —— [illegible]

[illegible] RECUEIL.

[illegible] sera composé de douze à quinze planches [illegible]

[illegible] en deux mois.

A PARIS,

[illegible], Éditeur, rue [illegible], n.° [illegible]

1823.

OU PROPRES À GARNIR LES BIBLIOTHÈQUES ET CABINETS,

Qui se trouvent chez BANCE *aîné, rue Saint-Denis, n.° 214, à Paris.*

Recueil d'Architecture civile, contenant les plans, coupes et élévations de châteaux, maisons de campagne, jardins anglais, &c., situés aux environs de Paris; ouvrage composé de cent vingt-une planches, formant un volume grand in-folio, avec texte explicatif, par *Ch. Krafft*. Prix.......... 120f

Plans, coupes et élévations de diverses productions de l'art de la charpente, exécutés tant en France que dans les pays étrangers; ouvrage en un volume grand in-folio, contenant deux cent vingt planches, accompagnées d'un texte explicatif, par *Ch. Krafft*. Prix.......... 160.

Cet ouvrage se divise en quatre parties; savoir :

La 1.re contient les termes techniques et explicatifs de l'art de la charpente;
La 2.e, la construction de bâtimens et d'habitations en charpente;
La 3.e, la construction des ponts en charpente;
La 4.e, les constructions maritimes et de navigation intérieure en charpente.

Plans des plus beaux jardins pittoresques de France, d'Angleterre et d'Allemagne, et des édifices, monumens et fabriques en tous genres qui servent à leur décoration, deux volumes in-folio. Chaque volume est composé de quatre-vingt-dix-sept planches, avec texte explicatif en français, anglais et allemand. Prix.......... 100.

Le même ouvrage, lavé en couleur. Prix.......... 600.

1 Vol. petit in-folio, contenant les portes cochères et portes d'entrée les plus remarquables de Paris, à l'usage des architectes. Prix.......... 30.

1 Vol. petit in-folio, composé de quatre-vingt-seize planches, choix des plus jolies maisons de Paris, dessinées et mesurées par *Ch. Krafft*. Prix.......... 50.

Recueil d'Architecture, dessiné et mesuré en Italie par *Seheult*, contenant un choix de maisons, fabriques, basiliques, sarcophages, fontaines, et divers fragmens d'architecture, &c. Soixante-douze planches, formant un volume grand in-folio, avec discours. Prix.......... 50.

Recueil de monumens de sculpture anciens et modernes, dessinés et gravés par *Vauthier* et *Lacour*. Soixante-douze planches, formant un volume grand in-folio, avec texte explicatif. Prix.......... 50.

Recueil de divers sujets dans le style grec, composés, dessinés et gravés par *Alexandre Fragonard*. Titres et discours, soixante planches, formant un volume grand in-folio. Prix.......... 30.

Antiquités d'Athènes, dessinées et mesurées par *Stuart* et *Revett*, peintres et architectes. Ouvrage enrichi d'un grand nombre de figures, avec texte historique et descriptif, traduit de l'anglais et publié par *Landon*; quatre volumes in-folio. Prix.......... 220.

Le dernier volume est sous presse.

Plans, coupes et élévations du nouveau Marché Saint-Germain, par *Blondel*, architecte. Onze planches grand in-folio, avec texte explicatif. Prix.......... 10.

1 Vol. Parallèles des ordres d'architecture, par *Ch. Normand*, avec discours, in-folio. Prix.......... 40.

Vignole des ouvriers, par le même. Trente-trois planches, avec discours explicatif, in-4.° Prix.......... 10.

Palais, maisons et vues d'Italie, par *Clochard*, architecte. Cent deux planches in-folio, avec texte explicatif. Prix.......... 72.

Promenades pittoresques dans Constantinople, par *Ch. Pertusier*. Vingt-cinq planches gravées par *Piringer*, avec texte, grand in-folio. Prix.. 100.

Œuvre de Beauvallet, représentant des fragmens d'architecture et de sculpture dans le style antique, gravés par *Ch. Normand*. Deux volumes in-folio, de chacun soixante-douze planches, avec texte descriptif, à 50 francs. Prix.......... 100.

1 Vol. in-folio, contenant soixante-treize planches, choix de modèles d'orfévrerie exposés au Louvre en 1819, avec texte. Prix.......... 50.

24 Cahiers de six feuilles chacun, modèles de serrurerie et de menuiserie, gravés par *Normand*, à 4 francs. Prix.......... 96.

Nouveau Recueil d'ornemens propres à la décoration, par *Ch. Normand* et *Quéverdo*. Quarante-huit planches, avec discours. Prix.......... 24.

Œuvres de Flaxmann, traduites de l'anglais, par *Nitot Dufresne*. Cent vingt planches, avec texte, grand in-4.°, divisé en quatre parties. Prix. 50.

Œuvres de Jean-Baptiste Huet. Deux volumes in-folio, composés de cent neuf planches, avec texte explicatif, précédées du portrait de l'auteur, représentant diverses études d'animaux de toute espèce, fleurs, paysages et ornemens, gravés dans le genre du crayon par son fils. Prix..........

Voyage dans les ports de France, par *Ozanne* et *le Gouaz*. Quatre-vingt-quatre planches, avec discours historique, par *Ponce*; formant un volume petit in-folio. Prix..........

Galerie théâtrale. Vingt-quatre livraisons qui se composent chacune de quatre portraits d'acteurs des quatre premiers théâtres de la capitale, avec une notice historique; formant deux volumes in-4.°, avec préface et frontispice, à 60 francs le volume. Prix..........

Le même ouvrage, figures coloriées. Prix..........

La Fable de Psyché. Un volume in-4.°, contenant trente-cinq planches, gravées par *Marchais*, d'après *Raphaël*, avec texte. Prix..........

Collection des Mammifères du Jardin des Plantes, classés d'après la méthode de M. *Cuvier*. Un volume in-4.°, cinquante-cinq planches, avec texte. Prix..........

Le même ouvrage, figures coloriées. Prix..........

Principes d'ornemens pour l'architecture, depuis les fragmens jusques et compris le chapiteau. Dix cahiers de quatre feuilles chaque, dessinés et gravés à la manière du crayon, par *Salembier*, à 1 fr. 50 c. Prix.

Bas-reliefs dessinés et gravés à Rome par *Perrier*, d'après les plus beaux monumens antiques. Un volume in-folio, contenant cinquante planches. Prix..........

Cent figures et statues antiques, par le même, d'après les plus beaux modèles existant à Rome. Un volume in-4.° Prix..........

Les proportions du corps humain, par *Gérard Audran*. Un volume in-folio, trente planches, avec texte. Prix..........

Recueil d'études pour la figure, d'après *le Poussin* et *Raphaël*. Un volume in-folio, composé de soixante planches gravées dans la manière du crayon, par *Couché*. Prix..........

Chaque feuille de cet ouvrage se vend séparément à..........

Élémens de dessin, par *Moreau* jeune, formant un cours complet depuis les premiers principes jusqu'à l'académie. Trente planches in-folio gravées au crayon par M.me *Lingée*. Prix..........

Collection de paysages et fabriques. Quarante planches, d'après les dessins de *Waterloo*, *Paul Potter* et *Veirotter*, formant dix cahiers, gravées au crayon par *Couché*, à 2 francs. Prix..........

Recueil de modèles de navires en douze planches, dessinées et gravées par *Beaugean*, avec texte, in-4.° Prix..........

Trois autres cahiers de trente planches chacun, dessinées et gravées au trait par le même, à 12 francs. Prix..........

Collection de soixante fleurs coloriées, d'après *Baptiste*, formant dix cahiers composés de six feuilles chacun, à 3 francs le cahier. Prix...

Une Collection de treize cahiers, bouquets de fleurs et fruits, dessinés par M.me *Vincent* et gravés par *Lambert*, à 4 francs. Prix..........

Les mêmes, en couleur, à 8 francs. Prix..........

Un nouveau Livre d'écritures in-folio, par *Dartiguenave*, membre de l'Académie, gravé par *Davignon*. Vingt-trois feuilles d'exemples en tous genres, avec nouvelle démonstration. Prix..........

Un *idem* petit in-4.° oblong, par les mêmes. Vingt-deux planches, avec nouvelle démonstration. Prix..........

Un *idem* in-4.°, d'écritures anglaises, par *Tomkin*, contenant vingt-deux feuilles d'exemples de tous caractères. Prix..........

Le Régulateur des écritures françaises et anglaises, démontré avec la plus grande clarté, d'après les exemples des plus célèbres maîtres, gravé par *Beaublé*. Cahier in-4.°, vingt-six feuilles d'exemples. Prix..

Recueil complet de chiffres, composé et dessiné par *Sonier* père, gravé par son fils. Un cahier in-4.°, trente-deux planches, avec texte. Prix.

Études relatives à l'art des constructions, par *Bruyère*, ancien directeur des travaux de Paris. Douze recueils, avec discours explicatifs, à 10 francs chaque. Prix..........

Le Catalogue de cette Maison de commerce, dans lequel se trouve un détail de plus six mille Planches, tant pour l'ornement des appartemen[s], pour les études en tous genres, se distribue gratis.

ÉTUDES

RELATIVES

A L'ART DES CONSTRUCTIONS,

RECUEILLIES

PAR L. BRUYÈRE,

OFFICIER DE LA LÉGION D'HONNEUR, INSPECTEUR GÉNÉRAL DES PONTS ET CHAUSSÉES, MAÎTRE DES REQUÊTES, ET ANCIEN DIRECTEUR DES TRAVAUX DE PARIS.

Nisi utile est quod facimus, stulta est gloria.
PHÈDRE, *fab. 17, liv. III.*

XI.[e] RECUEIL.

PROJETS

DE DIVERSES CONSTRUCTIONS INDIQUÉES SUR LE PLAN DU VILLAGE DE ***.

TABLE DES PLANCHES DE CE RECUEIL.

PROJETS

DE DIVERSES CONSTRUCTIONS INDIQUÉES SUR LE PLAN DU VILLAGE DE ***.

En m'occupant successivement des Recueils qui composent cette collection, j'ai senti vivement tout ce qui me manquait pour traiter convenablement le plus grand nombre des questions qui se sont présentées. La position déplorable dans laquelle je suis depuis long-temps et mon âge avancé auraient achevé de me décourager, si, par bonté, mes amis n'avaient cherché à me persuader que mon travail pouvait renfermer quelque chose d'utile. Mais je ne puis me faire illusion sur les projets que je vais présenter ici : je prie donc qu'on les considère comme la récréation d'un malade qui ne peut quitter son gîte ; et, comme le dit le bon la Fontaine, que faire en un gîte à moins qu'on ne songe? Tout en songeant, j'ai supposé qu'un homme, que je nommerai M. de ***, jouissant d'une très-grande fortune et de beaucoup de considération, avait eu le rare bonheur de recevoir une éducation libérale, d'aimer les sciences et les arts et de les cultiver avec succès; que ce même homme n'étant plus dans l'âge des passions, quoique jeune encore, et après avoir renoncé à tous les hochets de la vanité, s'était déterminé à se retirer avec sa famille dans une vaste propriété qu'il possédait à la campagne, près du village de ***, lieu pittoresque et en même temps très-fertile (1).

Le vieux château qui faisait partie de cette propriété, étant très-dégradé et dans une position mal choisie, il s'occupa d'en faire construire un nouveau (2). Ce dernier fut placé de manière à coordonner ses principales dispositions avec celles qu'on avait projetées et approuvées depuis long-temps pour rectifier les grandes routes qui traversaient le village, et pour l'établissement d'un canal navigable d'une utilité générale et qui sur-tout devait procurer de grands avantages aux localités qu'il traversait.

La rectification des routes ne tarda pas à être exécutée aux frais du Gouvernement, et de nombreux actionnaires, encouragés par l'exemple de M. de ***, se présentèrent pour exécuter le canal projeté (3).

M. de ***, qui prenait un vif intérêt à tous les genres de constructions, s'attacha de plus en plus au lieu qu'il avait choisi pour sa retraite. Il entrevit qu'en profitant des lumières qu'il avait acquises dans sa jeunesse et dans l'exercice de plusieurs fonctions publiques, il lui serait possible, avec une partie de son superflu seulement, de satisfaire ses goûts et de procurer aux bons habitans de son village, dont il desirait se faire aimer, plusieurs édifices d'utilité publique qui leur manquaient, et que leurs faibles moyens ne leur permettaient pas d'entreprendre. Il employa, pour réaliser ses projets, trois moyens bien puissans lorsqu'ils se trouvent réunis, sa fortune, son crédit et ses talens.

La principale route, telle qu'on la voit figurée sur le plan du village, servit de base au système général qu'il avait adopté. Une ligne perpendiculaire à cette route devint l'axe du château, des halles et d'une nouvelle église (4), l'une des constructions les plus intéressantes pour le village. Quelques fonds avaient été rassemblés pour cette construction, mais ils étaient insuffisans : cet obstacle fut bientôt levé ; on joignit même à cette église un presbytère (5) pour loger convenablement le pasteur de ce village. Les rares vertus et les qualités aimables du vieillard qui en remplissait les fonctions, le faisaient chérir et respecter de tous les habitans. Il fut choisi par eux pour présider un conseil de notables chargés de discuter les nouveaux projets, et de concilier à l'amiable les divers intérêts.

Le premier soin de ce conseil et de son digne président fut de s'occuper d'un hospice (6) pouvant recevoir douze

---

(1) Quelques exemples m'autorisent à penser que la supposition que je veux faire pourrait se réaliser jusqu'à un certain point. Au surplus, je n'ai eu d'autre intention que de placer dans un cadre divers édifices simples dont les projets pouvaient ne pas exiger une étude très-sérieuse. J'avais néanmoins l'intention de ne pas perdre de vue l'utilité qui doit être le but de tout travail. Malheureusement je n'ai pu, dans ma position, me procurer tous les programmes nécessaires, ce qui m'a conduit à rester souvent dans le vague.

(2) On voit, sur le plan du village servant de frontispice, les dispositions générales du château et des jardins qui l'environnent; et *Planche 1.re*, le plan particulier de cet édifice accompagné de remises et écuries. Celles-ci ont été placées derrière les remises, afin de conserver la symétrie dans les élévations, et d'éviter, autant qu'il serait possible, l'aspect des fumiers.

Il sera facile de juger de la distribution des autres étages par celle du rez-de-chaussée. On fera remarquer seulement que l'escalier principal conduit à une belle chapelle placée au-dessus du vestibule.

Le sol étant en pente du côté du canal, la cour d'honneur forme une terrasse sur laquelle on parvient par des rampes circulaires, ce qui permet d'entrer de plein-pied dans l'étage souterrain. Cet étage contient les cuisines, offices, buanderie, bûchers, caves et autres accessoires. Une fontaine jaillissante occupe le centre de cette cour, et contribue à l'agrément de l'habitation, sans nuire au mouvement des voitures.

(3) Parmi les ouvrages d'art que le canal et les routes aux abords du village rendaient nécessaires, se trouvaient :

1.° *Planche 2.* Petit pont de pierre de trois arches, auxquelles il a été facile de donner la forme plein-cintre;

2.° *Planche 3.* Pont canal composé également de trois arches de même ouverture, mais en portion de cercle, forme que le passage du canal rendait convenable. Pour diminuer le cube de la maçonnerie et donner en même temps au pont un aspect plus pittoresque, des consoles soutiennent une partie des chemins de halage.

Ces deux ponts font partie du paysage général, ce qui motive quelques-unes de leurs dispositions.

3.° *Planche 4.* Pont couvert en charpente sur le canal. Ce pont permet de ne point interrompre les chemins de halage, ce qui laisse toute liberté à la navigation. Quoique construit en bois, sa couverture lui assure une longue durée.

4.° *Même planche.* Pont mobile, qu'on pourrait appeler hydrostatique, parce que son mouvement s'opère au moyen de contre-poids plongés alternativement dans l'eau et dans l'air. Ce pont, qui ne consiste que dans un tablier, est attaché, par chacun de ses quatre angles, à des chaînes qui peuvent s'enrouler sur des portions de cercle fixées à l'une des extrémités d'un levier, tandis qu'à l'autre sont suspendus des contre-poids placés dans des puits. Ces puits communiquent entre eux et peuvent s'emplir d'eau ou se vider à volonté, au moyen de robinets ouverts et fermés alternativement par l'éclusier voisin, dont on voit l'habitation *planche 6.* Ce moyen suppose des eaux supérieures qu'on peut se procurer, dans cette circonstance, en établissant un tuyau qui ferait communiquer le bief supérieur avec l'un des puits. On sent que le poids du pont, la hauteur à laquelle il doit être élevé, la longueur du chemin à parcourir par les contre-poids, étant donnés, on peut déterminer la différence entre les bras de chacun des leviers, ainsi que la pesanteur des contre-poids. Ce nouveau système exigerait des développemens que les bornes de ce Recueil ne comportent pas. J'ajouterai seulement qu'il pourrait être employé quelquefois sur les murs de faîte en aval des écluses, sur-tout lorsqu'il ne serait pas nécessaire d'élever le tablier à une grande hauteur. Il serait même possible, dans quelques circonstances, de suppléer les eaux supérieures par une pompe.

(4) *Planche 5.* Plusieurs convenances, et le desir de multiplier les constructions utiles, ont fait choisir pour cette église le système le plus simple, en se conformant cependant au type primitif adopté par les premiers chrétiens. L'autel principal offre seul quelque apparence de décoration; dans le reste de l'édifice, on a fait usage des matériaux que les localités pouvaient fournir, tels que le moellon, la brique, le bois, &c.; enfin, elle est placée, suivant l'ancien usage, dans le cimetière, au fond duquel se trouve une chapelle sépulcrale (*Planche 6*) dont le soubassement contient à l'extérieur les tombes des ancêtres de M. de ***, celles des divers curés morts dans leurs fonctions, et des habitans du village les plus recommandables par leurs vertus. Une seule inscription rappelle seulement l'époque de la mort, le nom, et les fonctions pendant leur vie, de ceux qui reposent dans ces tombes. Chacune d'elles contient plusieurs cercueils placés successivement dans un bain de mortier hydraulique, qui devient aussi dur que la pierre et s'oppose à toutes les émanations. Je reviendrai, si cela est possible, sur ce procédé peu coûteux, qui n'a rien de contraire à nos idées religieuses, et qu'on pourrait généraliser sur-tout pour les grandes villes.

(5) *Même planche.* Ce presbytère, d'une disposition décente, mais modeste, devait contenir, outre le logement du curé, celui de son vicaire, une petite école particulière pour mettre les pauvres à couvert. Il se trouvait très-près de l'église et en face de l'hospice, dont le curé était l'un des administrateurs et le surveillant naturel.

(6) *Planche 6.* Les secours à domicile sont regardés, par quelques personnes, comme préférables aux soins qu'on reçoit dans les hospices. Quoi qu'il en soit de cette question, considérée sous un point de vue général, on convient qu'un petit hospice bien organisé peut réunir tous les avantages, si sa dotation permet de donner des secours et des remèdes à domicile aux malades à proximité, et si en même temps il offre un asile à ceux qui sont trop éloignés ou trop mal logés.

Celui dont on présente les plans contient au rez-de-chaussée une salle de réception, une cuisine, un réfectoire pour les sœurs hospitalières, une pharmacie, une salle de bains, &c.

Le premier étage est occupé par deux salles de malades, la chambre des veilleuses, des cabinets d'aisance et de dépôt auxquels on parvient au moyen de galeries extérieures, afin d'être à l'abri de toute odeur; enfin on trouve, dans l'étage supérieur, la lingerie, le logement des sœurs et autres accessoires.

Un jardin attenant à l'hospice fournit les légumes, les plantes médicinales nécessaires, et sert en même temps de récréation aux sœurs, qui le cultivent, et de promenade aux convalescens, qui peuvent y trouver un exercice salutaire.

malades de l'un et de l'autre sexe. Des arrangemens pris avec M. de *** et l'administration, permirent ensuite de construire une petite maison commune, qui contenait le tribunal de paix (7).

Une foire et des marchés se tenaient périodiquement dans l'ancienne place du village; mais les marchandises et les denrées, sans aucun abri, étaient souvent avariées. Ces marchés étant beaucoup plus fréquentés depuis l'exécution du canal, on éleva, entre ce dernier et la grande route, deux corps de halle en charpente (8). Un droit d'entrepôt fut établi avec l'autorisation de l'administration supérieure, et affecté au remboursement des avances faites par M. de ***; mais il en abandonna le produit pour doter l'hospice qu'on venait de construire.

Ces corps de halle, excepté les jours de marché, étaient utiles pour mettre momentanément à couvert les récoltes et pour étendre le linge dans la mauvaise saison. Ils servaient encore, les jours de fête, à rassembler les habitans, qui se trouvaient ainsi sous les yeux de leurs magistrats et de leur pasteur. M. de ***, sa famille et sa société, faisaient quelquefois partie de ces réunions toujours paisibles, et où régnait la plus grande décence.

Dans ce nouvel état de choses, les grandes routes dans l'intérieur du village étant plus régulières et plus larges, une police toute paternelle veillant à la propreté des petites rues autrefois remplies d'immondices, les conseils et les secours, accordés avec discernement, contribuant à rendre les habitations plus saines et à diminuer l'intempérance, on vit disparaître les principales causes des maladies. Un peu plus d'aisance, produite par un travail assuré, donnait ensuite aux habitans le moyen d'avoir des vêtemens convenables et du linge en quantité suffisante pour en changer souvent. Une petite rivière à proximité offrait un moyen de le laver; mais les femmes ne pouvaient le faire que dans une position très-incommode, en mouillant leurs vêtemens et étant exposées à toutes les intempéries. Pour rendre ce lavage, si important pour la santé, plus facile, un lavoir couvert (9) fut établi au-dessous du canal, qui lui fournissait l'eau nécessaire. Cette eau se rendait ensuite dans la rivière, ce qui permettait de la renouveler souvent. Enfin, des sources abondantes servirent à alimenter des fontaines élevées au centre des deux places principales (10).

M. de ***, après avoir procuré au village les édifices qui lui étaient le plus utiles, s'occupa des moyens de le faire jouir des avantages qui devaient résulter de son heureuse position, au point de réunion de deux routes très-fréquentées et conduisant à de grandes villes, et enfin de sa très-grande proximité du canal. En conséquence, il sollicita le placement d'un relais de poste, ce qu'il obtint facilement. Il fit de suite élever, à l'embranchement des trois routes, un édifice propre à cet usage (11). Les mêmes motifs le conduisirent à faire construire une grande auberge près de la poste (12). Enfin, un troisième emplacement fut réservé, au même point de réunion des trois routes, pour une manufacture (13), qui, se trouvant en même temps près d'un canal et dans un pays abondant en matières premières, devait avoir un grand succès et procurer ainsi aux habitans du village et des environs le moyen de s'occuper utilement, lorsque les travaux de la campagne sont suspendus. Ces trois édifices, dont chacun faisait face à une route (14), produisirent des loyers qui représentaient l'intérêt des sommes employées à leur construction, exécutée avec beaucoup d'ordre et d'économie.

M. de *** était du nombre de ceux qui pensent que, dans l'état actuel des sociétés, une première instruction est devenue indispensable, sans aucune exception; mais il la regardait comme inséparable des principes religieux. En conséquence, il fit construire une école (15) disposée de manière à pouvoir y suivre la méthode de l'enseignement mutuel, qui a le grand avantage, pour les enfans de la campagne, de n'exiger qu'une faible partie de leur temps: on y joignait ensuite une instruction particulière sur la religion et la morale. Pour assurer le succès de cette double instruction, le curé du lieu était chargé de surveiller et de diriger lui-même cet enseignement.

Ce village acquit ainsi une sorte de célébrité qui attirait un grand nombre de curieux, ce qui contribuait à sa prospérité. Le château, où l'on trouvait une famille intéressante,

---

(7) *Même planche.* Le rez-de-chaussée de cette maison commune est consacré au tribunal de paix, qu'accompagnent un greffe, deux cabinets et un petit corps-de-garde.

La grande salle de la commune, un bureau, des archives et des cabinets, occupent le premier étage, auquel on parvient par un perron couvert.

(8) *Planche 7.* Cette vue suffira sans doute pour indiquer que les extrémités de ces corps de halle sont entièrement ouvertes pour donner un libre accès aux voitures, tandis qu'au contraire les côtés sont garnis de persiennes pour garantir les personnes et les marchandises. Il sera également facile de distinguer les pièces qui composent la charpente.

(9) *Planche 8.* On voit sur cette planche l'étude d'un lavoir. Elle consiste dans un bassin en maçonnerie hydraulique, élevé à hauteur d'appui, ce qui permet aux femmes de rester debout. Un vaste toit les met à l'abri de la pluie et du soleil, et les piliers qui le supportent sont établis sur les murs du bassin, afin que rien ne puisse gêner la circulation.

Cette disposition a exigé que les fermes du comble fussent composées de manière que les pièces qu'on nomme arbalétriers, au lieu de s'appuyer sur les extrémités des tirans horizontaux, servissent au contraire à les soutenir en faisant l'office de tirans.

Ce système, exprimé sur les dessins, a déjà été employé, *Planche 4*, pour le pont couvert, et pourrait l'être dans d'autres circonstances.

(10) *Même planche.* Cette fontaine, sans aucun ornement, est composée d'un premier bassin. Les eaux qui servent à le remplir, sortent d'un champignon et sont destinées à la boisson des habitans, celles qui sont surabondantes se rendent ensuite dans trois bassins inférieurs ou abreuvoirs.

(11) *Planche 9.* Le projet de ces constructions a été rédigé conformément à quelques avis d'un maître de poste. Il pensait que tous les chevaux sains devaient être logés dans une même écurie spacieuse, voûtée, et au-dessus de laquelle seraient les fourrages; que cette grande écurie, placée au milieu de l'emplacement général, devait aboutir au point où les voitures viendraient relayer sous un abri, ainsi qu'on en trouve des exemples en Italie; qu'il convenait de placer la sellerie et la salle des voyageurs près du même point, et d'avoir trois petites écuries séparées pour les chevaux malades, les chevaux au repos et enfin ceux qui seraient destinés aux courriers; qu'on devait trouver en outre, dans un semblable établissement, des remises, une forge, des galeries pour le pansement des chevaux, des abreuvoirs, de vastes cours, enfin un logement pour le maître de poste, qui le mît à portée de communiquer facilement avec les voyageurs et de surveiller à chaque instant toutes les parties de son établissement. C'est à ces conditions qu'on a tâché de satisfaire.

(12) *Planche 10.* Deux portes cochères, placées à droite et à gauche du corps de l'auberge, permettent de descendre à couvert, et offrent un moyen facile pour l'entrée et la sortie des voitures. On trouve, de chaque côté de la cour principale, des remises pour celles qui sont légères; et au fond de cette même cour, d'autres remises destinées aux rouliers, et sous lesquelles ils peuvent placer leurs voitures à couvert sans être obligés de reculer, ce qui est toujours très-pénible et souvent impossible. De vastes écuries doubles occupent les côtés de la seconde cour. Le fond est orné par une fontaine dont les eaux alimentent un abreuvoir. Enfin, deux petites cours particulières sont destinées aux fumiers.

Le bâtiment principal sur la place se compose : au rez-de-chaussée, de vestibule, salle à manger, petites salles particulières et logement de l'aubergiste; au premier étage, de dix chambres de voyageurs, dont deux principales avec cabinets; au second, du même nombre de chambres; le troisième est réservé pour le service de la maison, excepté cependant les deux extrémités, où l'on trouve dans un attique quatre chambres, ce qui forme en totalité vingt-quatre logemens à donner. On fera remarquer que cet attique a de plus l'avantage d'éviter les grandes croupes du comble et le mauvais effet des tuyaux de cheminée au-dessus de cette partie du toit.

(13) On ne peut méconnaître les avantages que les manufactures procurent à une nation et aux localités dans lesquelles elles sont placées; mais elles ne sont pas également favorables aux mœurs, parce qu'elles exigent souvent la réunion d'un grand nombre d'individus; que, d'un autre côté, les réunions donnent de graves inquiétudes lorsque les travaux viennent à cesser. Ces inconvéniens sont beaucoup moindres pour les habitans des campagnes, qui ne consacrent aux travaux industriels que le temps pendant lequel ceux des champs sont interrompus, sur-tout lorsque les ouvrages sont de nature à pouvoir être exécutés dans leur domicile en employant les femmes et les enfans. C'est ce qui se pratique auprès de Genève, Rouen, Saint-Étienne, Saint-Chamond, &c. : on voit dans les campagnes, aux environs de ces deux dernières villes, des cultivateurs s'occuper d'ouvrages en fer, tandis que leurs femmes et leurs enfans fabriquent de beaux rubans, le tout dans la même chambre. C'est dans cet esprit qu'était conçue la manufacture dont on trouve une simple indication sur le plan du village ou frontispice.

(14) Il est d'usage de former une place circulaire au point où se réunissent plusieurs routes; mais dans cette circonstance, on a donné la préférence à la forme triangulaire, parce que les trois côtés en ligne droite étaient plus favorables aux constructions qu'on se proposait d'élever, et à chacune desquelles une route paraît servir d'avenue.

(15) *Planche 8.* Cette école ne consiste que dans une salle longue et bien éclairée. Elle est précédée par un porche où les enfans peuvent attendre à couvert.

Le milieu de la face pourrait être occupé par une statue en terre cuite qui rappellerait la double destination de ce petit édifice.

cultivant les arts d'agrément, des promenades dans le plus beau site, une table bien servie, quoique avec simplicité, était constamment visité par les personnes les plus distinguées dans toutes les classes de la société. Plusieurs d'entre elles manifestèrent le desir d'avoir une habitation dans le voisinage. Ce desir comblait les vœux de M. de ***; il s'empressa de concéder des terrains à des conditions extrêmement modérées. Des pépinières qu'il avait créées lui donnèrent le moyen d'offrir des arbres aux acquéreurs. Enfin, tout arrangement était facile avec M. de ***, qui desirait se former une société. Deux de ses enfans s'étant mariés avantageusement, voulurent aussi avoir une habitation près de leurs parens. En conséquence, on vit s'élever, comme par enchantement, des maisons de campagne de diverses grandeurs (16), selon le goût et la fortune de chaque propriétaire. Ces maisons, ainsi disséminées dans les environs du village, contribuaient beaucoup à l'embellissement général et à augmenter l'aisance des habitans, dont le nombre ne tarda pas à s'accroître.

M. de ***, qui avait beaucoup voyagé, en avait profité, en homme instruit, pour acquérir des connaissances dans la pratique de l'agriculture, dont il prévoyait qu'il ferait un jour un utile usage. Le moment prévu était arrivé; par sa rare intelligence et des soins constans, il parvint à augmenter considérablement le revenu de ses terres. Ses voisins, long-temps timides et dominés par de vieilles routines, finirent par l'imiter, et contribuèrent ainsi à propager les saines doctrines. Il trouva encore, dans cette circonstance, une nouvelle occasion de satisfaire son goût, en s'occupant de diverses constructions rurales (17).

Les bénédictions des habitans, une santé inaltérable, fruit de la tempérance, du bon air et d'un grand exercice, furent les premières récompenses du bien qu'il avait fait aux hommes. Parvenu à l'âge le plus avancé, la mort le surprit au milieu des projets dont il s'occupait encore pour la prospérité de l'espèce de colonie dont il avait été le créateur. Sa dépouille mortelle fut placée auprès de celle de ses aïeux, et se trouva environnée de celles des braves habitans au bonheur desquels il avait contribué pendant une vie honorable et prolongée au-delà du terme ordinaire.

Lorsque ses enfans connurent l'état dans lequel leur respectable père avait laissé sa fortune, ils furent bien étonnés de voir qu'après des dépenses aussi considérables, elle était plutôt augmentée que diminuée: ce qui ne paraîtra pas surprenant, si l'on considère qu'il n'avait disposé que de son superflu, en employant quarante ans pour exécuter ses projets; que l'ordre le plus parfait avait régné dans leur exécution, dirigée par lui-même; qu'il avait eu le talent de s'entourer d'hommes probes et intelligens qui le secondaient avec le plus grand zèle; qu'il trouvait une partie des matériaux sur sa propriété; que cette grande propriété avait elle-même doublé de valeur, à raison des améliorations opérées dans la culture et des changemens avantageux survenus dans le canton; qu'enfin, en fournissant constamment de l'ouvrage aux habitans, qui, avant l'ouverture des nouveaux travaux, en manquaient souvent, il s'était vu dispensé des sacrifices assez grands qu'il était dans l'usage de faire pour venir au secours de ceux qui ne pouvaient trouver de travail.

Puisse cette fiction, qui ne suppose rien de trop invraisemblable, contribuer à faire connaître quels avantages résulteraient du séjour à la campagne d'hommes riches et éclairés! (18)

---

(16) *Planche 11.* On trouvera sur cette planche quatre projets de maisons rédigés d'après les conditions suivantes:

La superficie occupée par la maison sera d'environ deux cent cinquante mètres.

Le rez-de-chaussée se composera d'antichambre, salle à manger, petit office, salon, salle de billard et chambre à coucher.

Le premier étage comprendra cinq chambres avec garde-robes.

Cinq à six chambres de domestique seront placées dans l'étage des combles: on trouvera dans le souterrain, cuisine, lavoir, garde-manger, cave et bûchers.

Planche 12. Projets de deux maisons un peu plus grandes que les précédentes.

Planche 13. Projets de deux autres maisons ou petits châteaux.

On peut remarquer que, dans ces projets et notamment dans les quatre derniers, on a adopté quelques dispositions qui leur sont communes.

1.° Les souterrains, le plus ordinairement humides et mal éclairés, sont ici entièrement isolés au moyen de murs d'enceinte qui soutiennent les terres et laissent un espace libre qui permet de circuler autour du soubassement, d'y pratiquer les portes et ouvertures nécessaires, et de communiquer à l'extérieur au moyen d'une ou plusieurs rampes. Au rez-de-chaussée, de petits ponts placés au-devant des entrées établissent la communication avec les cours et les jardins. Enfin, un petit aqueduc conduit toutes les eaux à la distance convenable. Ce moyen augmente un peu la dépense; mais on en est bien dédommagé par les avantages qu'il procure.

2.° Dans les étages sous le comble, on a sacrifié un petit espace le long des murs de face, de manière qu'il se trouve la hauteur d'un homme dans la partie la moins élevée, ce qui rend les logemens plus habitables et plus faciles à nettoyer.

3.° Dans toutes ces maisons, y compris le château et autres édifices qui se trouvent dans cette collection, on a eu l'attention de disposer les tuyaux de cheminée de manière à aboutir au faîtage ou à être masqués par un attique.

4.° Dans les projets (*Planche 12*), afin d'éviter les lucarnes ou les châssis à tabatière, on a pratiqué, pour éclairer les chambres de domestiques, des croisées qui prennent leur jour sur l'espèce de cour couverte en vitrages qui occupe le centre de l'édifice.

(17) Dans le nombre de ces édifices ruraux, se trouvait une ferme dont la reconstruction était devenue indispensable. La ferme nouvelle fut établie en grande partie avec les matériaux de l'ancienne, en adoptant, autant que le permettait l'état des connaissances à cette époque, les dispositions qui paraissaient les plus favorables.

En attendant que les agronomes aient arrêté définitivement les bases de bons programmes pour les différentes localités, voici quelques conditions auxquelles on a tâché de satisfaire dans le projet (*Planches 14 et 15*).

La ferme doit servir à une exploitation de six à huit charrues.

La partie de l'emplacement occupée par les bâtimens et cours de service intérieures est entièrement close par des murs, et elle occupe un espace d'environ un hectare.

La superficie de la partie extérieure, qui comprend le jardin du fermier, la cour des meules, celles qui sont destinées au parcours des animaux ou vergers, et qui n'est fermée que par des palissades et des haies, est d'environ un hectare et un tiers.

Tous les édifices de cette ferme, dont les dépendances exigent l'emploi de six à huit charrues, sont très-isolés les uns des autres, pour faciliter la surveillance, la circulation des voitures et celle de l'air, et enfin, principalement, pour s'opposer aux progrès d'un incendie.

La maison du fermier est placée de manière qu'il peut, de ses fenêtres ou du perron couvert, inspecter les différentes parties de son établissement. Deux escaliers intérieurs, placés aux extrémités de cette maison, permettent, en descendant la moitié d'un étage seulement, de communiquer très-facilement d'un côté avec les étables et de l'autre avec les écuries.

Elle se compose, au rez-de-chaussée, de cuisine, salle à manger, de deux appartemens, &c.;

Au premier étage, de logemens pour la famille et les étrangers.

Le soubassement renferme fournil, pétrin, buanderie, laiterie, fromagerie, chambre de chaulage, caves et autres accessoires.

Les chambres de domestiques, la lingerie, les légumes secs, sont placés dans les combles.

Toutes les voitures sont obligées, pour entrer ou sortir, de passer sous les yeux du fermier ou de ses agens.

Les deux granges sont accompagnées de cours, contenant les meules, qui leur servent de supplément. Leur entrée, du côté de la grande cour, est précédée par un porche, qui permet, lorsqu'il survient un orage, de charger les gerbes à couvert, et ce qui dispense de faire entrer les voitures dans la grange, au détriment des aires à battre.

Des puits se trouvent à proximité des écuries, des étables et de la maison.

De vastes hangars sont destinés à mettre à couvert les voitures, charrues et instrumens aratoires, et à placer momentanément les récoltes, lorsqu'il survient un orage.

Les étables et écuries, divisées en plusieurs parties qui se communiquent, peuvent contenir vingt-quatre vaches et vingt-quatre chevaux, et la bergerie environ quatre cents moutons. Différentes pièces accessoires accompagnent les unes et les autres.

Deux espaces entourés d'arbres, suffisamment écartés de la maison, et à proximité des animaux, sont réservés pour les fumiers.

Enfin, des plantations d'arbres fruitiers entourent l'ensemble de la ferme, et contribuent à la garantir des grands vents.

(18) Je terminerai ce Recueil en faisant observer que les projets pour ce village ont été rédigés dans un esprit d'économie, en cherchant cependant à leur imprimer un caractère tel, que les constructions parussent être l'ouvrage d'un homme riche qui avait voulu embellir le pays qu'il habitait, mais qui était assez éclairé pour rejeter de vains ornemens, déplacés dans cette circonstance, et pour adopter de sages dispositions en les rendant pittoresques, lorsque cela était possible, sans trop s'écarter du but utile.

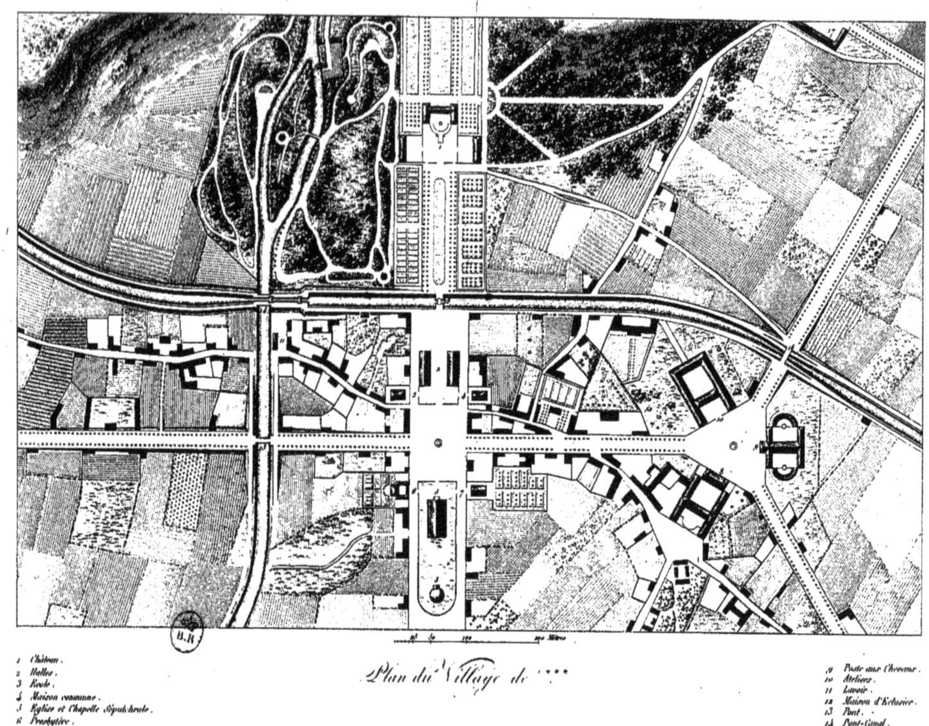

1 Château.
2 Halles.
3 École.
4 Maison commune.
5 Église et Chapelle Sépulchrale.
6 Presbytère.
7 Hospice.
8 Auberge.

Plan du Village de ***

9 Poste aux Chevaux.
10 Ateliers.
11 Lavoir.
12 Maison d'Éclusier.
13 Pont.
14 Pont-Canal.
15 Pont mobile.
16 Pont sur le Canal.
17 Ferme.

PROJETS DE DIVERSES CONSTRUCTIONS INDIQUÉES SUR LE PLAN DU VILLAGE DE ☆☆☆

XIe RECUEIL.

F. P. Michel Sculpsit

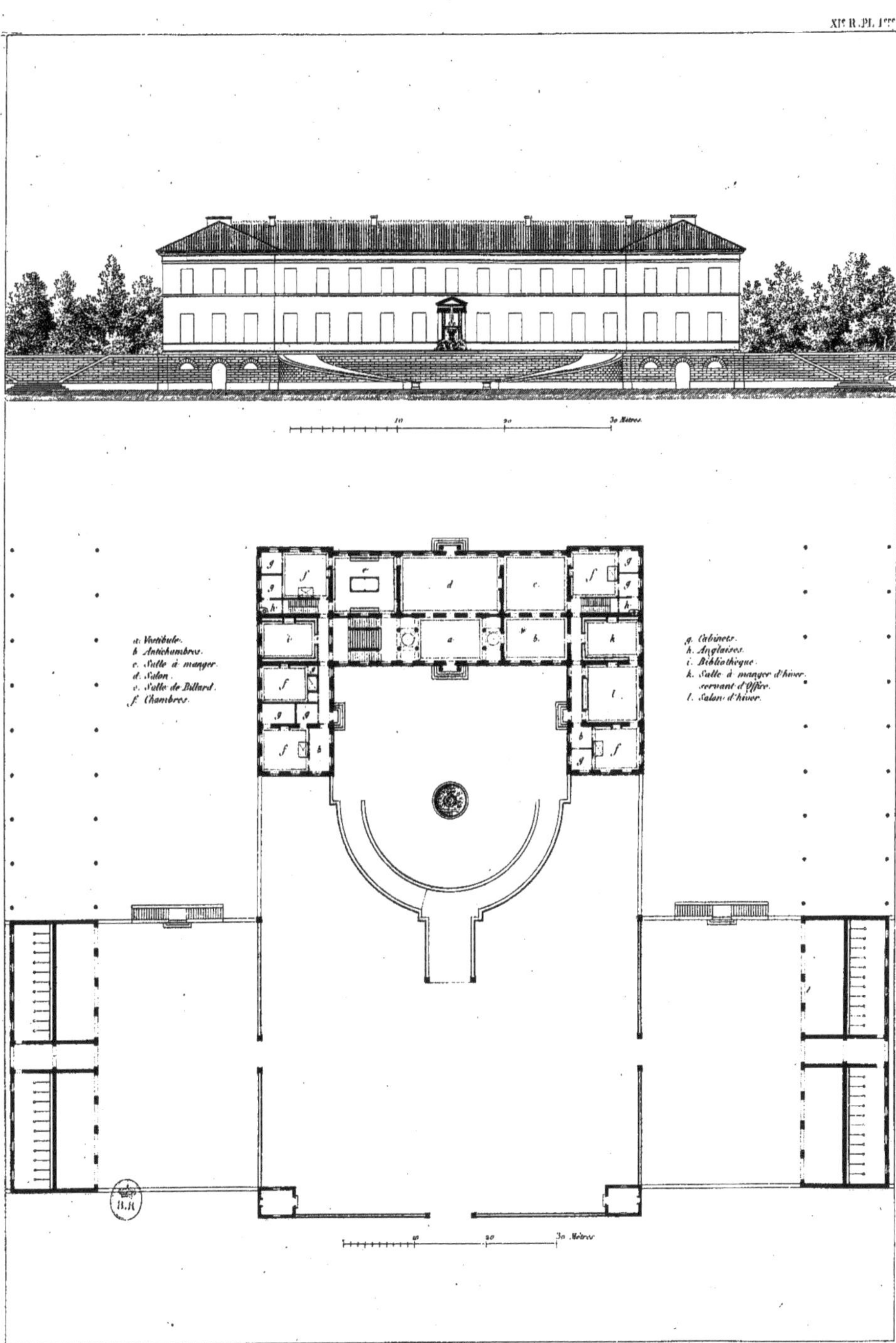
10 20 30 Mètres
a. Vestibule.
b. Antichambres.
c. Salle à manger.
d. Salon.
e. Salle de Billard.
f. Chambres.
g. Cabinets.
h. Anglaises.
i. Bibliothèque.
k. Salle à manger d'hiver. servant d'Office.
l. Salon d'hiver.
10 20 30 Mètres
Thierry sculp.

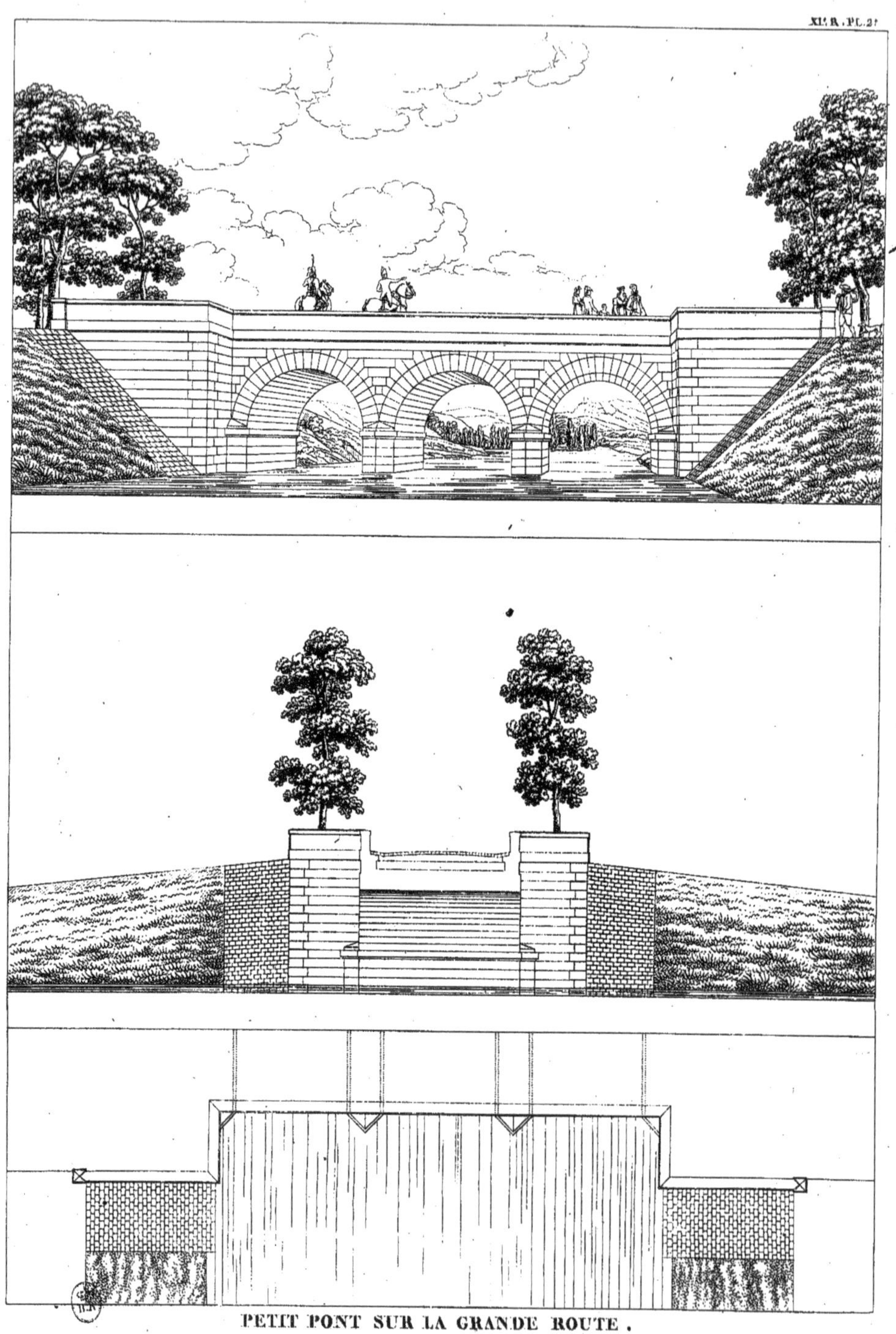

PETIT PONT SUR LA GRANDE ROUTE.

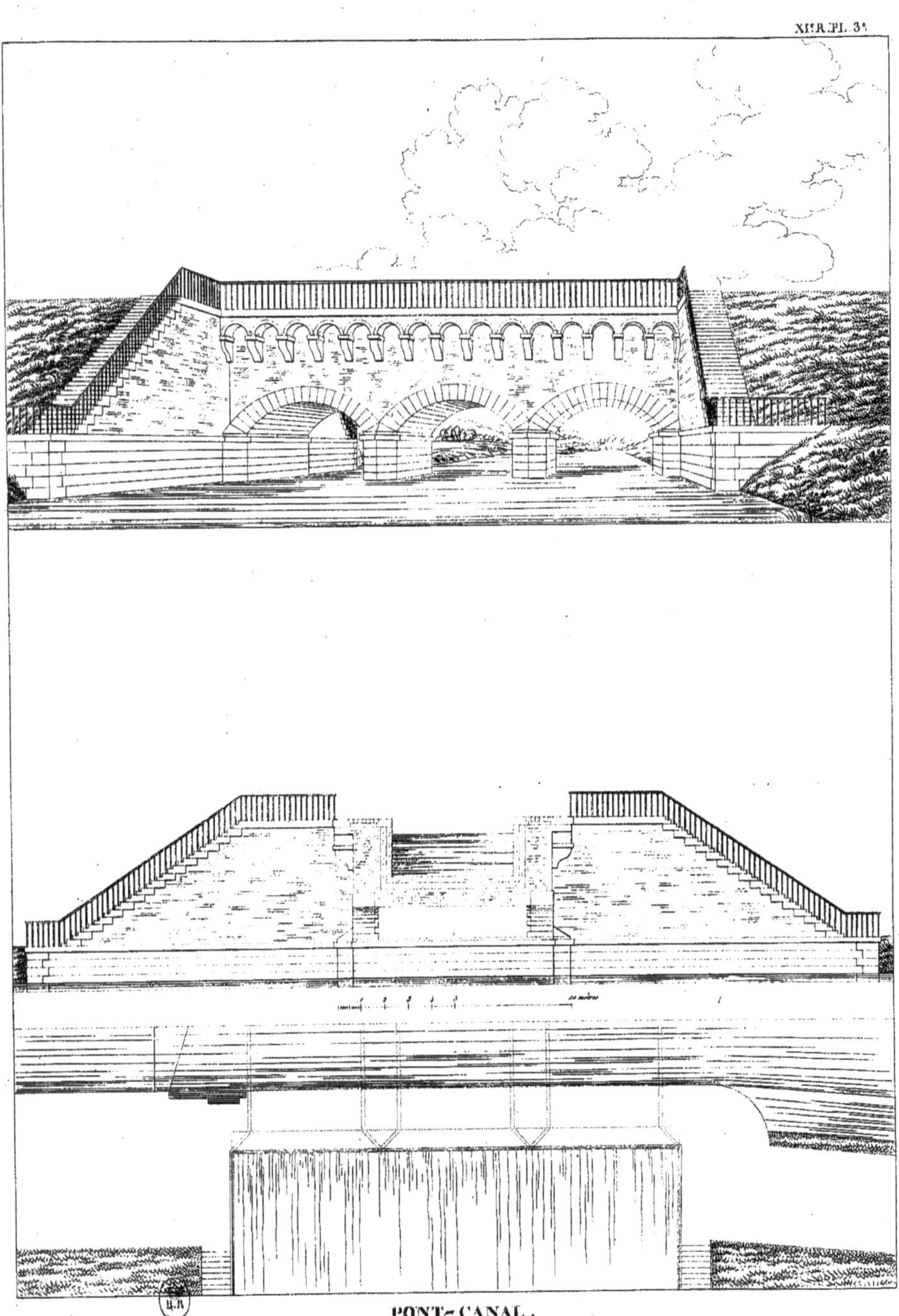

PONT-CANAL.

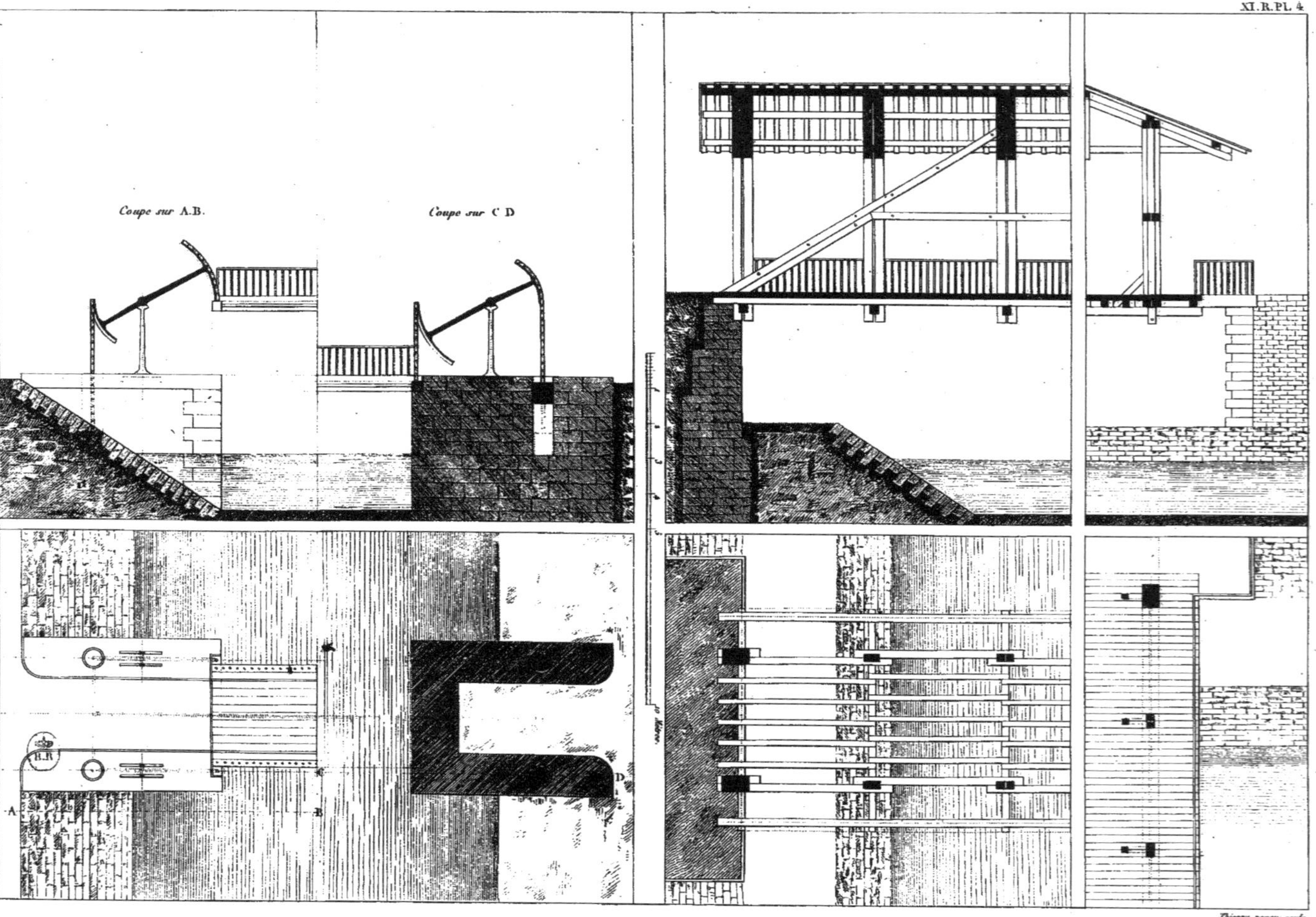
Coupe sur A.B.
Coupe sur C D
A
B
C
D
1
2
3
4
5
10 Mètres
Thierry neveu sculp.

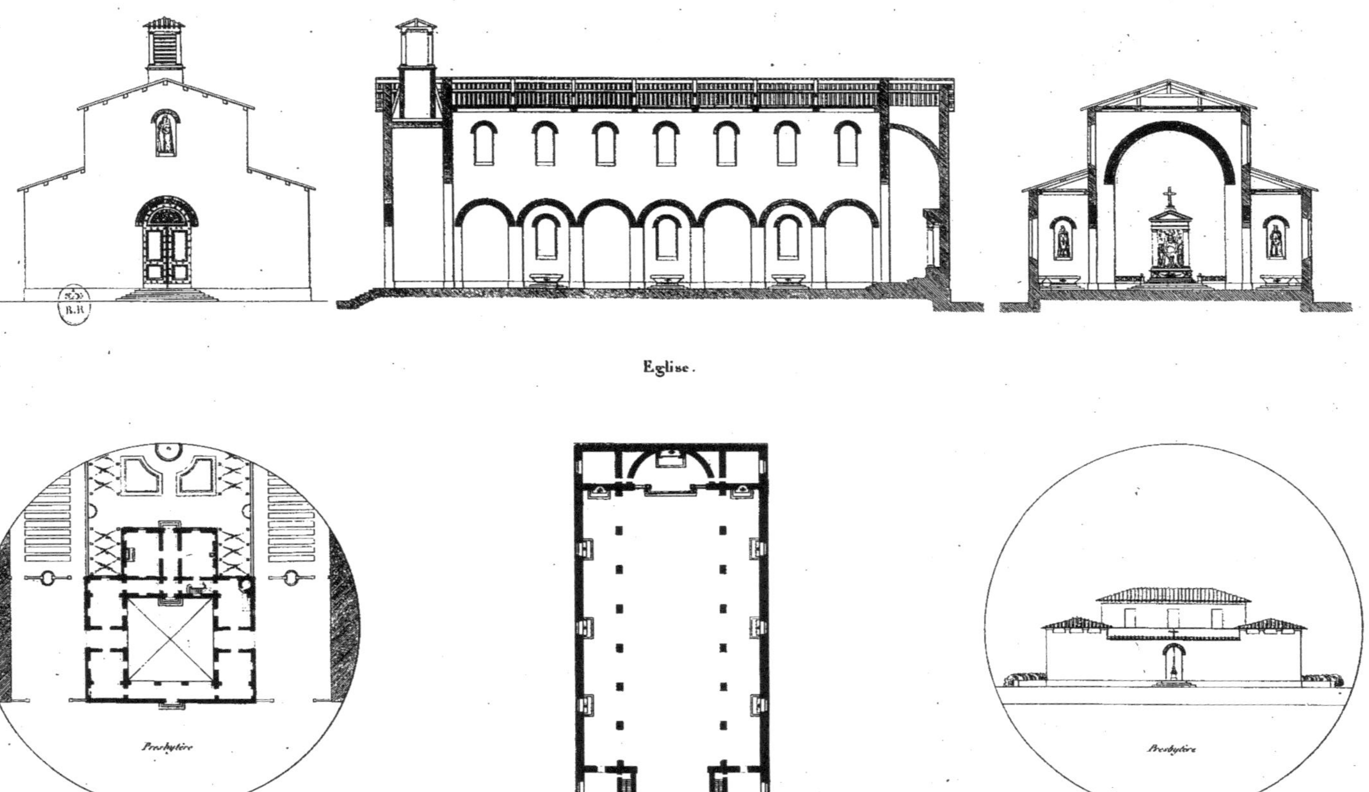
Eglise.
Presbytère
Presbytère
Echelle des Plans
Echelle des Coupes et Elévations

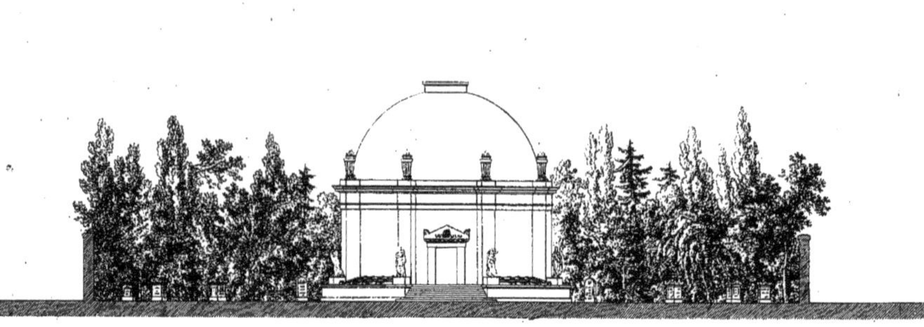

Chapelle Sépulcrale.

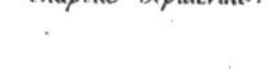

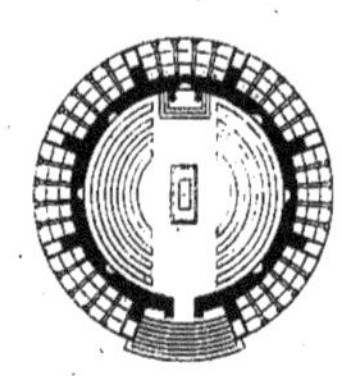

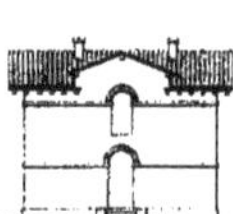

Maison Commune et Tribunal de Paix.

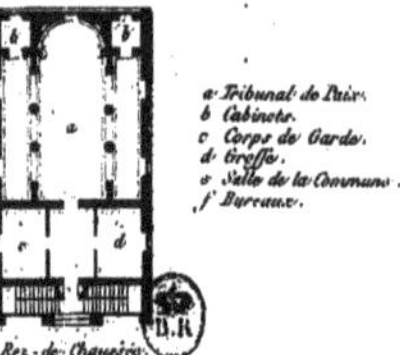

a Tribunal de Paix.
b Cabinets.
c Corps de Garde.
d Greffe.
e Salle de la Commune.
f Bureaux.

Rez-de-Chaussée. 1er Etage.

Maison d'Eclusier.

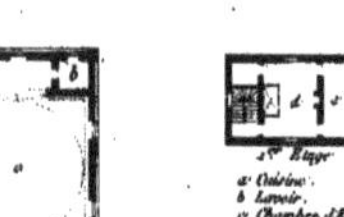

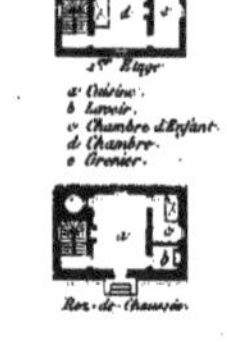

1er Etage

a Cuisine.
b Lavoir.
c Chambre d'Enfant.
d Chambre.
e Grenier.

Rez-de-Chaussée.

Hospice.

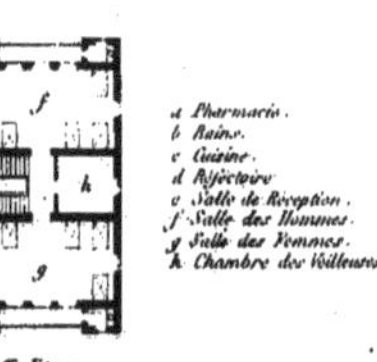

a Pharmacie.
b Bains.
c Cuisine.
d Réfectoire.
e Salle de Réception.
f Salle des Hommes.
g Salle des Femmes.
h Chambre des Veilleuses.

1er Etage.

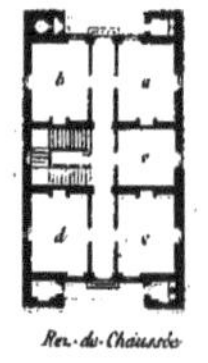

Rez-de-Chaussée.

Echelle des Plans
5 10 15 20 Mètres.

Echelle des Elévations
5 10 15 20 Mètres

Thierry sculp.

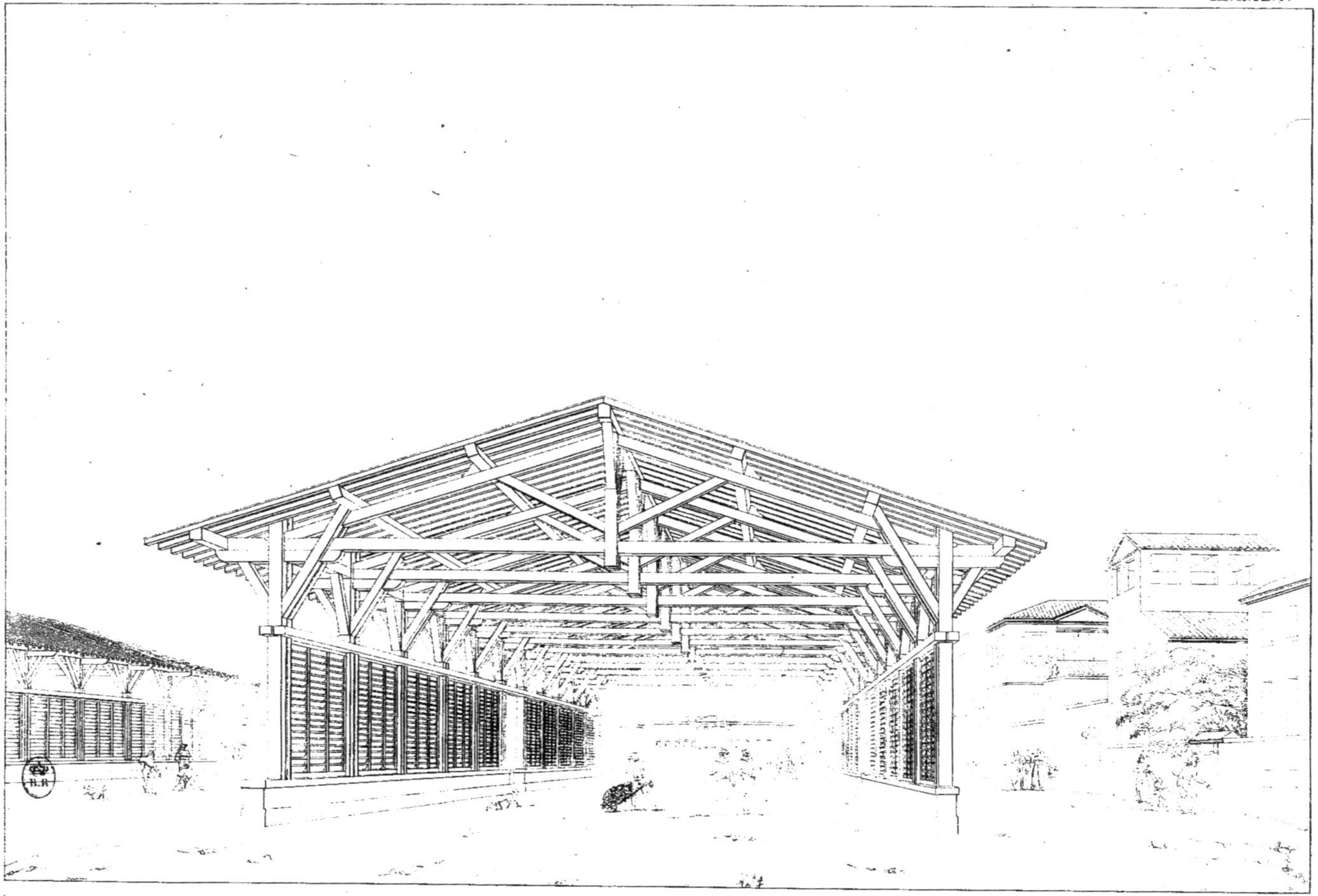

HALLE.

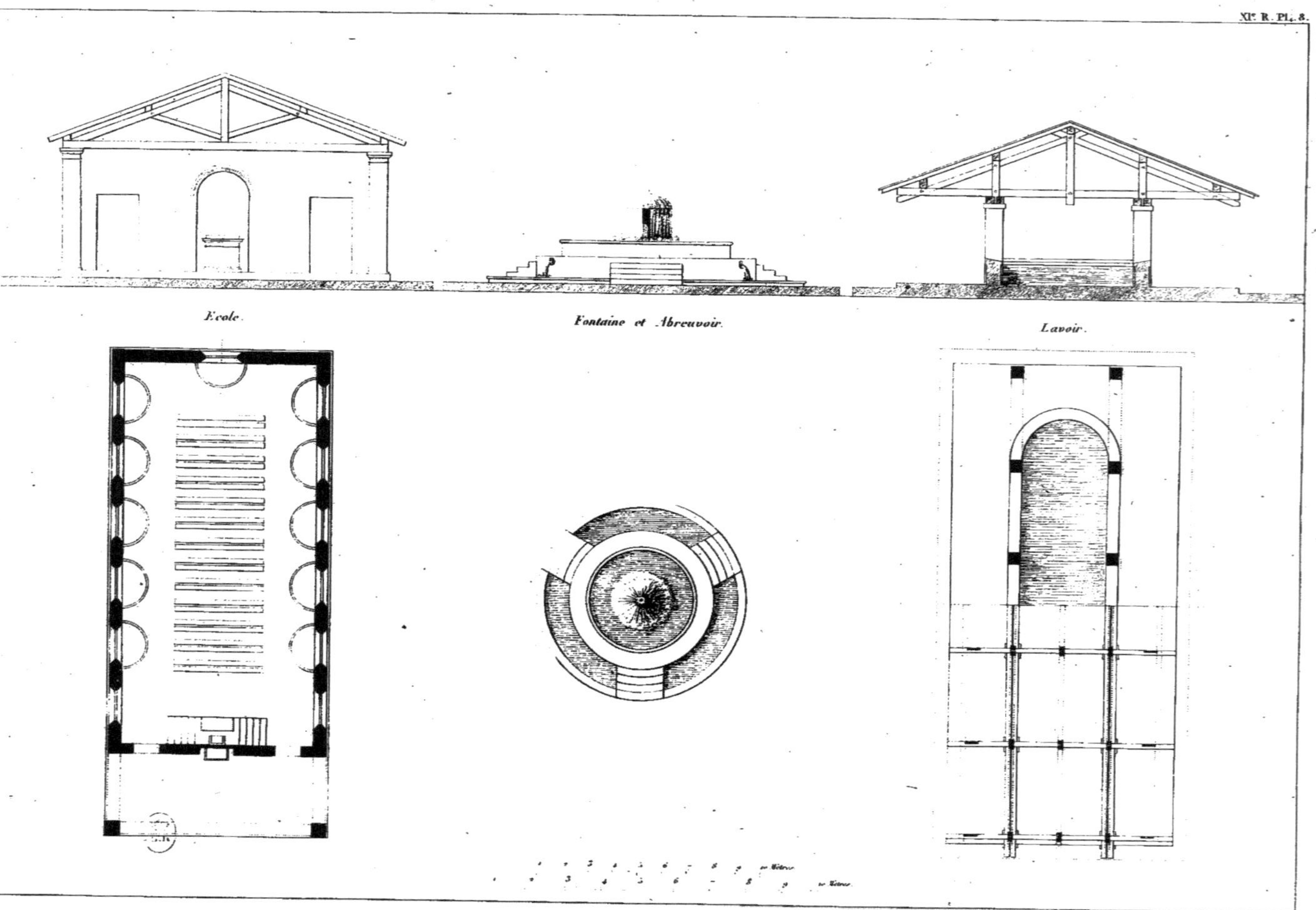
Ecole.
Fontaine et Abreuvoir.
Lavoir.
10 Mètres
10 Mètres
Thierry Frères sculp.

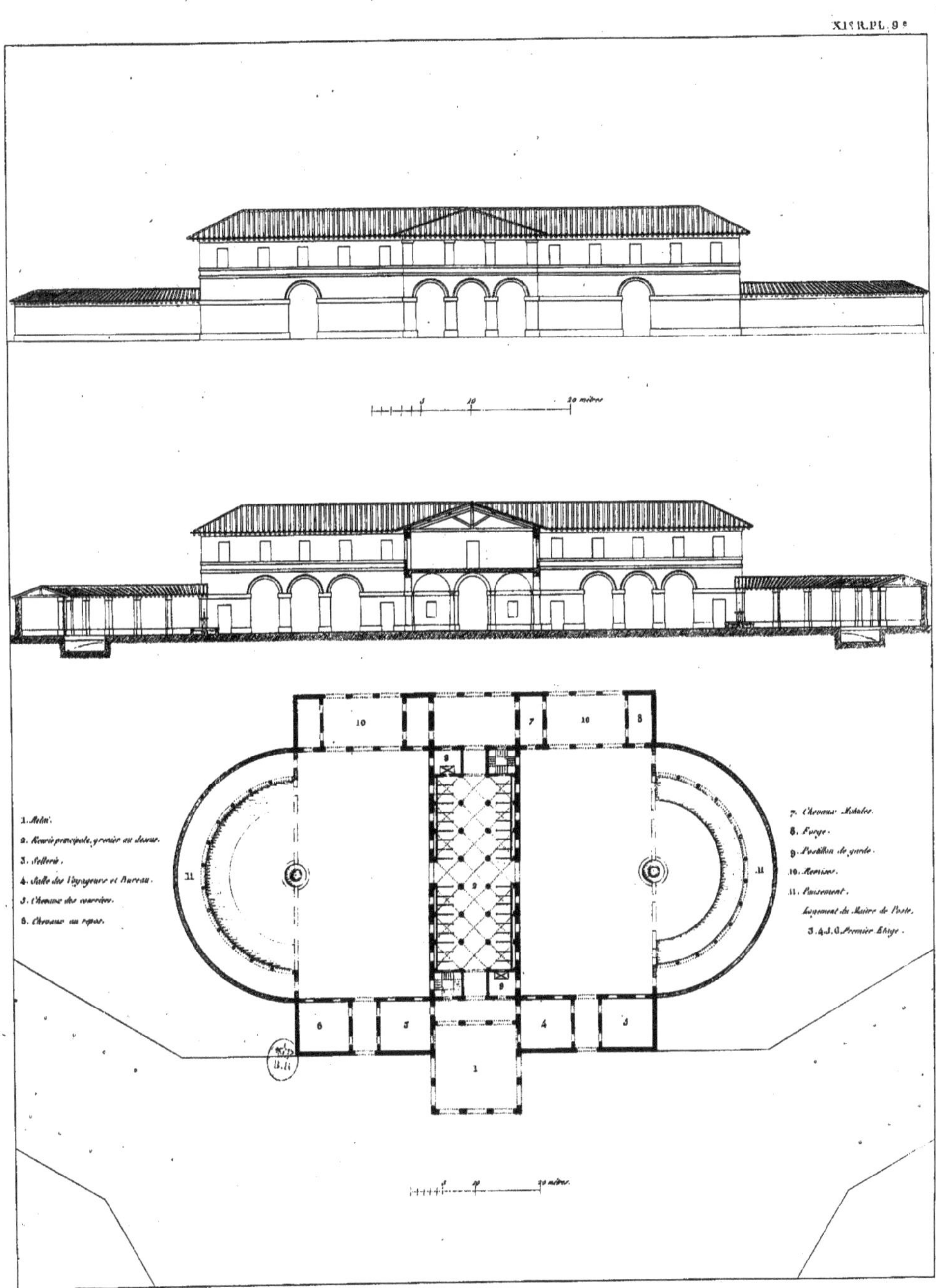

POSTE AUX CHEVAUX.

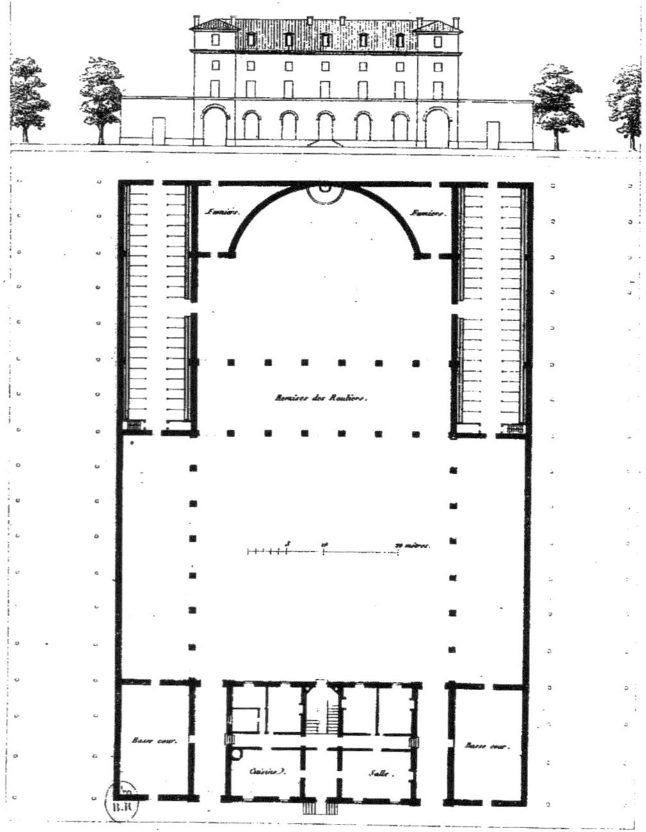

Fumier.

Fumier.

Remises des Rouliers.

5 10 20 mètres.

Basse cour.

Cuisine.

Salle.

Basse cour.

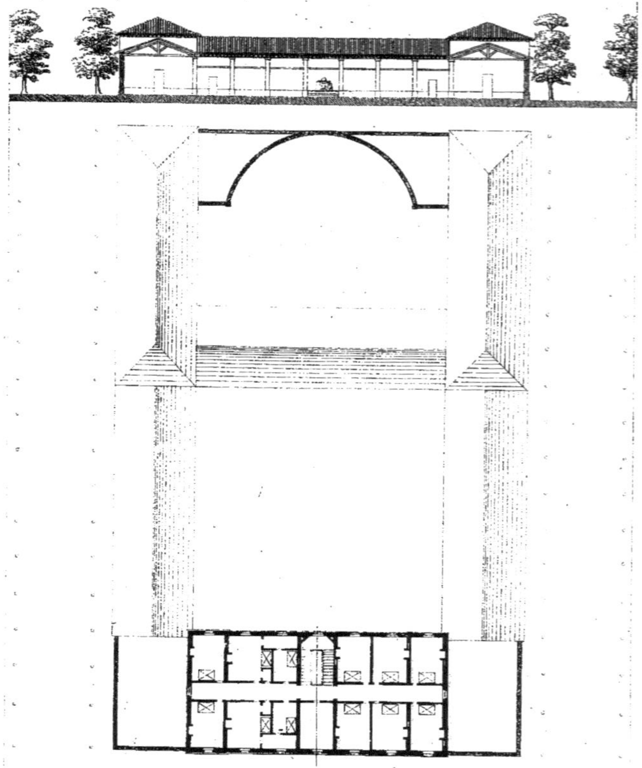

AUBERGE.

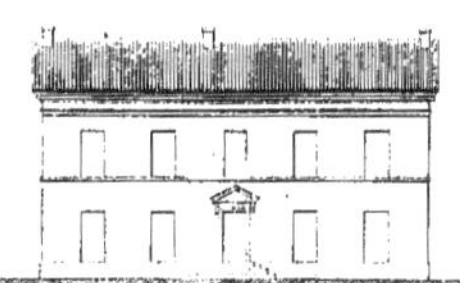

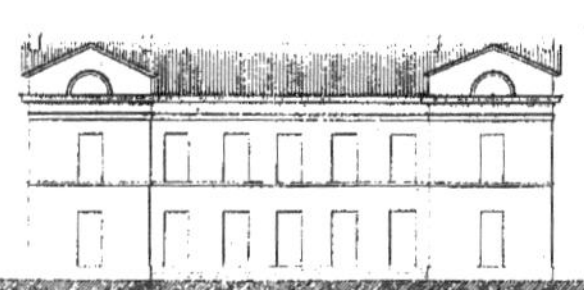

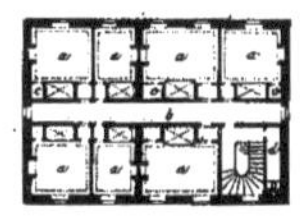

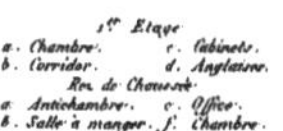

1er Etage
a. Chambre. c. Cabinets.
b. Corridor. d. Anglaises.
Rez de Chaussée
a. Antichambre. e. Office.
b. Salle à manger. f. Chambre.
c. Salle de Billard. g. Anglaises.
d. Salon. h. Cabinets.

Combles.
a. Chambres de Domestiques.

Souterrain.
a. Cuisine. d. Commun.
b. Lavoir. h. Caves et Buchers.
c. Garde manger.

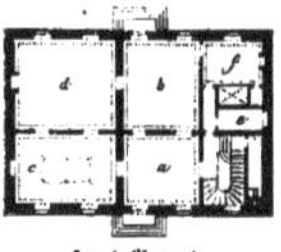

Rez-de-Chaussée

Souterrain.

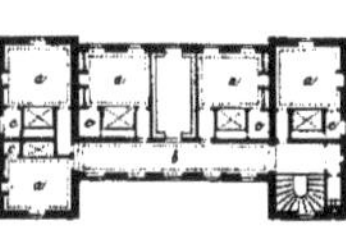

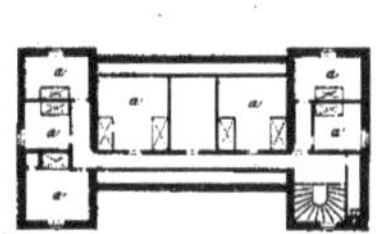

1er Etage.
a. Chambres. c. Cabinets.
b. Antichambre. d. Bibliothèque.
Rez-de-Chaussée
a. Antichambres. e. Office
b. Salle à manger. f. Chambre.
c. Salle de Billard. g. Anglaises
d. Salon. h. Cabinet.

Combles.
a. Chambres de Domestiques.

Souterrain.
a. Cuisine. c. Garde manger.
b. Lavoir. h. Caves et Buchers.

Rez-de-Chaussée.

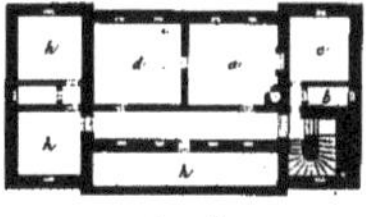

Souterrain.

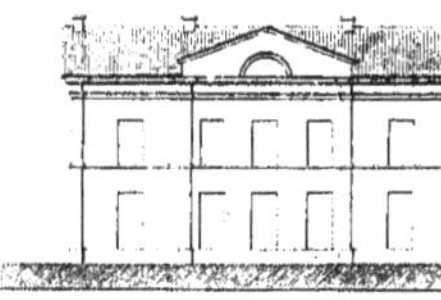

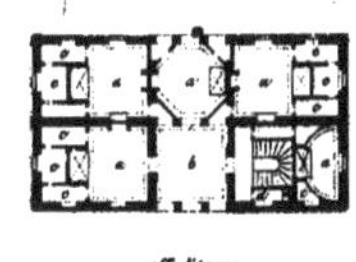

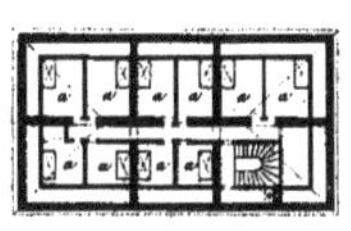

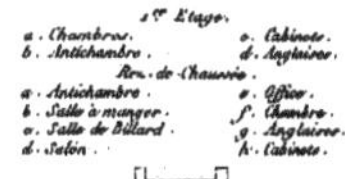

1er Etage.
a. Chambres. c. Cabinets.
b. Antichambre. d. Anglaises.
Rez-de-Chaussée.
a. Antichambre. e. Office.
b. Salle à manger. f. Chambre.
c. Salle de Billard. g. Anglaises.
d. Salon. h. Cabinets.

Combles.
a. Chambres de Domestiques.

Souterrain.
a. Cuisine. d. Commun.
c. Garde manger. h. Bûchers et Caves.

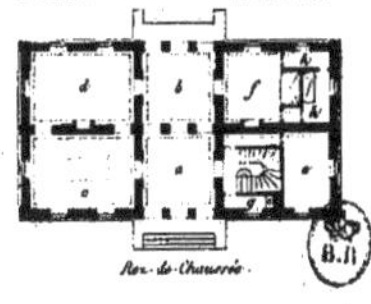

Rez-de-Chaussée.

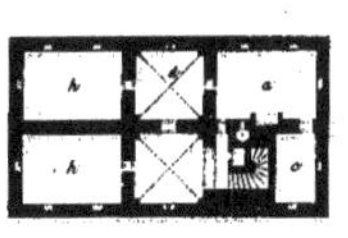

Souterrain.

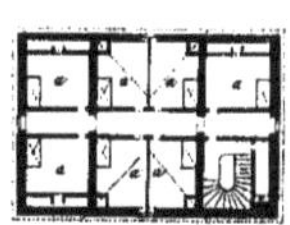

1er Etage
a. Chambres. c. Cabinets.
b. Corridor. d. Anglaises
Rez-de-Chaussée
a. Antichbre ou Salle à manger d'été. d. Salon.
f. Chambre.
c. Salle de Billard. g. Anglaises.
e. Office et Salle à manger d'hiver.

Combles.
a. Chambres de Domestiques.

Souterrain
a. Cuisine. d. Commun.
b. Lavoir. h. Buchers et Caves.
c. Garde manger.

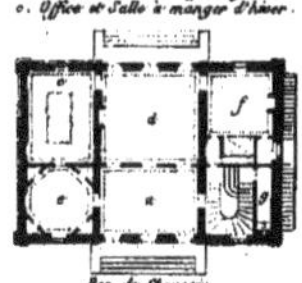

Rez-de-Chaussée

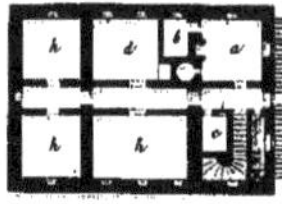

Souterrain.

Thierry neveu sculp.

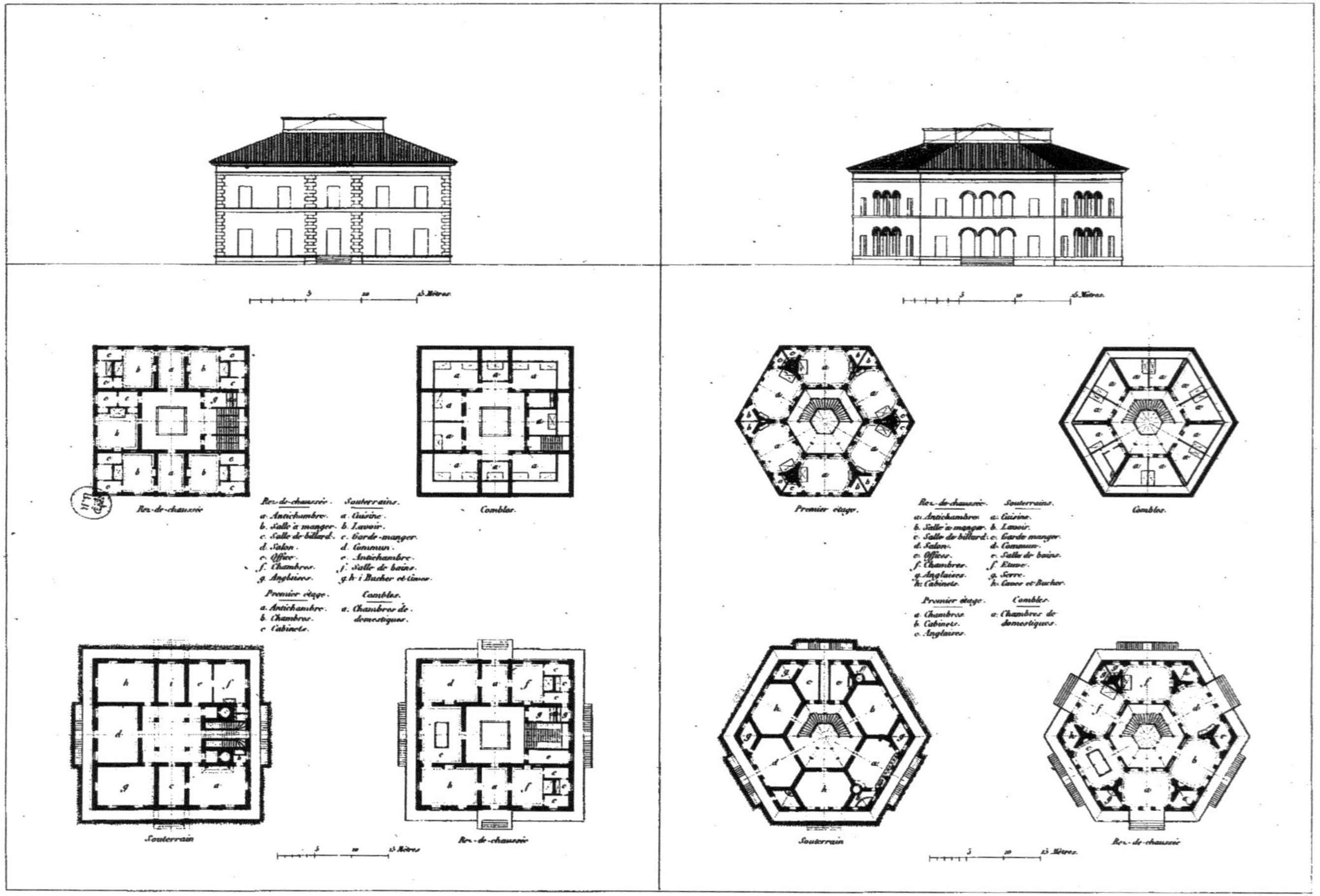

5 10 15 Mètres

Rez-de-chaussée. Combles.

Rez-de-chaussée.	Souterrains.
a. Antichambre.	a. Cuisine.
b. Salle à manger.	b. Lavoir.
c. Salle de billard.	c. Garde-manger.
d. Salon.	d. Commun.
e. Office.	e. Antichambre.
f. Chambres.	f. Salle de bains.
g. Anglaises.	g. h. i Bucher et caves.

Premier étage.	Combles.
a. Antichambre.	a. Chambres de domestiques.
b. Chambres.	
c Cabinets.	

Souterrain. Rez-de-chaussée.

5 10 15 Mètres

5 10 15 Mètres

Premier étage. Combles.

Rez-de-chaussée.	Souterrains.
a. Antichambres.	a. Cuisine.
b. Salle à manger.	b. Lavoir.
c. Salle de billard.	c. Garde manger.
d. Salon.	d. Commun.
e. Offices.	e. Salle de bains.
f. Chambres.	f. Etuve.
g. Anglaises.	g. Serre.
h. Cabinets.	h. Caves et Bucher.

Premier étage.	Combles.
a. Chambres.	a. Chambres de domestiques.
b. Cabinets.	
c. Anglaises.	

Souterrain. Rez-de-chaussée.

5 10 15 Mètres

Thierry sculp.

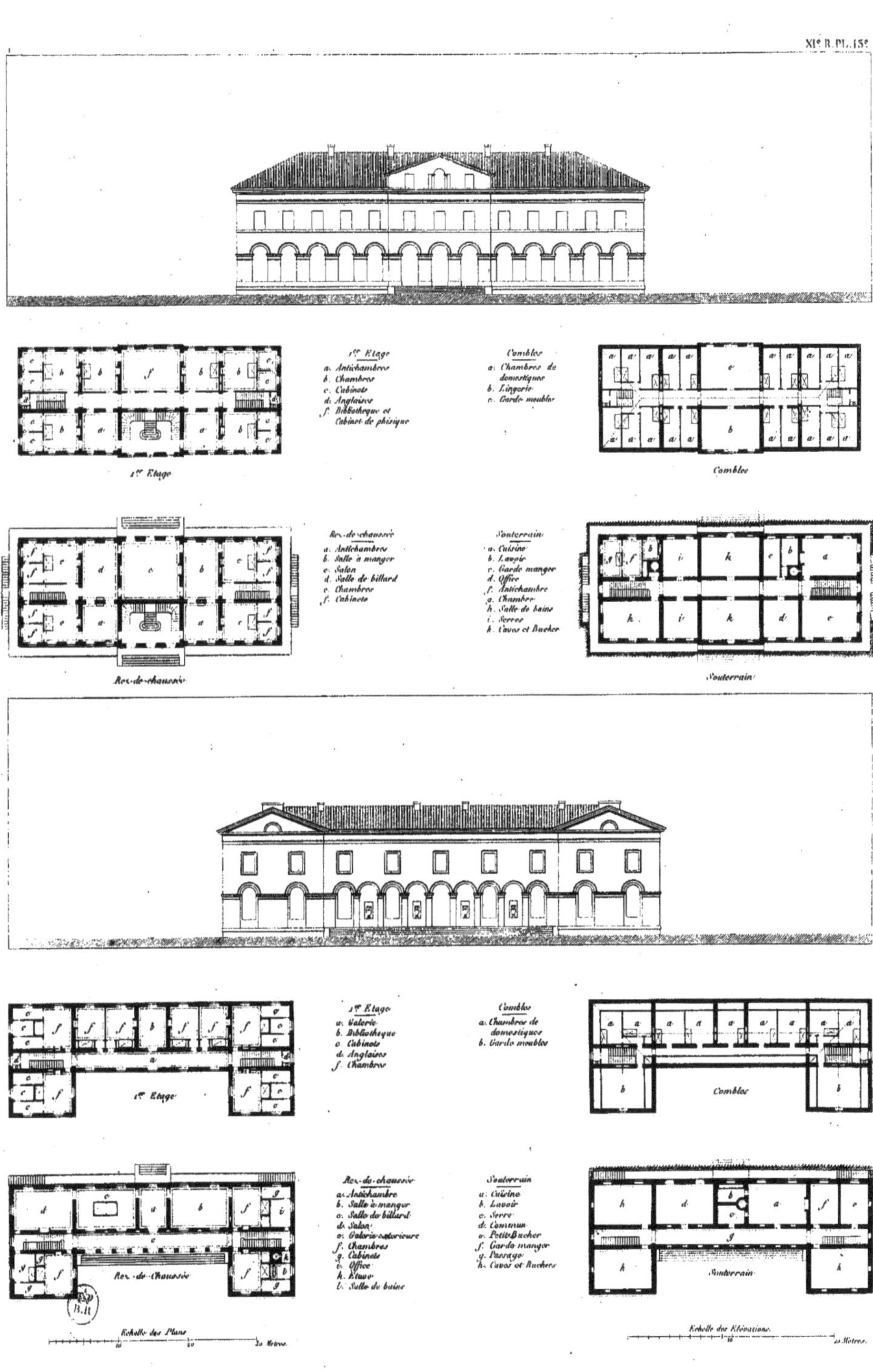

XIe R. Pl. 15^e
1er Etage
a. Antichambres
b. Chambres
c. Cabinets
d. Anglaises
f. Bibliothèque et
Cabinet de phisique
Combles
a. Chambres de
domestiques
b. Lingerie
c. Garde meubles
1er Etage
Combles
Rez-de-chaussée
a. Antichambres
b. Salle à manger
c. Salon
d. Salle de billard
e. Chambres
f. Cabinets
Souterrain
a. Cuisine
b. Lavoir
c. Garde manger
d. Office
f. Antichambre
g. Chambre
h. Salle de bains
i. Serres
k. Caves et Bucher
Rez-de-chaussée
Souterrain
1er Etage
a. Galerie
b. Bibliothèque
c. Cabinets
d. Anglaises
f. Chambres
Combles
a. Chambres de
domestiques
b. Garde meubles
1er Etage
Combles
Rez-de-chaussée
a. Antichambre
b. Salle à manger
c. Salle de billard
d. Salon
e. Galerie extérieure
f. Chambres
g. Cabinets
i. Office
k. Etuve
l. Salle de bains
Souterrain
a. Cuisine
b. Lavoir
c. Serre
d. Commun
e. Petit Bucher
f. Garde manger
g. Passage
h. Caves et Buchers
Rez-de-Chaussée
Souterrain
Echelle des Plans
10
20
30 Mètres
Echelle des Elévations
10
20 Mètres
Thierry sculp.

A. Maison du Fermier.
1. Cuisine.
2. Salle commune
3. Petite Salle
4. Vestibule
5 Chambres et Cabinets

N.ta On trouve dans l'Etage souterrain Fournil; Pétrin; Laiterie Fromagerie; Caves aux boissons, Legumes, Bois. Provisions &.a
Au 1.er Etage Logemens de la Famille et des Etrangers.
Dans le Comble; Chambres pour les Servantes, les legumes secs le linge les graines &.a

B. Grange pour les grains
1. Porche pour les voitures
2. Aires à battre

C. Cours des Meules
D. Colombier
E. Ecuries, Greniers au dessus
1. Sellerie
2. Chartretiers
3. Chevaux malades
4. Lieux d'aisance
F. Etables, Greniers au dessus
1. Bêtes malades
2. Dépôt du Lait
3 Etable à Veaux
4. Vacheres
G. Bergerie pour 400 Moutons
1. Logement du Berger
2. Moutons malades
Q. Balliers

I. Mare Loges des canards et des oies
J. Dépôt des fumiers
K. Puits et Abreuvoir
L. Jardins du Fermier
M. Porcelière
N. Poulailler
1. Poules
2. Couveuses
3. Dindons
O. Verger et Enclos des Moutons

H. Hangards pour les voitures Charrues, instrumens aratoires, presse &.a et dépôt pour quelques fourages. au dessus dépôt des grains
P. Enclos des poulins ou genisses
Q. Balliers
R. Ateliers

FERME.

Thierry aveou sculp.

Thierry sculp.

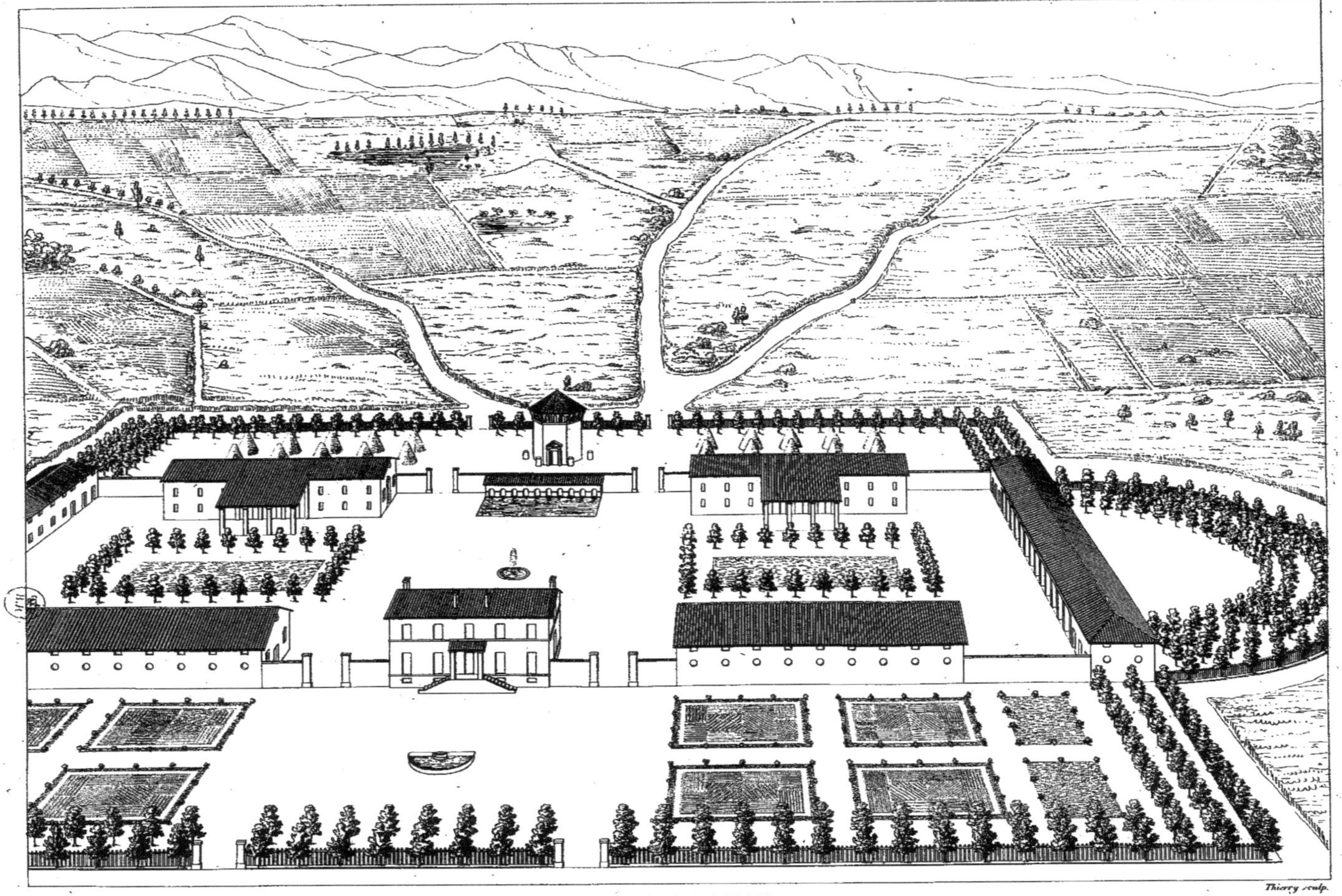

VUE DE LA FERME.

ÉTUDES

RELATIVES

A L'ART DES CONSTRUCTIONS,

RECUEILLIES

PAR L. BRUYÈRE,

OFFICIER DE LA LÉGION D'HONNEUR, INSPECTEUR GÉNÉRAL DES PONTS ET CHAUSSÉES, MAÎTRE DES REQUÊTES, ET ANCIEN DIRECTEUR DES TRAVAUX DE PARIS.

L'Ouvrage sera divisé en douze Recueils, ainsi qu'il suit, SAVOIR:

I.er Recueil. Ponts en pierre.
II. ——— Greniers publics et halles aux grains.
III. ——— Ponts en fer.
IV. ——— Foires et marchés.
V. ——— Navigation.
VI. ——— Abattoirs et boucheries.
VII. ——— Détails relatifs aux portes d'écluses, ponts en bois et autres constructions.
VIII.e Recueil. Petites maisons de ville et de campagne.
IX. ——— Des tuiles antiques et modernes, et en général des couvertures.
X. ——— Esquisse d'une petite ville maritime, et essai sur les lazarets.
XI. ——— Projet de diverses constructions indiquées sur le plan du village de***
XII. ——— Mélanges.

12.me RECUEIL. & Dernier

Chacun de ces Recueils, qui équivaudra à deux livraisons ordinaires, sera composé de douze à dix-huit planches, y compris le frontispice, et d'un texte explicatif.

A PARIS,

Chez BANCE aîné, Éditeur, rue Saint-Denis, n.° 214.

1828.

ÉTUDES

RELATIVES

A L'ART DES CONSTRUCTIONS,

RECUEILLIES

PAR L. BRUYÈRE,

OFFICIER DE LA LÉGION D'HONNEUR, INSPECTEUR GÉNÉRAL DES PONTS ET CHAUSSÉES, MAÎTRE DES REQUÊTES, ET ANCIEN DIRECTEUR DES TRAVAUX DE PARIS.

Nisi utile est quod facimus, stulta est gloria.
PHÈDRE, *fab. 17, liv. III.*

XII.e RECUEIL.

MÉLANGES.

TABLE DES PLANCHES DE CE RECUEIL.

MÉLANGES.

J'AI déjà présenté, dans les Recueils II, IV, VI, &c., quelques dessins des Greniers publics, Marchés, Entrepôts, Abattoirs, &c. Je me propose, dans ce douzième et dernier Recueil, d'y ajouter, sous le titre de Mélanges, d'autres dessins d'une partie des édifices publics exécutés ou projetés, comme les précédens, de 1810 à 1820, espace de temps pendant lequel j'étais chargé de la direction des travaux de Paris (1).

Maisons particulières et petit Hôtel-de-ville. (Planches 1, 2 *et* 3.)

Dans l'état où je suis, je dois de la reconnaissance à ceux qui m'ont offert une occasion de m'occuper de quelques combinaisons, en cherchant à me persuader qu'elles pouvaient leur être utiles; ce travail a souvent contribué à me distraire de mes douleurs.

J'ai déjà présenté plusieurs de ces essais dont j'avais conservé le souvenir. Je prie qu'on me pardonne d'y ajouter encore (*Planches 1, 2* et *3*) les plans de diverses maisons particulières, et l'esquisse d'un petit hôtel-de-ville.

Eaux de Versailles et cours de la Seine près Marly. (Planches 4 *et* 5.)

En 1810, le ministre de l'intérieur nomma une commission pour faire un rapport sur les eaux de Versailles et sur les différens systèmes proposés pour remplacer la machine de Marly. Cette commission était composée de MM. Prony, Heurtier, Rondelet, Girard, Nory, et d'un rapporteur dont les fonctions me furent attribuées. Avant de m'occuper de ce rapport, je fis un grand nombre de recherches et visitai souvent les différentes localités. C'est de ce rapport, dont les conclusions furent adoptées par la commission, que je vais extraire les détails suivans, qui serviront à expliquer les *Planches 4* et *5*.

Eaux de Versailles.

Le château de Versailles, qui n'était dans l'origine qu'un rendez-vous de chasse, étant devenu sous le règne de Louis XIV, vers l'an 1672, le séjour de la cour, on pensa aux moyens de fournir l'eau nécessaire aux besoins des habitans de la ville et au service du parc; le ministre Colbert s'occupa lui-même de diverses recherches relatives à cet objet. Il commença par faire amener à Versailles, au moyen d'aqueducs et de conduites en fer (2), plusieurs sources d'eau potable qui suffirent pendant quelque temps aux habitans de cette ville naissante. Le produit de ces sources, variable selon le plus ou le moins de sécheresse des années, n'est plus ce qu'il était alors. Divers changemens et le défaut d'entretien ont contribué à le diminuer; on peut l'évaluer maintenant à 6 pouces de fontainier (3); quantité qui sert à alimenter 7 ou 8 fontaines (4).

Les vastes projets qui s'exécutèrent pour l'embellissement du parc de Versailles, faisant desirer qu'on pût se procurer des eaux abondantes, Colbert fit faire divers nivellemens en 1671, par l'académicien Picard, au moyen desquels on reconnut qu'on pouvait conduire à Versailles les eaux qui seraient rassemblées dans les étangs de Trapes, Bois-d'Arcy et Bois-Robert. En conséquence, un aqueduc en maçonnerie fut construit depuis ces étangs jusqu'au carré de Trapes (butte de Gobert), en passant sous la montagne de Satory (5). Les eaux, parvenues au carré de Trapes, se rendent dans les réservoirs de Monboron, au moyen de quatre tuyaux en fonte, d'un grand diamètre, qui traversent la grande route de Paris.

Pour alimenter les étangs ou vastes réservoirs dont on vient de parler, toutes les plaines de Trapes, de Saint-Gobert et de Clayes, au-dessus des sources de l'Yvette, de la Bièvre et de la Vesgre, furent entourées de rigoles placées de manière à recevoir les eaux pluviales et à les diriger d'abord dans différens étangs, tels que ceux de Hollande, de Saint-Hubert, de la Tour, du Perray, de Ménil, de Saint-Denis, &c. &c. Les eaux de ces étangs, étant supérieures, devaient se rendre, selon que le besoin l'exigerait, dans les étangs de Trapes, de Bois-d'Arcy et de Bois-Robert. C'était ordinairement dans les mois de mars et d'avril qu'on faisait passer les eaux d'un étang dans l'autre, parce qu'à cette époque les terres des rigoles, encore imbibées d'eau, ne donnent pas lieu à de trop grandes filtrations; mais il paraît qu'on était dans l'usage de ne point vider entièrement quelques-uns des étangs supérieurs dont il vient d'être question, et d'y tenir toujours en réserve une partie des eaux qu'ils reçoivent (6). En 1680, Colbert chargea Gobert (7) de faire les nivellemens d'autres plaines plus élevées que les précédentes, et situées entre la Bièvre et l'Yvette : des rigoles furent exécutées pour rassembler les eaux des environs de Palaiseau, de Vibras, dans les étangs de Villiers, de Saclé, d'Orsigny et de Trou-salé, qui

---

(1) Indépendamment des édifices indiqués dans le présent Recueil et dans les précédens, la direction qui m'était confiée comprenait la construction de l'église de la Madeleine, de l'hôtel des postes, rue de Rivoli, qui a reçu plus tard une autre destination, de la maison principale des sœurs de la charité, rue du Bac, de plusieurs corps de garde pour les sapeurs pompiers, de quelques établissemens pour les orphelines de la légion d'honneur, de la coupole de la Halle aux blés, de la façade du Corps législatif, de la nouvelle machine de Marly, dont les travaux ont fait ensuite partie de ceux de la couronne, enfin de la restauration et de l'entretien du Temple, des églises Sainte-Geneviève et Saint-Denis, et de plusieurs autres édifices.

Le montant général des dépenses auxquelles ces travaux ont donné lieu, et dont tous les mémoires ont passé sous mes yeux, s'est élevé à environ 50 millions. La plus forte partie des fonds a été fournie par la ville de Paris, et appliquée à des édifices d'utilité publique, tels que les halles, les marchés, entrepôts des vins, abattoirs, &c. J'avoue que ces sortes de constructions étaient au nombre de celles qui excitaient le plus vivement mon intérêt.

Si la direction de ces grands travaux a été quelquefois pénible, j'en ai été bien dédommagé par les rapports qu'elle m'avait donnés avec les personnes les plus distinguées par leur position sociale ou leurs talens. Je citerai particulièrement M. le comte de Chabrol, préfet du département, dont je n'entreprendrai pas ici de peindre le zèle éclairé et si connu pour tout ce qui peut contribuer à l'embellissement de Paris et au bien-être de ses habitans; mais je ne puis résister au besoin d'exprimer toute ma gratitude pour ses procédés aimables pendant la durée de ma gestion, et pour l'opinion avantageuse qu'il a constamment manifestée à mon égard. C'est à lui que je dois principalement les témoignages si honorables que j'ai reçus du conseil de la commune, au moment où mes infirmités m'ont forcé de cesser les fonctions de directeur, témoignages que le ministre de l'intérieur voulut bien soumettre à cette époque à l'approbation du Roi.

(2) Le sieur Gobert a consigné dans un ouvrage publié en 1702, qu'il avait été chargé par Colbert d'exécuter, près du Chesnay, trois aqueducs, l'un de 1900 mètres, l'autre de 700, et le quatrième de 400 mètres de longueur. Quelques parties de ces aqueducs se trouvaient à 26 ou 28 mètres au-dessous du sol; d'autres parties, au contraire, étaient portées sur des arcades de 12 à 13 mètres d'élévation.

(3) Un pouce de fontainier fournit :

	PIEDS CUBES.	TOISES CUBES.	MUIDS.	MÈTRES CUBES.
Par jour........	576.	2 1/3.	72.	19. 743.
Par an.........	210,240.	973 1/3.	26,280.	7,206. 195.

Pour plus de simplicité, on a supposé, dans le cours du rapport, que le pouce de fontainier fournit 7,200 mètres cubes par an, au lieu de 7,206. 19.

(4) On trouve encore, dans les environs de Versailles, plusieurs autres sources qui alimentent quelques fontaines, notamment dans les faubourgs; mais elles n'offrent qu'une faible ressource aux habitans.

(5) Cet aqueduc a, depuis Trapes jusqu'aux soupapes du bois de Satory, 8,400 mètres de longueur sur 1 mètre de largeur et 1 mètre de pente; et depuis ce point jusqu'aux réservoirs du Parc aux Cerfs (butte de Gobert), 2,800 mètres de longueur, 2 mètres de largeur et 1 mètre de pente : il traverse, sur une longueur de 1,500 mètres, la butte de Satory, à une profondeur de 28 mètres au-dessous du sol.

(6) On sent qu'en conservant ainsi une petite quantité d'eau dans chaque étang, on multiplie les surfaces exposées à l'évaporation et aux filtrations, et qu'ainsi on augmente beaucoup les pertes dues à ces deux causes.

(7) Le sieur Gobert, dans l'ouvrage déjà cité, rend compte des opérations de nivel-

furent formés à la même époque. Ces eaux, amenées jusqu'auprès de Buc, traversaient dans l'origine la vallée de la Bièvre, au moyen de tuyaux en siphon renversé, qui furent ensuite remplacés par un pont aqueduc de 600 mètres de longueur et de 40 mètres de hauteur au-dessus de la Bièvre, pont qui est encore en assez bon état. A sa sortie, les eaux se rendent, au moyen d'un aqueduc souterrain, dans les deux réservoirs du Parc aux Cerfs (butte de Gobert), dont le niveau est à environ 13 mètres au-dessus du carré de Trapes et des réservoirs de la butte de Montboron.

En résumé, toutes les eaux qui tombent sur les plaines de Saint-Gobert, de Trapes et de Clayes, reçues dans différens étangs, parviennent dans les réservoirs de Montboron; et toutes celles qui tombent sur les plaines de Saclé, Vibras, &c., arrivent par l'aqueduc de Buc, dans les deux réservoirs du Parc aux Cerfs (butte de Gobert), à 13 mètres au-dessus des premières (8). Les ouvrages principaux entrepris à cette époque pour rassembler les eaux dont on vient de parler, consistent : 1.° dans l'exécution des digues, bondes, murs et terrassemens relatifs à l'établissement d'environ 25 étangs, retenues ou réservoirs; 2.° en 112,000 mètres de longueur de rigoles; 3.° en 34,000 mètres de longueur d'aqueducs ayant 1, 2 et jusqu'à 3 mètres de largeur, dont plusieurs sont souterrains, et qui tous exécutés en meulière sont assez bien conservés; 4.° enfin dans le grand pont aqueduc de Buc.

La superficie des terrains sur lesquels on recueille les eaux de pluie ou de neige pour les conduire à Versailles est d'environ 15,000 hectares. Il tombe sur cette surface, année commune, $0^{m},50^{c}$ de hauteur d'eau, ce qui donnerait un produit annuel de 75 millions de mètres cubes, ou plus de 10,000 pouces de fontainier, sans les pertes énormes causées par l'évaporation ou les filtrations, pertes sur lesquelles on avait été loin de compter lorsque les travaux furent entrepris, ainsi que le remarque Bélidor, à la page 390 du tome II de son ouvrage. Au lieu de 10,000 pouces, les pertes sont telles aujourd'hui, que ce produit se trouve réduit au-dessous de 200 pouces. On pourrait, à la vérité, l'augmenter un peu au moyen des ouvrages et des précautions que j'ai indiqués dans le rapport, et dont je crois inutile de parler, ce qui m'entraînerait d'ailleurs au-delà des bornes qui me sont prescrites.

Mon intention, en exposant ici avec quelques détails les résultats de la grande expérience faite à Versailles, dont la dépense n'a pu être que très-considérable, a été de prémunir ceux qui projettent des canaux contre les dangers qu'ils ont à redouter lorsqu'ils espèrent pouvoir les alimenter à l'aide des eaux pluviales rassemblées dans des réservoirs : cette question des eaux nécessaires pour alimenter les canaux de navigation est si importante, que, si mes forces me le permettent, j'essaierai de m'en occuper plus tard.

Machine de Marly.

L'ancienne machine de Marly a été décrite dans plusieurs ouvrages, notamment dans l'*Architecture hydraulique* de Bélidor, et dans un rapport publié en l'an 3 par M. Prony. Il serait donc inutile d'entrer dans aucun détail sur le mécanisme d'une machine qui doit sa célébrité plutôt à l'immensité des travaux auxquels elle a donné lieu, qu'aux résultats qu'elle a produits (9). Ce qu'il importait d'examiner à l'époque du rapport de 1810, c'était l'influence que cette machine a eue sur la navigation de la Seine, en raison des ouvrages exécutés pour lui procurer une chute d'eau capable de la mettre en mouvement, ouvrages qui sont maintenant dans un état de délabrement total.

Avant l'établissement de la machine, la Seine coulait à-la-fois et librement dans les deux bras séparés par les îles de la Morne, de Chatou et de la Loge, lesquelles ont ensemble une longueur de 10,000 mètres. L'un des bras, celui de gauche, fut consacré au service de cette machine, et l'autre livré à la navigation, après avoir été curé et élargi.

Les îles dont on vient de parler furent réunies au moyen de trois barrages; mais comme elles étaient submersibles, et que les eaux, en déversant du côté du bras navigable, pouvaient dégrader le pied de la berge, on protégea, dans plusieurs parties, la rive gauche de la berge par des files de pieux et tunages dont on trouve encore quelques vestiges, notamment au-dessous du pont de Chatou. Il est probable que cette précaution avait aussi pour but de défendre ces îles contre les attaques des eaux de la rivière, que l'on forçait de passer presque entièrement dans le seul bras navigable. Pour se procurer une chute suffisante et assurer la prise d'eau, on construisit à l'entrée du bras navigable, en tête de l'île de la Morne, un grand barrage avec un pertuis de 12 à 15 mètres d'ouverture, par lequel toutes les eaux de la Seine étaient et sont encore obligées de passer à certaines époques en formant une cataracte très-sensible.

Au moyen de ces différens ouvrages, on obtint une chute d'eau variable suivant les divers états de la rivière, et dont le

---

lement dont il fut chargé; il rapporte qu'il suivait le contour des coteaux en remarquant les gorges où s'écoulaient les eaux, afin de pouvoir diriger convenablement les rigoles qu'il devait faire ouvrir et en régler les pentes et les dimensions, d'après le volume présumé des eaux qui devaient s'y réunir pour se rendre ensuite dans des étangs ou vastes réservoirs. Il reconnut quatre emplacemens propres à former ces réservoirs, qui sont probablement les étangs de Saclé, de Villiers, d'Orsigny et de Trou-salé, mais qu'il ne désigne pas, en faisant observer seulement que la plaine de Saclé lui paraissait plus favorablement disposée, parce que le sol en était le plus bas. Il trouva aussi, par les sondes qu'il fit faire, que le fond du terrain de cette plaine était d'une excellente nature pour tenir les eaux; et d'après ces considérations, il résolut d'y rassembler le produit de tous les autres étangs, à l'exception du petit étang de Préclos, voisin de celui de Trou-salé, dont il voulait réserver les eaux pour les jeux du parterre de Versailles, le fond de cet étang étant à 20 pieds au-dessus de celui de Saclé et à 30 pieds au-dessus du parterre.

Mais cette partie du projet de Gobert ne fut pas mise à exécution. Les eaux de l'étang de Préclos et celles de l'étang de Saclé arrivent par le même aqueduc dans un réservoir commun, celui du Parc aux Cerfs.

Il est à regretter que cette idée n'ait pas été entièrement suivie, et peut-être mériterait-elle d'être soumise à un nouvel examen.

(8) On a profité de cette différence de niveau pour établir, près du carré de Trapes, une usine dont la roue, de 13 mètres de diamètre, est mise en mouvement par l'eau qui vient de cet étang. D'après une jauge faite avec soin, en septembre, dans le canal en bois qui conduit l'eau à cette usine, nous avons trouvé un produit de 43,200 mètres cubes (environ 6 pouces de fontainier) : nous étant ensuite transportés à l'étang de Trapes, le garde-rigole nous a déclaré que ce produit, l'un des plus faibles de l'année, était constant depuis quelques jours, et que l'on avait récemment envoyé à l'étang une plus grande quantité d'eau pour remplir les bassins du château de Trianon.

(9) Indépendamment de la machine proprement dite, les ouvrages accessoires comprenaient, 1.° l'exécution des barrages dans la Seine, de la Morne, de Carrière, de Chatou et de Croissy, ayant ensemble une longueur de 800 mètres; 2.° le bordage en charpente d'une partie de la rive gauche du bras destiné à la navigation; 3.° le redressement et l'élargissement de ce bras; 4.° la fondation et la construction de l'édifice destiné à recevoir une partie du mécanisme établi dans le lit de la rivière, et accompagné d'un déversoir qui fut exécuté en pierre après avoir été d'abord construit en bois; 5.° les bâtimens et magasins de la direction; 6.° les réservoirs et puisards à mi-côte; 7.° la première tour, construite d'abord en bois, ensuite en pierre, ayant 23 mètres de hauteur, et terminée dans sa partie supérieure par un réservoir en plomb; 8.° l'aqueduc porté sur des arcades et construit entre la première et la seconde tour, sur 603 mètres de longueur; 9.° les vastes réservoirs de Luciennes et de Marly, entourés de murs, et occupant une surface d'environ 200,000 mètres carrés (50 arpens); 10.° les regards et conduits en fer qui font suite à ce premier aqueduc; 11.° un second aqueduc d'environ 6,000 mètres de longueur, construit presque entièrement sous terre, et qui conduit les eaux aux environs de la butte de Picardie; 12.° enfin, la construction de ces derniers réservoirs, des filtres et des nombreux tuyaux de distribution.

D'après cette énumération, on ne sera pas étonné de ce que dit Bélidor sur la dépense à laquelle cette machine a donné lieu, et qu'il annonce avoir été de 8 millions.

La différence de niveau entre la bache placée dans la petite tour, près de la grille de Marly, et le réservoir de la butte de Picardie, est d'environ 18 mètres : cette pente a lieu sur une longueur d'environ 11,200 mètres, ce qui prouve que la hauteur à laquelle les eaux de la Seine ont été élevées aurait été trop grande d'environ 10 mètres, si la machine n'avait pas été en effet principalement destinée à fournir des eaux à Marly.

Outre les grands réservoirs dont on a parlé ci-dessus, il en fut construit plusieurs autres à l'époque de l'établissement de la machine, et qui furent abandonnés; ce qui prouve qu'on s'était beaucoup abusé sur la quantité d'eau qu'on espérait pouvoir élever.

maximum était d'environ $1^m,65^c$ (10) : cette chute qui se compose, 1.° de la hauteur de la cataracte et du pertuis de la Morne; 2.° d'une partie de la pente de la Seine, depuis le pertuis jusqu'au lieu où la chute est établie, servit à mettre en mouvement l'ancienne machine.

Il résulte de cet état de choses, depuis environ cent trente ans, trois inconvéniens graves pour la navigation.

Le premier et le plus affligeant, à raison des accidens nombreux dont il a été la cause, est le passage de la Morne. Les bateaux, en montant et même en descendant, éprouvent à ce pertuis les plus grandes difficultés, sur-tout dans un certain état des eaux, c'est-à-dire, dans le temps même où la navigation est très-active : souvent ils ne peuvent franchir la cataracte qu'à l'aide d'un renfort de vingt à trente chevaux, la direction du courant rendant d'ailleurs les manœuvres fort difficiles.

Le second inconvénient est un banc de sable d'environ 600 mètres de longueur, placé au-dessous du barrage de Carrière, sur lequel les bateaux ne trouvent pas une hauteur d'eau suffisante lorsque les eaux sont basses, ce qui les oblige d'attendre pour profiter d'un des deux jours de la semaine pendant lesquels la machine est tenue de chômer pour procurer une augmentation d'eau de $0^m,33$ de hauteur sur le même banc, dont la formation est due principalement aux sables charriés par la Seine, qui passent par-dessus le barrage de Carrière, et se déposent dans la partie la plus large du bras navigable. La hauteur à laquelle les sables s'y élèvent dépend de l'équilibre qui s'établit entre la résistance de ces sables et la vitesse du courant.

Le troisième inconvénient pour la navigation est la rapidité du courant qui a lieu au-dessous de Chatou jusqu'au-delà de la machine, et qui oblige les mariniers, lorsqu'ils remontent la rivière, à prendre au Pec un assez grand nombre de chevaux de renfort.

Cette rapidité du courant, dans cette partie du bras navigable, résulte évidemment (11) de ce qu'à certaines époques la Seine passant presque entièrement dans un seul bras, le lit n'a pas assez de largeur.

Tel était l'état des choses, qui ne permettait pas de différer, lorsque, à la fin de 1807, sur le rapport de M. Cretet, ministre de l'intérieur, il fut décidé que le projet de M. Perrier pour l'établissement de machines à vapeur destinées à remplacer l'ancienne machine de Marly, serait exécuté. Ce projet consistait dans l'établissement, 1.° d'une prise dans la rivière au moyen d'un aqueduc traversant la route; 2.° d'un bâtiment à la suite pour recevoir une première machine à double effet, ayant un cylindre de 36 pouces de diamètre, et devant, au moyen d'une conduite rampante, élever les eax dans un ancien réservoir placé à 48 mètres au-dessus de la rivière; 3.° d'une galerie souterraine de 1,000 mètres de longueur et partant de ce dernier réservoir pour aboutir au centre d'un puits vertical placé au-dessous de la grande tour; 4.° d'une seconde machine à simple effet, ayant un cylindre de 68 pouces de diamètre, et qui, placée dans l'intérieur de la tour, devait élever l'eau à 113 mètres de hauteur dans le réservoir qui couronne cette tour.

L'exécution de ces travaux fut confiée à M. Bralle, directeur de l'ancienne machine. Les ouvrages faits en juin 1810 consistaient en une partie d'aqueduc sous la grande route, en déblais, pilotages et préparations dans l'emplacement du bâtiment de la machine du bas, dans le percement et boisage de la galerie sur près de moitié de sa longueur, et dans les mêmes ouvrages pour cinq puits, dont deux, notamment celui de la tour, n'étaient pas terminés; enfin en divers approvisionnemens.

A la même époque, M. Perrier de son côté avait fait exécuter les deux machines à vapeur proposées.

Tous ces travaux avaient présenté de grandes difficultés, et leur dépense s'était élevée à environ 1 million. M. Perrier avait pensé que la galerie souterraine se trouverait placée dans la masse de pierre que l'on savait exister dans la montagne de Marly. Il paraît qu'aucune personne de l'art ne fut consultée, et que, se livrant un peu trop facilement aux espérances conçues par M. Perrier, on ne fit faire aucune des sondes préliminaires usitées en pareille circonstance. L'expérience fit connaître que la galerie souterraine serait placée dans un sol sans aucune consistance; que l'exécution des puits creusés dans une masse de sable, présenterait les plus grandes difficultés.

Il était temps alors de s'arrêter; mais les travaux furent continués, jusqu'au moment où M. de Montalivet, ministre de l'intérieur, après avoir reconnu lui-même les lézardes qui commençaient à se manisfester dans la tour, et les dangers que présentait la galerie souterraine, ordonna de suspendre les travaux.

Sans entrer dans de plus longs détails, il suffira de dire qu'après plusieurs discussions, consignées dans le rapport, le projet de M. Perrier fut définitivement abandonné, et l'on s'en tint à examiner si une machine hydraulique était préférable, dans cette circonstance, à une machine à vapeur. Une question commune aux deux espèces de machines était agitée depuis long-temps; c'était celle de savoir si l'on pouvait se passer de réservoir intermédiaire, et élever l'eau d'un seul jet sur le sommet de la tour, à une hauteur de 162 mètres. Plusieurs savans s'étaient prononcés contre : mais depuis, la question avait été jugée par le fait, puisqu'il existait depuis plusieurs années une petite machine mise en mouvement par l'une des anciennes roues, et qui élevait l'eau d'un seul jet avec une conduite de 4 pouces de diamètre et construite avec de vieux tuyaux de rebut par M. Brunet; machine ensuite perfectionnée par M. Bralle. Ce fait était concluant; cependant M. Perrier persistait à penser qu'une conduite placée sur un plan incliné de 1300^m de longueur ne pourrait réussir : mais, sur mon rapport, la commission adopta l'avis contraire; elle donna également la préférence à la machine à vapeur.

De nouvelles instances ayant été faites en faveur de la machine hydraulique, cette affaire fut renvoyée à l'examen du conseil des ponts et chaussées, qui nomma une commission prise dans son sein, et dont l'opinion fut en faveur d'une machine hydraulique.

La discussion fut longue et les avis long-temps partagés, parce que chaque opinion présentait des avantages et des inconvéniens.

Après l'étude approfondie que j'avais faite et de mûres réflexions, je crus devoir persister dans ma première opinion, et combattre en faveur d'un système de machine à vapeur qui éleverait l'eau d'un seul jet sur le sommet de la grande tour, en produisant un jet continu sans le secours d'un réservoir d'air. J'ajoutai, dans le cours de la discussion et dans un second rapport, quelques nouveaux motifs à ceux qui étaient contenus dans le premier, et dont voici les principaux :

1.° La chute actuelle ne pouvait être considérée, ainsi que

(10) Lorsque les vannes de la machine sont fermées, la différence de niveau entre le bief supérieur et l'inférieur est d'environ 2 mètres; mais la chute se trouve réduite à $1^m,65$, quand la machine est en mouvement. Cet effet est dû à la pente que l'eau prend à sa surface dans le bras gauche, en raison de la vitesse qu'elle est forcée d'acquérir pour fournir à la dépense.

(11) La largeur du lit de la Seine, près Paris, est généralement de plus de 150 mètres, tandis que le bras navigable près la machine n'offre qu'une largeur du tiers de la précédente.

quelques personnes semblaient le penser, comme naturelle, puisqu'elle avait été créée aux dépens de la navigation, au moyen de travaux en charpente dont la ruine était complète; 2.° que pour assurer le service d'une machine hydraulique en même temps que celui de la navigation, on ne pouvait se dispenser d'établir un système de barrage accompagné d'une écluse pour les grands bateaux de la Seine, et tel qu'il pût laisser un passage libre à l'époque des grandes eaux, travaux dont on ne présentait aucun projet; 3.° qu'un pareil projet d'ailleurs ne pouvait être rédigé isolément, et devait au contraire faire partie du système général qui serait adopté pour le perfectionnement desiré depuis si long-temps de la navigation de la Seine, sur lequel on n'était point d'accord à cette époque, et qui, dans le moment actuel, est même encore très-problématique; 4.° que, sans cette précaution, on s'exposerait à exécuter des travaux inutiles, et peut-être même en opposition avec ceux qui seraient adoptés plus tard; 5.° que des travaux de cette nature entraîneraient dans des dépenses considérables, toujours difficiles à évaluer, même par approximation; 6.° que les intérêts du capital de cette dépense, et l'entretien d'ouvrages exposés à toutes les avaries, excéderaient de beaucoup la dépense du charbon consommé par une machine à vapeur qui éleverait l'eau nécessaire à la ville de Versailles; 7.° qu'il y avait avantage à séparer les intérêts d'une machine quelconque de ceux de la navigation, et à la rendre indépendante, ce qui se rencontrait dans l'établissement d'une machine à vapeur; 8.° enfin, que cette dernière machine, n'ayant pas les inconvéniens du chômage, présentant plus de certitude de succès, de constance dans le produit, de salubrité pour les eaux, enfin une parfaite indépendance, elle méritait la préférence. Cet avis ayant été définitivement adopté, des ordres furent donnés pour l'exécution, dont je me trouvai chargé dans le premier moment, comme faisant partie des travaux compris dans la direction qui venait de m'être confiée.

Mon premier soin fut de chercher des artistes capables de faire exécuter les travaux en réalisant les prévisions de la première commission. Je ne tardai pas à m'applaudir du choix que j'avais fait de MM. Cécile et Martin; mais la nature des fonds nécessaires à l'exécution fit bientôt rentrer cette affaire dans les attributions de M Costas, pour lors intendant des bâtimens de la Couronne. Cet administrateur, qui avait été présent lors de la lecture, chez le ministre, du rapport de la première commission, m'annonça qu'il avait partagé les opinions de cette commission, et qu'il était entièrement disposé à confirmer le choix que j'avais fait de MM. Cécile et Martin. M. Monnier, son successeur à l'intendance, a suivi les mêmes erremens. Les travaux ont enfin été terminés, il y a environ deux ans, avec un grand succès. Les circonstances et sur-tout mes infirmités, m'ayant rendu étranger à ce travail, qui m'a toujours inspiré un vif intérêt, je transcrirai ici une note que je dois à la complaisance de M. Cécile, directeur de la nouvelle machine, sur les résultats obtenus.

« La machine à feu qui remplace l'ancienne machine est à « simple pression et à double effet; sa force est évaluée à « soixante-quatre chevaux. Le mécanisme qu'elle fait mouvoir « met en activité huit pompes foulantes et aspirantes dont le « jeu produit l'effet d'une manivelle à huit coudes égaux, et « l'on obtient par cette disposition un jet continu sans avoir « besoin d'employer un récipient d'air. Les tuyaux d'embran« chement adaptés à ces pompes se réunissent d'abord à une « conduite unique, ascendante, d'un grand diamètre, qui se « divise ensuite en deux branches égales, au bas de la grande « tranchée, et qui se prolongent jusqu'au sommet de la grande « tour en parcourant sur une ligne droite toute la pente de la « montagne de Louveciennes, sur une étendue de 1,300 mètres « de longueur et une hauteur de 162 mètres. Cette machine « élève journellement sur la grande tour 76 à 80 pouces d'eau, « et pourrait en élever davantage si l'on voulait la forcer. Le « terme moyen du produit de chaque jour, pendant les huit « premiers mois de la mise en activité, a été de 76 pouces (12), « ou 1,500 mètres cubes par vingt-quatre heures. La quantité « de charbon employée au chauffage des fourneaux, à la même « époque, était de 316 kilogrammes par heure, ou 7,584 ki« logrammes par vingt-quatre heures. »

« D'après toutes ces données et le prix du charbon (13), le « pouce d'eau coûte par an, en dépense de combustibles, « 1,567 francs (14). »

Il est résulté d'une machine d'essai mise en mouvement par la roue hydraulique n.° 14, construite d'abord, et ensuite de la nouvelle machine, 1.° la confirmation pleine et entière de la possibilité d'élever l'eau d'un seul jet avec une conduite sur un plan incliné et à une hauteur de 162 mètres, au moyen de plusieurs pompes disposées convenablement, et de manière à produire un jet continu sans employer le récipient d'air; 2.° que les frottemens dans les conduites se réduisaient à peu de chose, lorsque la vitesse de l'eau n'excédait pas certaines limites.

Quelques personnes prétendent qu'il y aurait eu de l'avantage à éviter les changemens de direction dans les mouvemens. J'ignore si ce problème a été résolu avec succès. Le temps amène sans doute de nouveaux perfectionnemens; mais en attendant qu'ils aient reçu la sanction de l'expérience, il est difficile de citer une machine mieux exécutée et plus soigneusement entretenue que celle de Marly. Tous les abords en ont été disposés avec goût, et l'aspect en est aussi agréable que l'était peu celui de l'ancienne machine.

Il reste encore quelques questions à décider relativement à l'usage que l'on pourrait faire de l'ancienne chute, et aux mesures à prendre pour maintenir une hauteur d'eau suffisante dans le bras de la machine. Ces questions importantes sont, ainsi que je l'ai déjà fait observer, entièrement dépendantes du projet général qui sera adopté pour le perfectionnement de la navigation de la Seine, et ne peuvent être résolues isolément.

Plan général des Palais projetés pour les Archives, l'Université, &c. &c. (Planche 6.)

Depuis long-temps on s'occupait des projets de deux monumens principaux, le palais des Archives et celui de l'Université. Après avoir long-temps hésité sur le choix de l'emplacement, le chef du dernier gouvernement, qui avait déjà fait faire toutes les dispositions nécessaires pour en établir un troisième, destiné à son fils, sur la côte de Passy et dans l'axe du Champ-de-Mars, se décida à placer les deux premiers sur la rive gauche de la Seine. Les projets furent confiés à plusieurs architectes distingués, savoir, le palais des Archives, à M. Célérier, et celui de l'Université, à MM. Poyet, Gisors et Daméme. Ce dernier édifice devait, en outre des quatre facultés, réunir dans son enceinte dix grands ateliers pour les artistes les plus célèbres, une salle

(12) Ce pouce, d'après la jauge nouvelle de M. de Prony, donne exactement 20 mètres cubes par vingt-quatre heures.

(13) La voie de charbon, composée de 15 hectolitres, est du prix de 51 fr. 67 cent. Chaque hectolitre pèse 80 kilogrammes.

(14) Dans le premier rapport, j'avais évalué la dépense du combustible pour chaque pouce de fontainier, à 1,500 fr. Cette évaluation, qui n'était qu'approximative, se trouve maintenant justifiée.

et des galeries pour l'exposition des ouvrages de peinture et de sculpture, enfin de vastes portiques pour l'exposition des produits de l'industrie.

Les premières pierres de ces grands édifices furent posées, et l'on commença les fondations du palais des Archives. Le grand éloignement de ces édifices du centre de Paris rendait leur exécution déjà incertaine, lorsque de grands événemens les ont fait entièrement oublier. Je ne les cite ici que comme des souvenirs historiques.

Arc de l'Étoile, près de la barrière de Neuilly. (Planches 7, 8, 9 *et* 10.)

Cet arc se trouvait parvenu jusqu'à la naissance de la grande voûte, à l'époque des événemens de 1812 et 815; et comme il cessait d'avoir un but et ne présentait aucune utilité réelle, les travaux en furent suspendus. Le simulacre de cet édifice, exécuté en grand, avait prouvé que sa position sur un sol élevé, en le rendant visible de tous les côtés et à une grande distance, contribuerait beaucoup à l'embellissement de la plus belle entrée de Paris. Mais après les changemens survenus dans la politique générale, sa première destination ne pouvait plus convenir. J'ajouterai même ici, s'il m'est permis d'émettre mon opinion, que de semblables monumens sont étrangers aux mœurs actuelles et peu conformes à une saine politique. Cette opinion me conduisit à chercher un autre motif qui pût permettre cependant de faire usage des constructions déjà exécutées. Je pensai d'abord qu'on pourrait consacrer cet édifice à la mémoire des grands rois et des hommes illustres, et je cherchai à exprimer cette première pensée dans les esquisses *Planches 7* et *8*. Voyant ensuite que d'autres dispositions étaient préparées pour recevoir les statues des hommes célèbres, je m'occupai d'autres esquisses, *Planches 9* et *10*, dans lesquelles je tentai d'employer cette construction à un château d'eau, tout en conservant cependant quelques attributs militaires en mémoire de la gloire française. Ce second projet consistait dans l'établissement d'un réservoir sur la partie supérieure de l'édifice, lequel réservoir aurait été alimenté au moyen d'une machine à vapeur établie près de Monceaux, au point où se termine le canal de ceinture qui conduit les eaux de l'Ourcq. Ces eaux élevées au sommet d'une tour à la hauteur convenable, et contenues dans des tuyaux de conduite placés le long des boulevarts extérieurs, arriveraient sans obstacle, ainsi que l'indiquent le nivellement qu'on trouve *Pl. 10* et l'inspection des lieux. La distribution de ces eaux, comme moyen de décoration, exigerait tout le talent d'un artiste habile. Elle n'est qu'indiquée dans les esquisses que j'ai hasardées pour me faire comprendre et donner une première idée de l'effet que des eaux jaillissantes pourraient produire dans une semblable position, sur-tout dans le moment où elles seraient éclairées par le soleil.

Ces mêmes eaux, après être parvenues dans le bassin inférieur au centre duquel le château d'eau se trouverait placé, se rendraient ensuite à découvert dans plusieurs bassins à construire dans les Champs-Élysées, au moyen de deux rigoles latérales placées au pied des arbres qui bordent la grande avenue, et dans lesquelles ces eaux formeraient de petites cascades, pour racheter la pente (15). Je n'insisterai pas davantage sur des projets que je n'ai jamais considérés que comme un délassement d'occupations plus utiles.

(15) La machine à construire près de Monceaux, au point où se termine l'aqueduc de ceinture, aurait pu être employée également à alimenter des jets d'eau dans les Tuileries, les Champs-Élysées, et diverses fontaines.

Fontaine et vue du canal souterrain de la place de la Bastille (16). (Planche 11.)

La place de la Bastille, sous laquelle passe le canal Saint-Martin, offrant, par sa grande étendue et la beauté de ses abords, un point très-remarquable, il fut arrêté qu'il serait élevé, au centre de cette place, une fontaine publique alimentée par les eaux de l'Ourcq et surmontée par un éléphant colossal. M. Alavoine, architecte très-distingué, fut chargé du projet et de l'exécution du monument. M. Bridan, l'un de nos habiles statuaires, exécuta en plâtre le modèle en grand de l'éléphant, tel qu'il existe encore sous un vaste hangar construit à cet effet.

Les ouvrages en terrassement et maçonnerie furent commencés en 1810 et à-peu-près terminés en 1813.

Le soubassement circulaire de cette fontaine repose sur une voûte en pierre de taille recouvrant le canal Saint-Martin. Il doit être revêtu de marbre, et orné, dans son pourtour, par une suite de bas-reliefs dont plusieurs sont exécutés.

Les travaux ayant été suspendus à la suite des événemens de cette époque, l'administration supérieure, avant d'en ordonner la reprise, voulut qu'on examinât s'il ne serait pas convenable de substituer un autre sujet à celui de l'éléphant colossal. En conséquence, plusieurs projets ont été soumis par le même architecte à la classe des beaux-arts de l'Institut; mais aucun n'a encore reçu l'approbation nécessaire.

Bourse et Tribunal de commerce. (Planche 12.)

Les projets de ce monument avaient été confiés à M. Brongniart, connu par un grand nombre de constructions publiques et particulières qui l'avaient classé parmi les architectes les plus distingués. L'exécution de ses projets fut ordonnée et commencée environ deux à trois ans avant ma nomination à la place de directeur des travaux de Paris. L'extérieur de cet édifice, sous le rapport de l'art, promettait de devenir un des plus beaux ornemens de la capitale. Quant à sa disposition intérieure, je dus penser qu'elle était le résultat d'un programme concerté avec les agens de change et les membres du tribunal de commerce. Je ne tardai pas à apprendre que l'administration supérieure, trop occupée par de plus grands intérêts, n'avait pas pris cette précaution indispensable et malheureusement trop négligée. Quelques plaintes s'étaient élevées à ce sujet; j'en conférai avec M. Brongniart, dont le caractère aimable vint au-devant des objections. Quoiqu'il fût un peu tard pour revenir sur ses pas, après en avoir rendu compte au ministre, l'affaire fut soumise au conseil des bâtimens civils, qui nomma l'un de se smembres pour en faire un rapport.

Selon les conclusions de ce rapport, le conseil proposa plusieurs modifications que M. Brongniart s'empressa d'adopter. Il s'occupait encore de perfectionner les détails de son projet, au moment où il terminait sa longue et honorable carrière.

Le ministre de l'intérieur, sur ma proposition, nomma, pour le remplacer, M. Labarre, architecte également habile, qui a eu le bonheur de terminer ce beau monument à la satisfaction des artistes et du public. La décoration de la Légion d'honneur et une place parmi les membres de l'Académie des beaux-arts ont été la juste récompense des talens et du zèle si recommandables qu'il a déployés dans cette circonstance et dans plusieurs autres.

Collége de Saint-Louis. (Planche 13.)

Conformément aux ordres que j'avais reçus, je chargeai plusieurs architectes connus par leurs talens, de rédiger les

(16) On trouvera, *Planche 13 du IV.e Recueil*, le plan général de la place de la Bastille et du marché projeté par M. Alavoine.

projets de quatre nouveaux collèges destinés à recevoir des élèves pensionnaires et externes. Au nombre des emplacemens désignés, se trouvait l'ancien collége d'Harcourt, dont les bâtimens, encore existans à cette époque, étaient dans le plus mauvais état. Le projet de ce collége, rédigé par M. Guignet, maintenant l'un des architectes du Roi, fut le seul qui reçut son exécution. On en voit les principales dispositions *Pl. 13.* Les classes se trouvent, ainsi que cela convient, au rez-de-chaussée, les salles d'étude au premier, et les dortoirs aux second et troisième étages : les plans indiquent la destination des autres pièces. Il reste encore à construire un corps de bâtiment sur la rue de la Harpe, et une infirmerie dont le projet est indiqué en masse sur le petit plan général.

Greniers publics et Moulins projetés à Saint-Maur. (Planches 14 *et* 15.)

On trouvera, page 1.re du cinquième Recueil, un exposé des motifs qui ont donné lieu dans le temps à ce projet, et, *Pl. 5* du même Recueil, une première indication des dispositions principales qui me parurent mériter la préférence. Ces premières dispositions sont reproduites *Planche 14* du présent Recueil, avec quelques changemens et sur une plus grande échelle.

Ces greniers auraient été établis, comme on le voit, sur le canal, à portée de plusieurs grandes routes, et à une grande proximité des moulins : toutes les manœuvres auraient été exécutées au moyen de machines mises en mouvement par deux chutes d'eau. Des silos, placés au-dessus du sol, auraient occupé toute l'étendue du rez-de-chaussée. Enfin cet édifice, en satisfaisant d'ailleurs à toutes les conditions du programme contenu dans le 2.e Recueil, et quelle que soit l'opinion que l'on puisse avoir en le considérant sous le rapport de l'économie politique, aurait présenté, sans aucun luxe, un véritable monument consacré uniquement à l'utilité publique.

La *Planche 15* contient quelques détails sur le système des piliers et des planchers que je proposais. Des piliers carrés en bois supportent quatre poutres dont les abouts se réunissent, ainsi que les piliers, dans un sabot ou chapiteau de fonte, au moyen de boulons. Ces poutres, ainsi reliées entre elles, forment à chaque étage un grillage général qui donne une grande solidité à tout l'édifice; ce qui dispense, à l'aide des contre-forts, de tous les murs de refend qui nuisent aux manœuvres des grains. Des planches superposées remplacent les solives, et présentent en-dessous un coup d'œil plus agréable, en offrant avec un cube de bois moindre une solidité au moins égale (17).

P. S. Ici se termine la collection que j'ai entreprise : elle est loin de ce que j'avais projeté de faire, et j'en sens toutes les imperfections; mais je rends grâces à la Providence de m'avoir conservé assez de forces, dans l'état où je suis, pour me livrer à cette occupation consolante et donner au moins une preuve de mon zèle.

Après avoir rempli pendant quarante-cinq ans des fonctions publiques en homme pénétré de ses devoirs, j'approche du terme de ma carrière, la tombe s'ouvre, et cet aspect n'a rien de trop pénible pour moi. J'aurais desiré seulement pouvoir m'appliquer ce que dit Dacier dans la préface de son Plutarque: « Le plus honorable des suaires est un ouvrage entrepris pour le bien public. » L'épigraphe que j'ai choisie, *Nisi utile est quod facimus, stulta est gloria,* prouve du moins que telle était mon intention.

---

(17) *Voir*, sur les avantages précités, la page 19 du *V.e Recueil.*

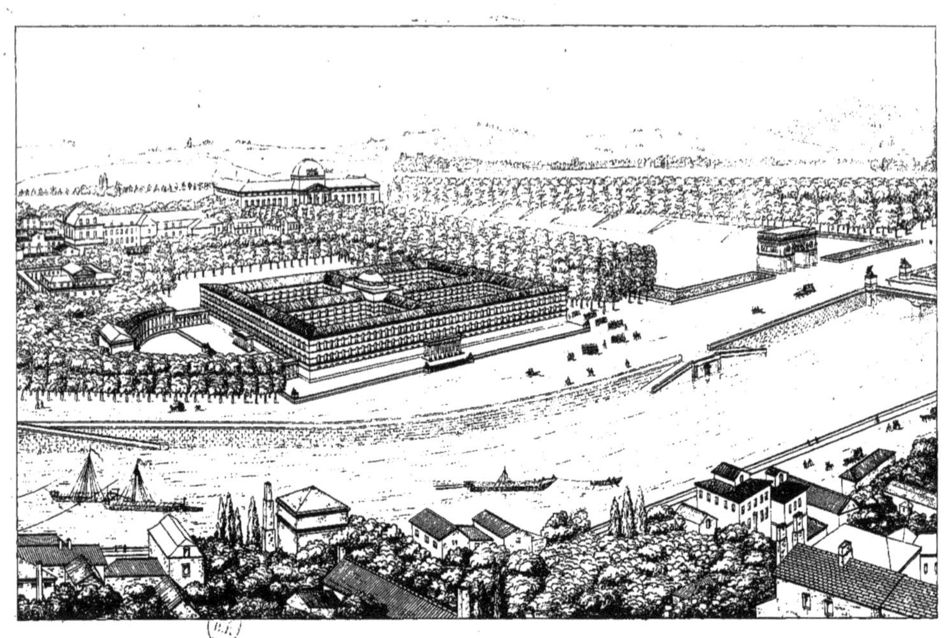

MÉLANGES.

XIIE RECUEIL.

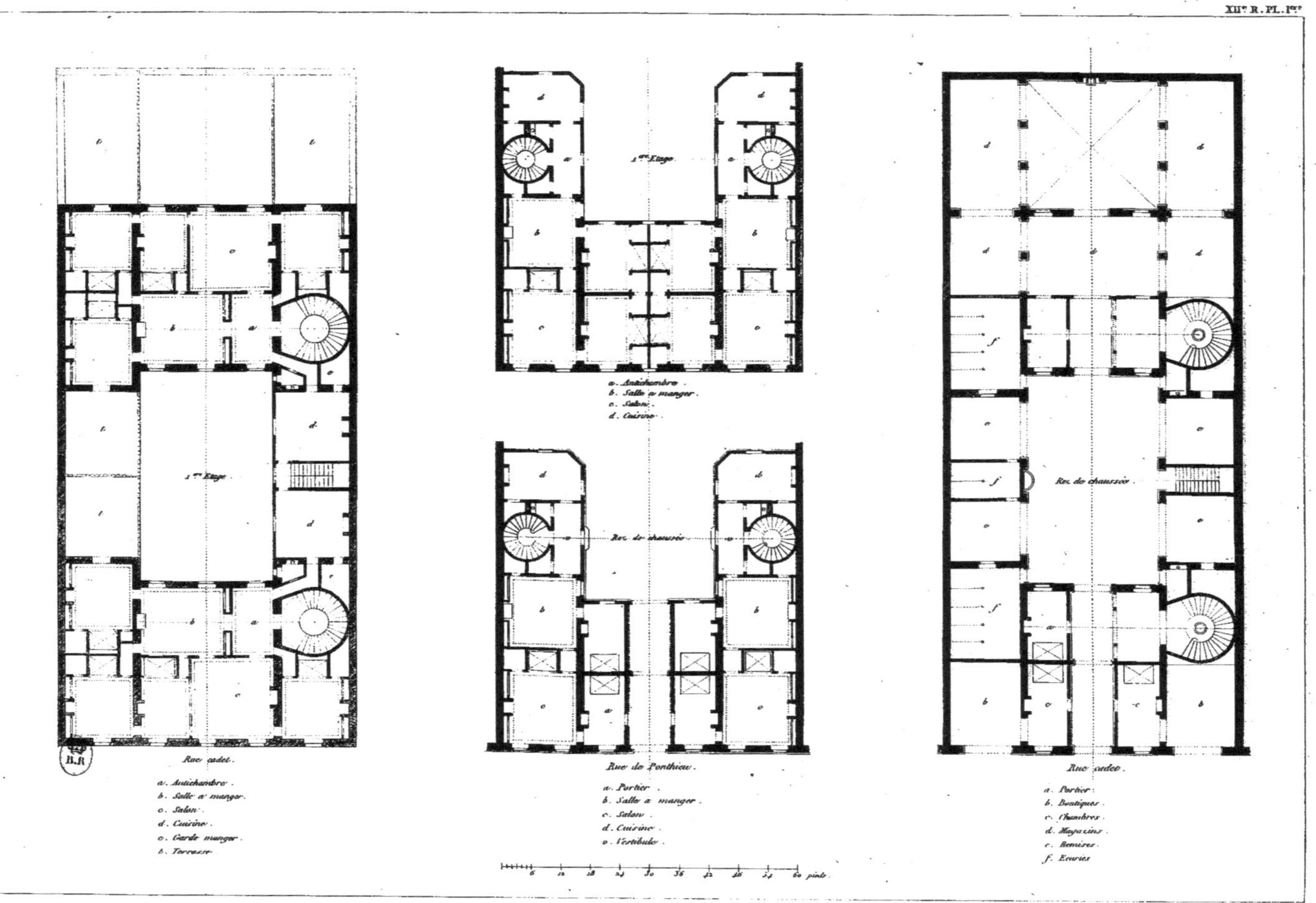
1.er Etage
Rue cadet.
a. Antichambre.
b. Salle à manger.
c. Salon.
d. Cuisine.
e. Garde manger.
t. Terrasse.
1.er Etage
a. Antichambre.
b. Salle à manger.
c. Salon.
d. Cuisine.
Rez de chaussée
Rue de Ponthieu.
a. Portier.
b. Salle à manger.
c. Salon.
d. Cuisine.
e. Vestibule.
6
12
18
24
30
36
42
48
54
60 pieds
Rez de chaussée.
Rue cadet.
a. Portier.
b. Boutiques.
c. Chambres.
d. Magasins.
e. Remises.
f. Ecuries.

1er Etage.

Faubourg St. Honoré. Rue Montaigne.

a. Galerie.
b. Antichambre.
c. Salle à manger.
d. Salon.
e. Cuisine.

Rez-de-Chaussée.

Faubourg St. Honoré. Rue Montaigne.

a. Loge de portier.
b. Boutiques.
c. Remises.
d. Ecuries.
e. Cour.

Caves.

Faubourg St. Honoré. Rue Montaigne.

a. Caves.
b. Passage.
c. Fosse d'aisance.

2ème Etage.

a. Antichambre.
b. Grenier à foin.

Combles.

a. Chambres de domestiques.

1er Etage.

a. Salle à manger.
b. Sallon.
c. Office.
d. Chambres de cocher et domestiques.

Rez-de-chaussée.

a. Loge de portier.
b. Commun.
c. Cuisine.
d. Garde manger.
e. Remises.
f. Ecuries.

Projet d'Hotel de Ville.

A. Grande cour au fond de laquelle se trouve les dépend.ces
B. Vestibule.
C. Corps de garde.
D. Cabinets et bureaux.
E. Vestibule.
F. Antichambre.
G. Salle de festins.
H. Salle d'assemblée.

CARTE HYDROGRAPHIQUE DES ENVIRONS DE VERSAILLES.

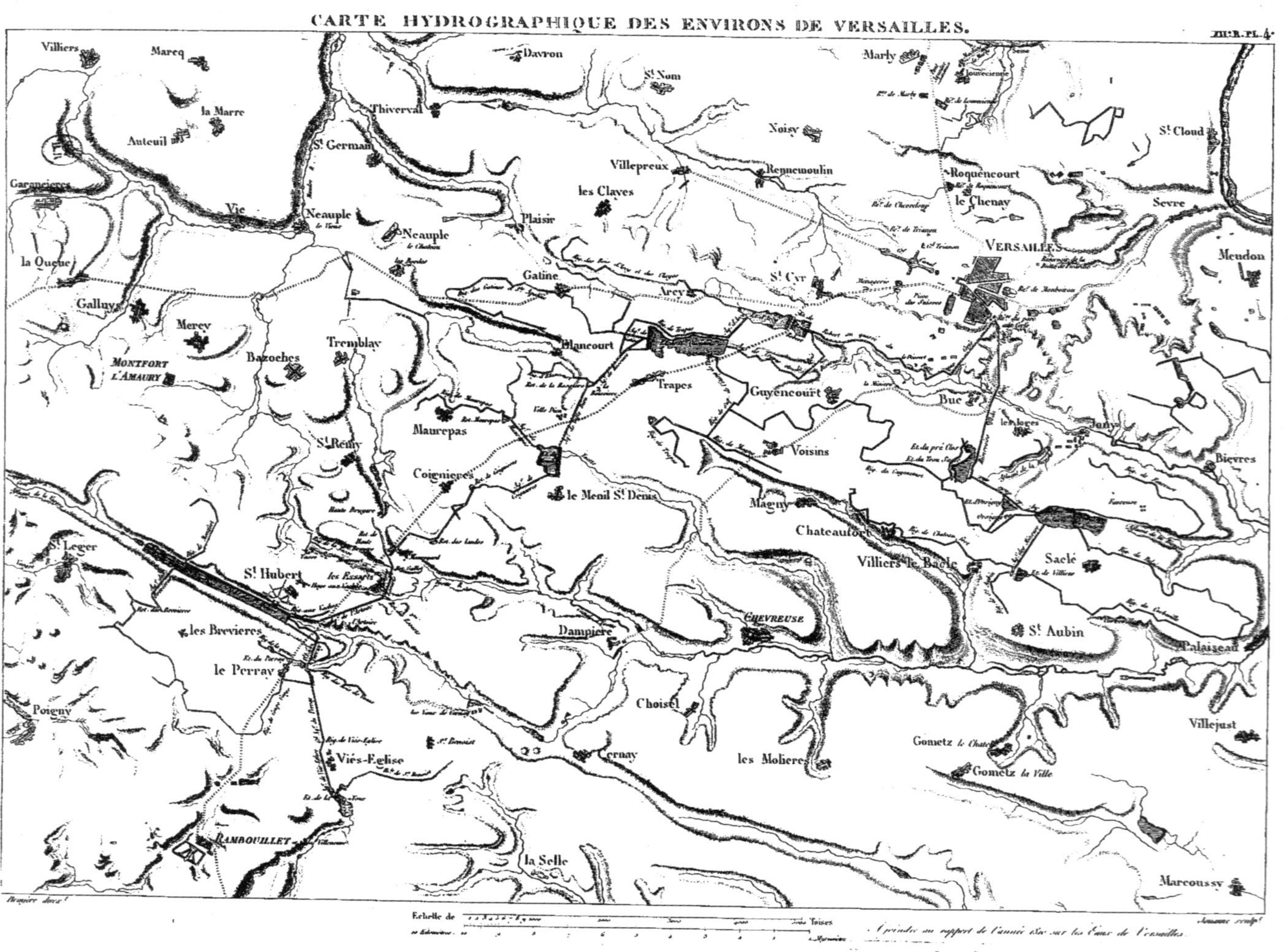

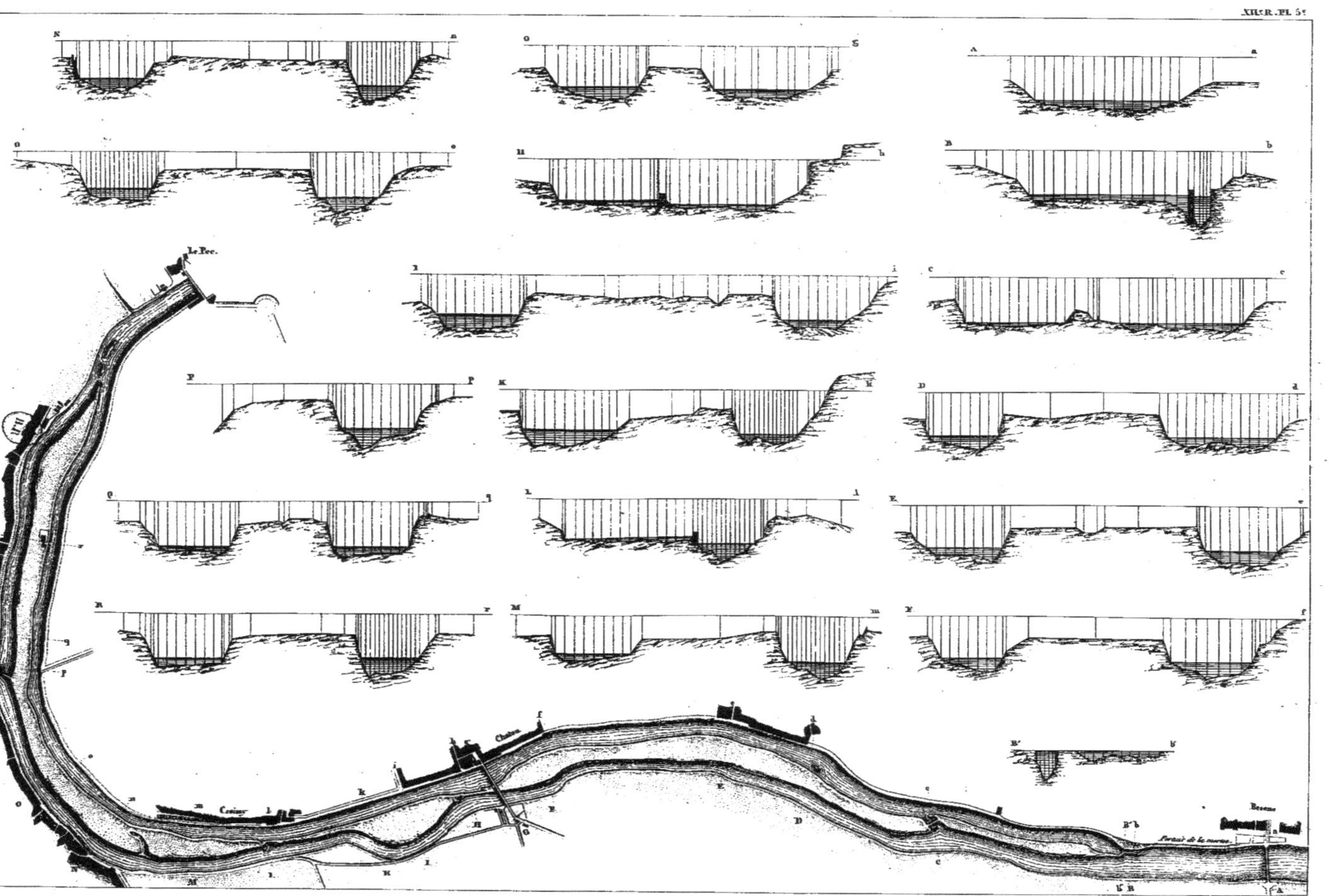

PLAN ET PROFILS DU LIT DE LA SEINE PRÈS MARLY.

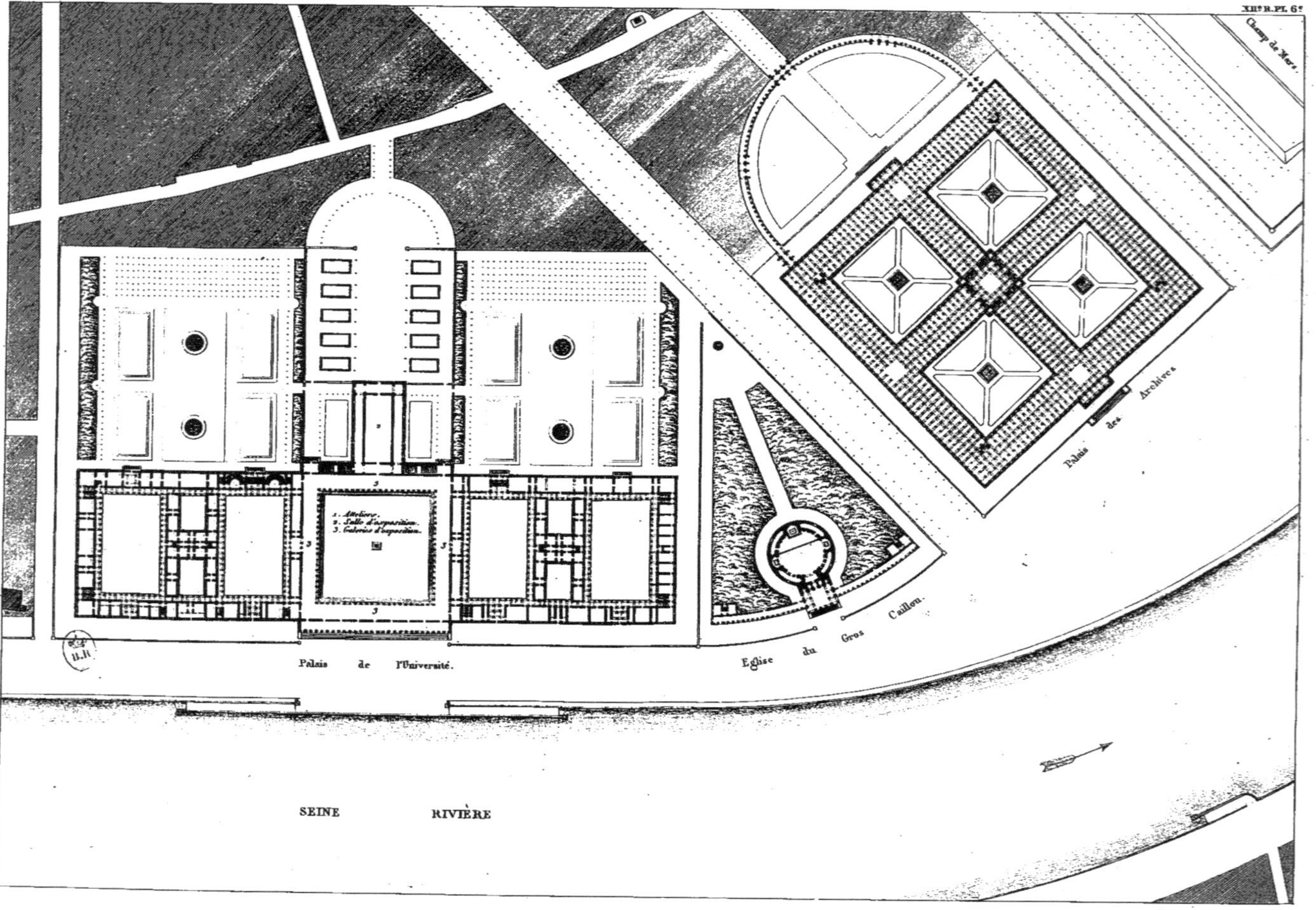
XIIe R. Pl. 6^e
Champ de Mars
Palais des Archives
Eglise du Gros Caillou
Palais de l'Université
1. Ateliers.
2. Salle d'exposition.
3. Galeries d'exposition.
SEINE RIVIÈRE

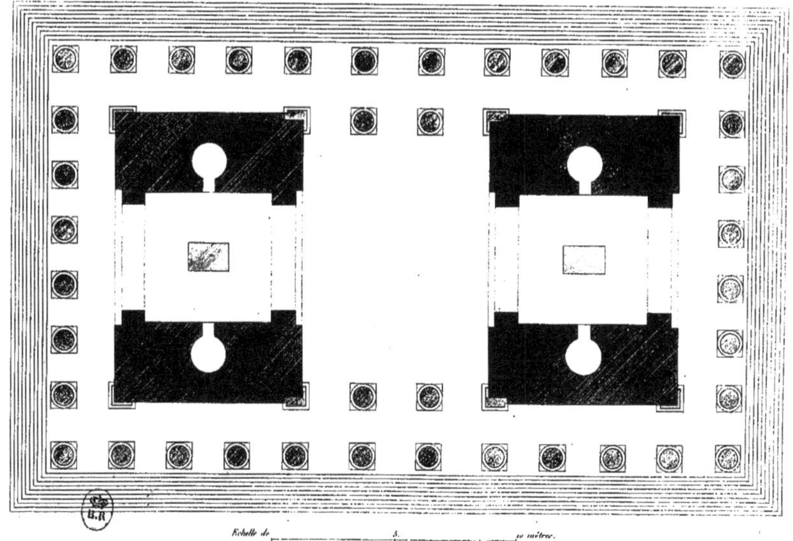

Echelle de 5. 10 mètres.

ARC, BARRIÈRE DE L'ÉTOILE.

(Premier Projet.)

ARC, BARRIÈRE DE L'ÉTOILE.

(Premier Projet.)

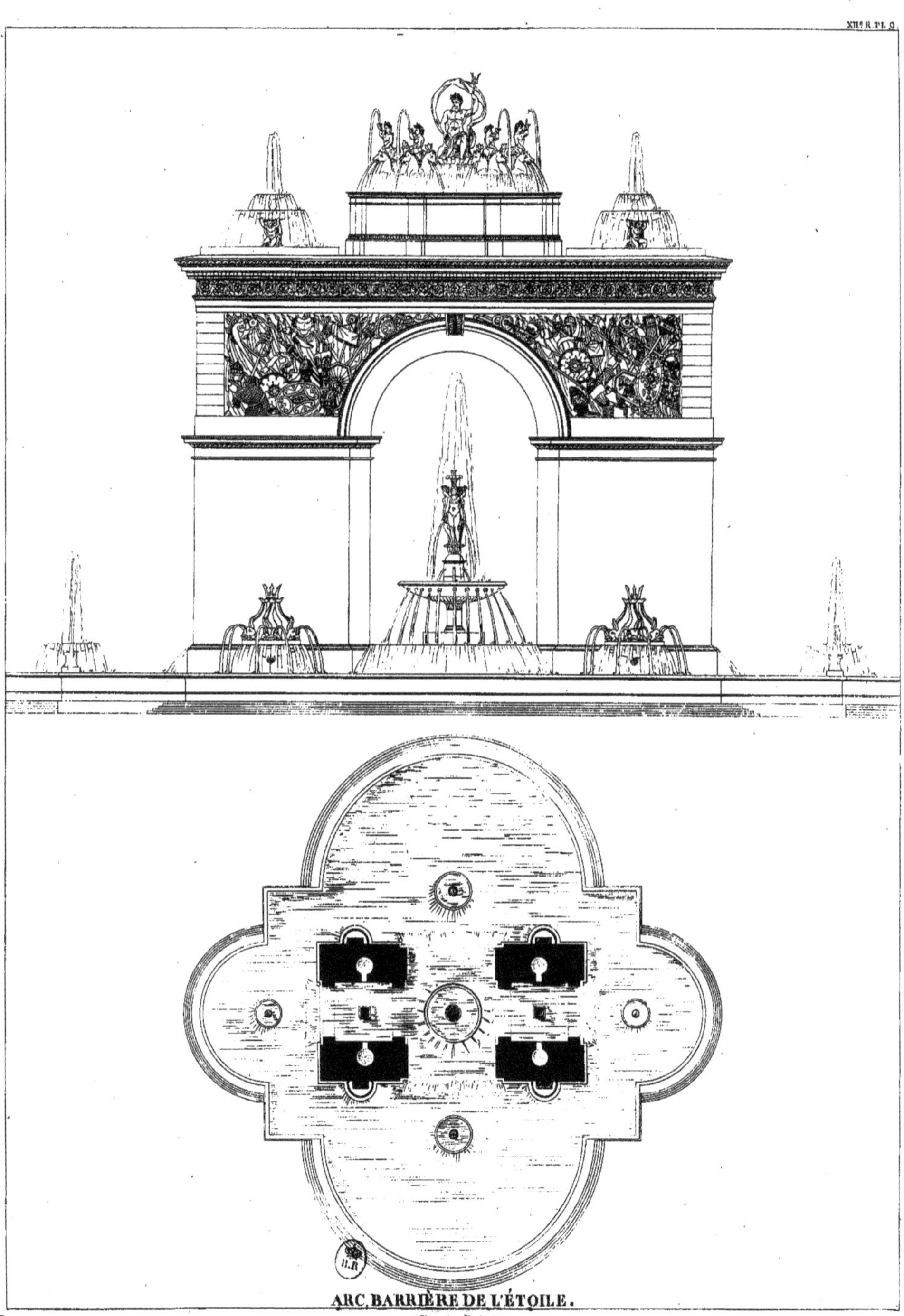

ARC BARRIÈRE DE L'ÉTOILE.

(Deuxième Projet.)

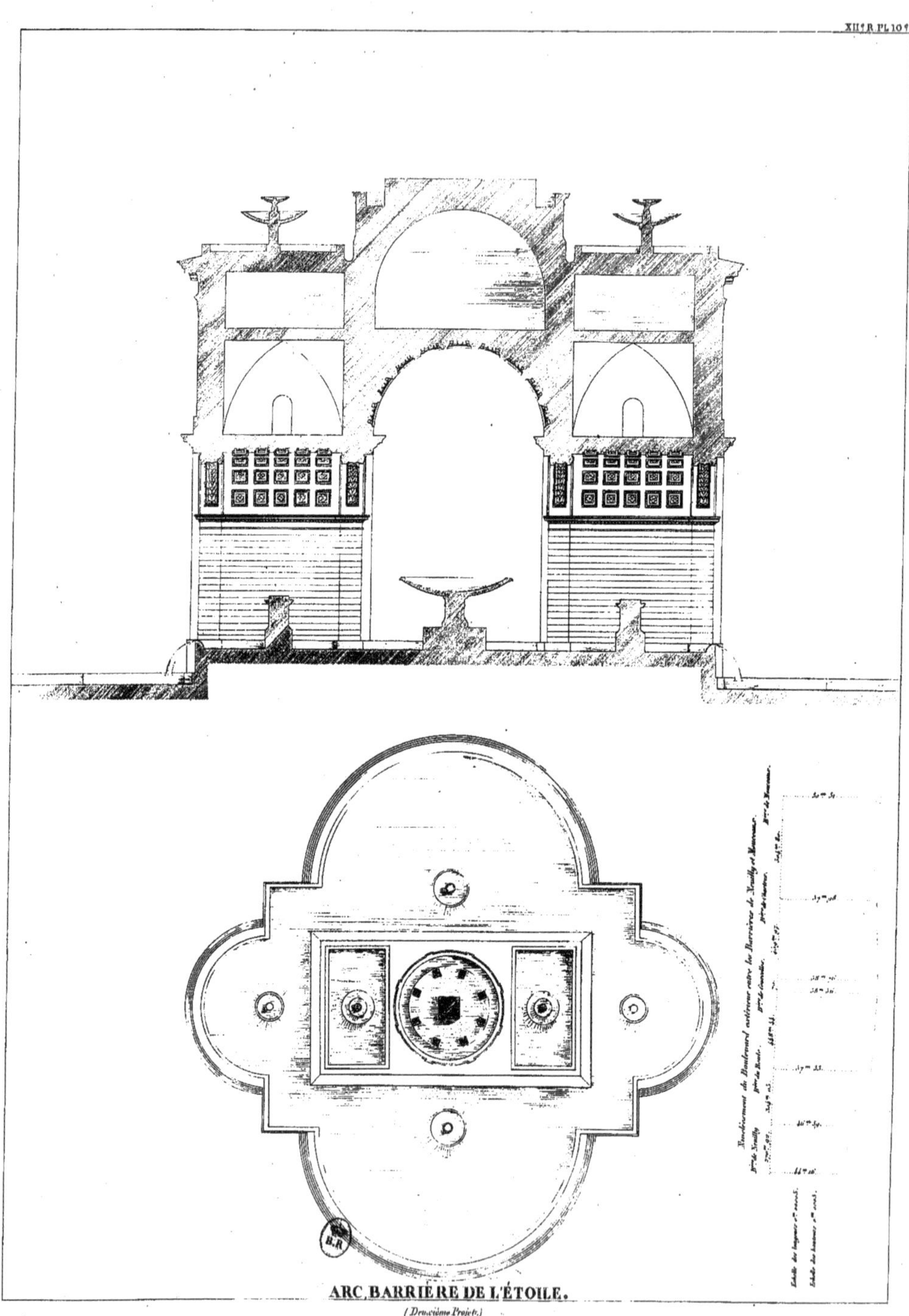

ARC BARRIÈRE DE L'ÉTOILE.

(Deuxième Projet.)

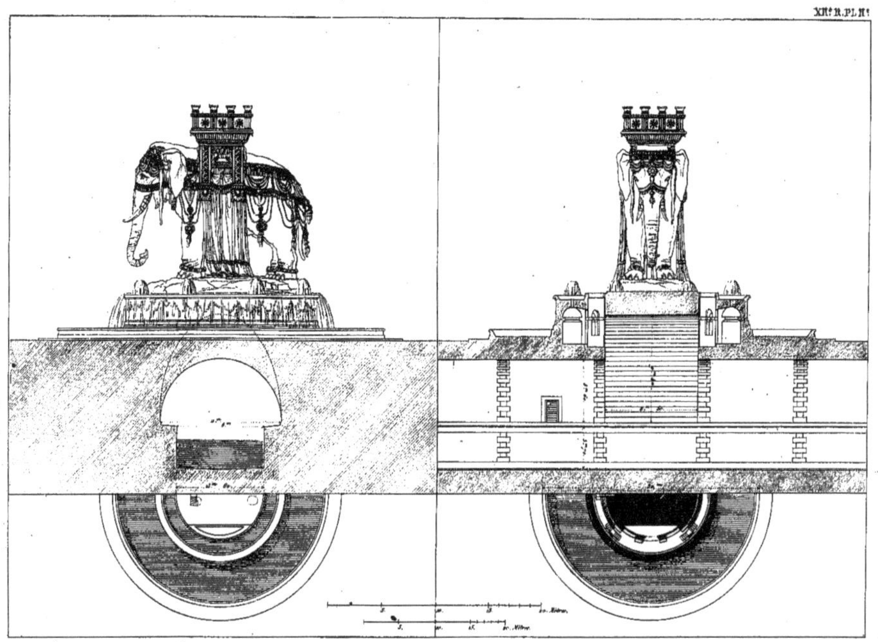

FONTAINE DE LA BASTILLE.

VUE DU CANAL DE L'OURCQ SOUS LA FONTAINE DE LA BASTILLE.

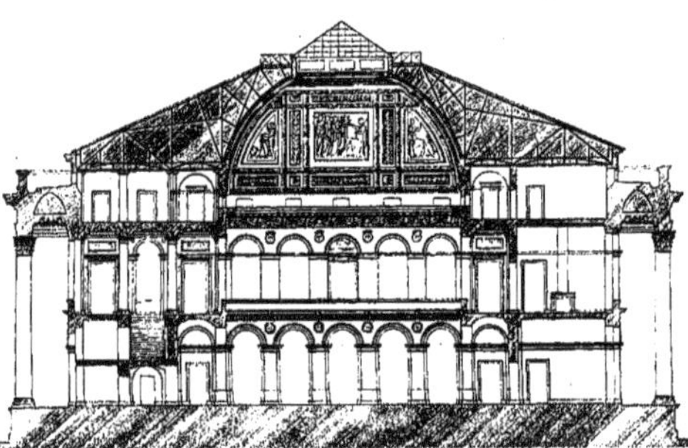

Bourse et Tribunal de Commerce

1. Vestibule de la bourse.
2. Vestibule du grand escalier.
3. Vestibule de l'escalier qui conduit au greffe.
4. Salle de la bourse.
5. Salle des agents de change.
6. Sindicat des agents de change.
7. Galerie des commis d'agent de change.
8. Escalier des transferts.
9. Salle de courtiers de marchandises.
10. Sindicat des courtiers.
11. Sécrétariat.
12. Salle des courtiers d'assurance.
13. Commissaire de police de la bourse.
14. Escalier montans de fond.
15. Garde de la bourse.
16. Latrines.
17. Portier.
18. Bureau des cannes.

1. Grand escalier du tribunal de commerce.
2. Salle des pas perdus.
3. Salon qui précède la grande salle d'audience.
4. Grande salle d'audience du tribunal.
5. Dégagement.
6. Salle des délibérés.
7. Cabinet du président.
8. Salle du conseil.
9. Salle de la chambre de commerce.
10. Sécrétariat de la chambre de commerce.
11. Salon de la petite salle d'audience du tribunal.
12. Petite salle d'audience.
13. Salle des délibérés.

Rez-de-chaussée

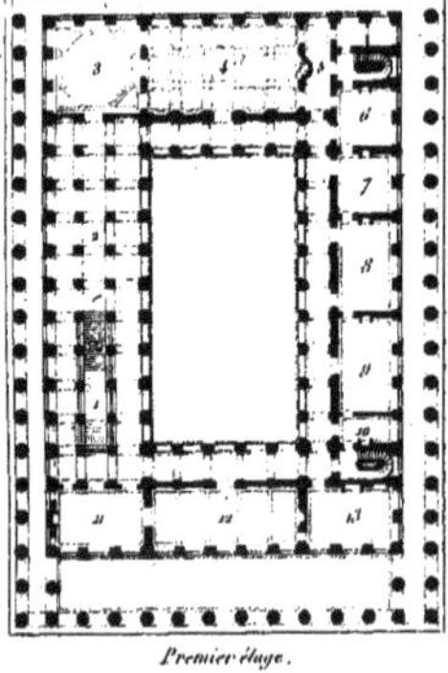

Premier étage.

Echelle de 6 12 18 24 toises

Echelle de 5 10 15 20 25 30 35 40 mètres

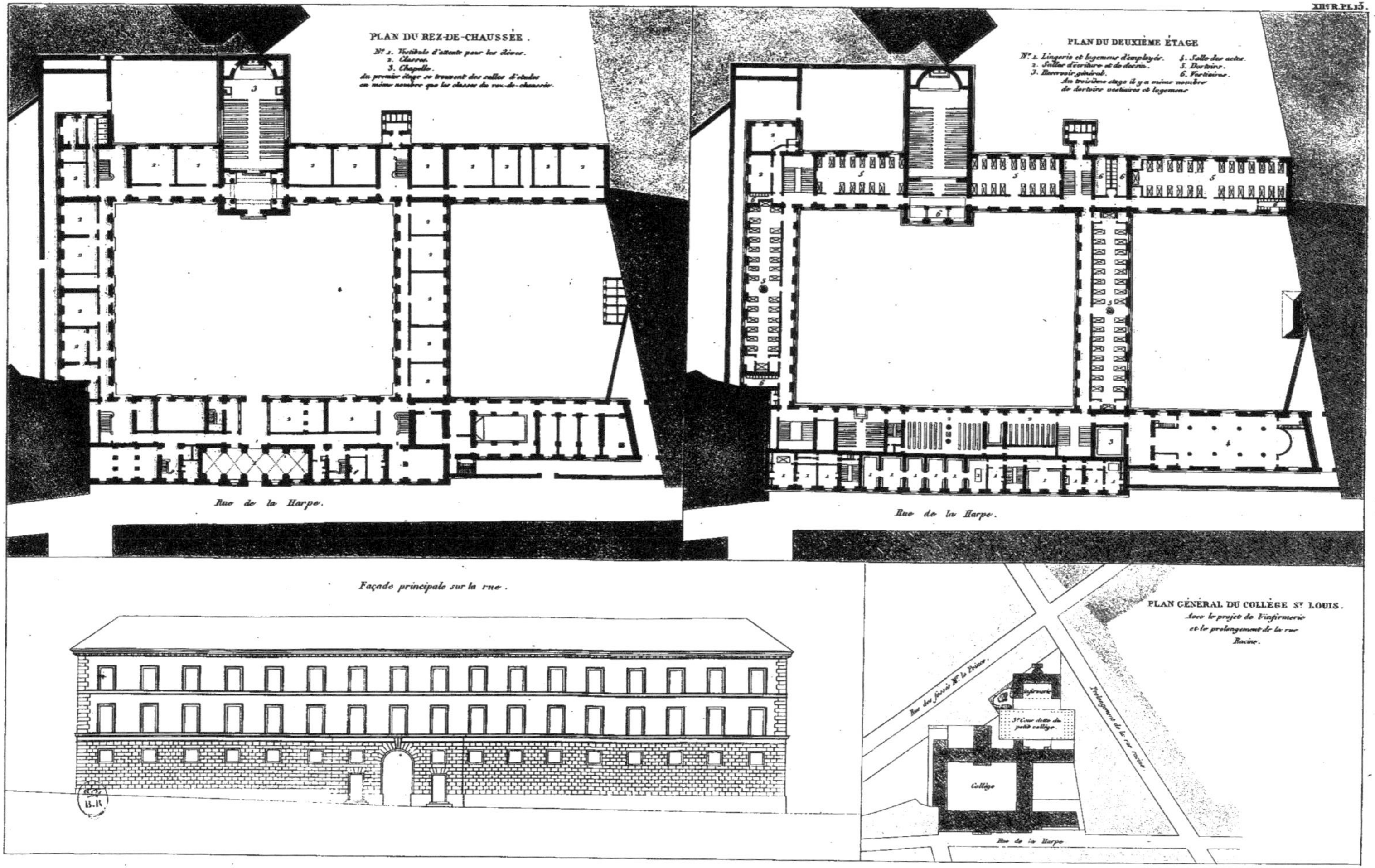

PLAN DU REZ-DE-CHAUSSÉE.

N.° 1. Vestibule d'attente pour les élèves.
2. Classes.
3. Chapelle.
Au premier étage se trouvent des salles d'études en même nombre que les classes du rez-de-chaussée.

Rue de la Harpe.

PLAN DU DEUXIÈME ÉTAGE

N.° 1. Lingerie et logemens d'employés.
2. Salles d'écriture et de dessin.
3. Réservoir général.
4. Salle des actes.
5. Dortoirs.
6. Vestiaires.
Au troisième étage il y a même nombre de dortoirs vestiaires et logemens

Rue de la Harpe.

Façade principale sur la rue.

PLAN GÉNÉRAL DU COLLÈGE S.T LOUIS.

Avec le projet de l'infirmerie et le prolongement de la rue Racine.

Rue des fossés M.r le Prince.
Infirmerie
3.e Cour dite du petit collège.
Collège
Prolongement de la rue Racine.
Rue de la Harpe

Collège de S.t Louis.

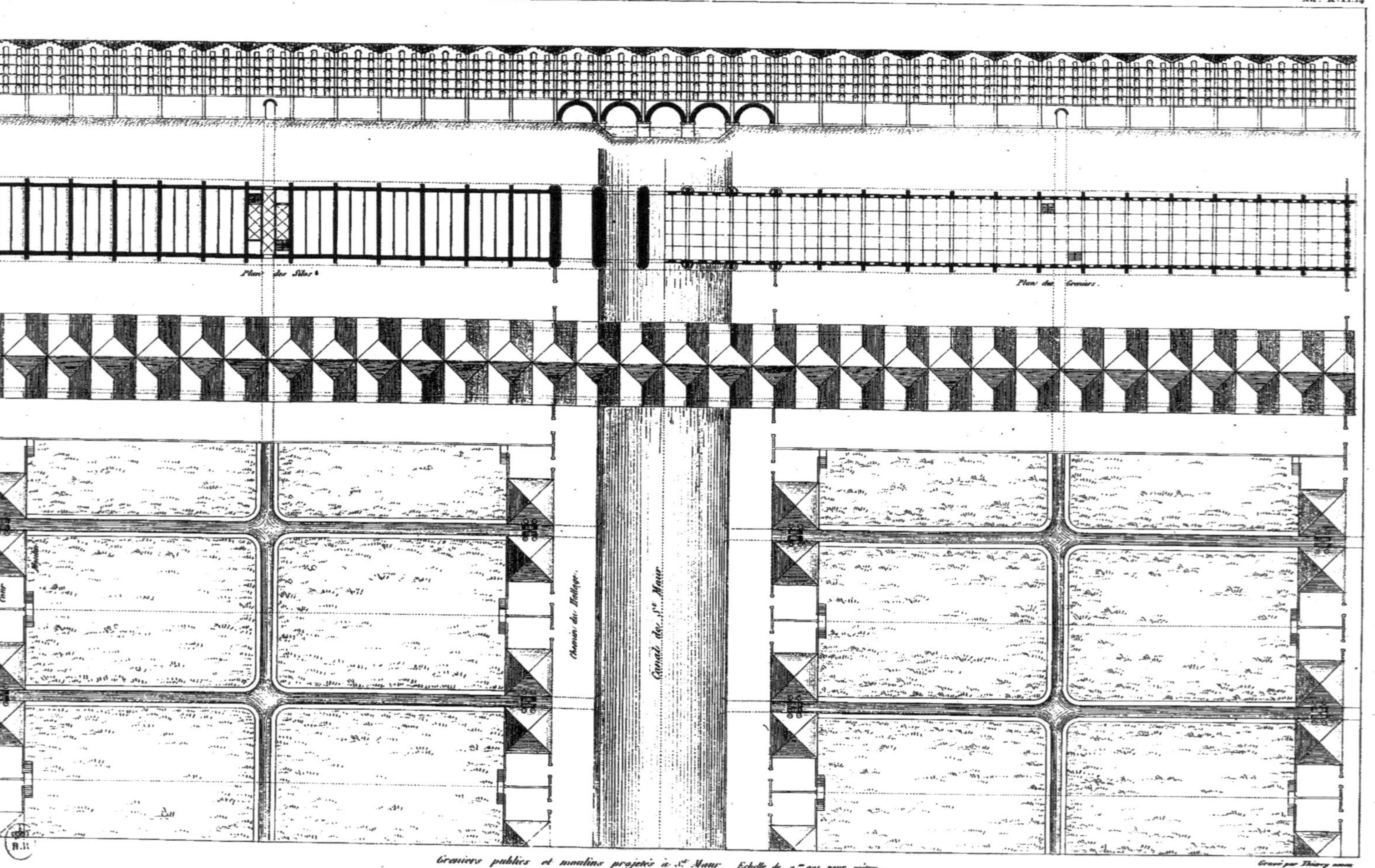

Greniers publics et moulins projetés à St Maur. Echelle de 0.m 002 pour mètre.

Gravé par Thiery aîné

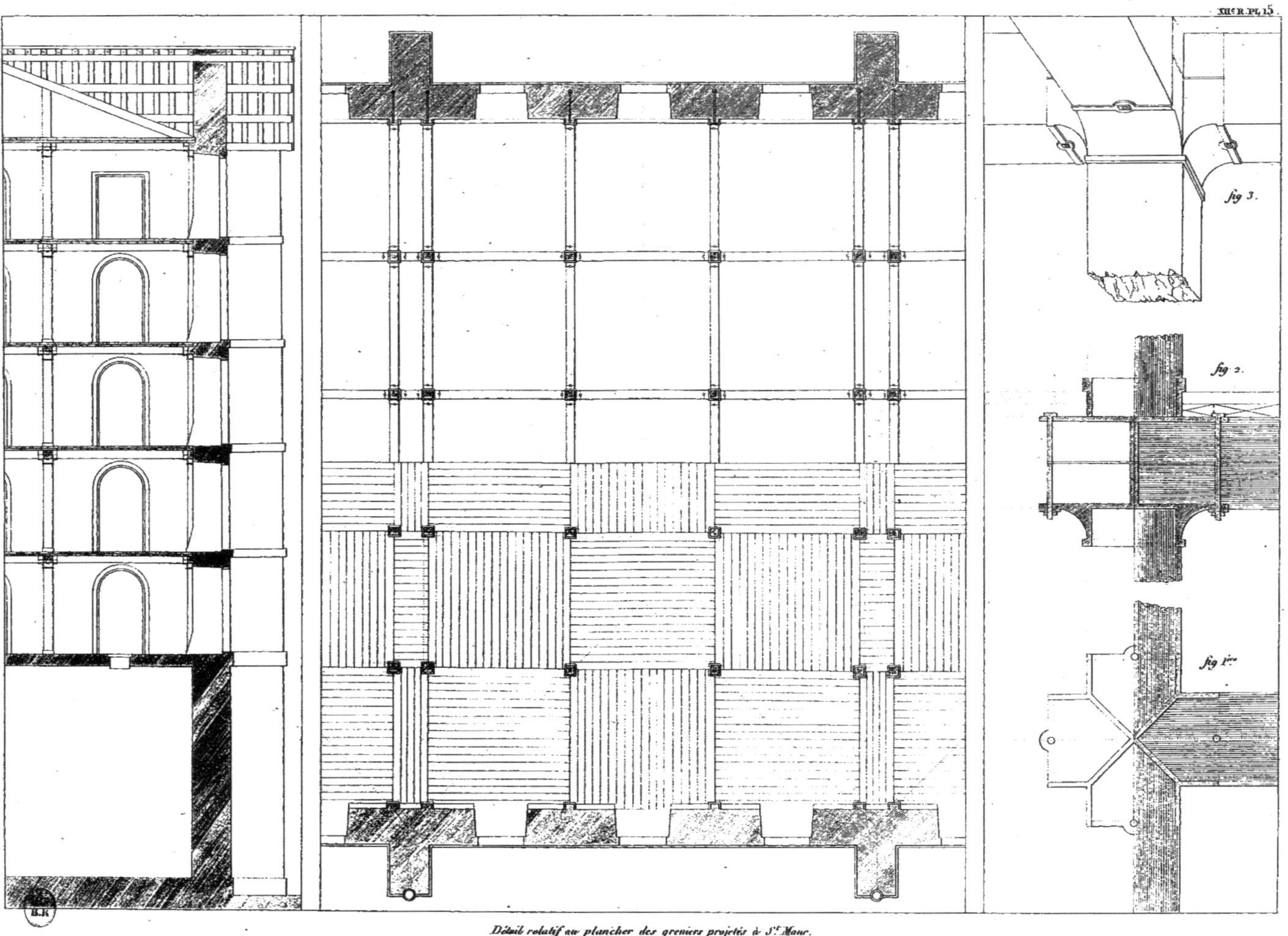

Détail relatif au plancher des greniers projetés à S.t Maur.

www.ingramcontent.com/pod-product-compliance
Ingram Content Group UK Ltd.
Pitfield, Milton Keynes, MK11 3LW, UK
UKHW020339230726
13925UKWH00003B/871